U0170936

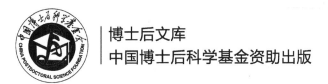

博士后文库
中国博士后科学基金资助出版

面向云存储系统的高能效
技术研究

游新冬　著

科学出版社

北　京

内 容 简 介

大数据时代,数据中心的位置日趋重要,而数据中心消耗的能量巨大,由此造成的数据中心的运营成本增加和环境污染问题引起了国内外企业界与学术界的广泛关注。本书主要探讨和研究如何降低数据中心的重要组成部分云存储系统的能耗。在深入分析和调研目前云存储系统中的降耗技术的基础上,针对现有降耗技术存在的问题,将存储系统层面、数据节点层面以及磁盘层面形成一个有机的整体,利用多种数据管理策略以层次递进的方式进行联合降耗。同时,针对云存储系统中不同层面的降耗技术还存在的问题,设计和提出了相应的解决方案,并利用数学分析和模拟实验的方式进行了降耗有效性的验证,对降低云存储系统中的能耗具有重要的指导意义和参考价值。

本书的主要读者对象为存储系统、数据管理以及能耗管理相关领域的研究工作者。本书所阐述的研究方法和研究思路,对探索不同领域的难点、问题均具有一定的参考价值和指导意义。

图书在版编目(CIP)数据

面向云存储系统的高能效技术研究/游新冬著. —北京:科学出版社,2020.6

(博士后文库)

ISBN 978-7-03-064744-3

Ⅰ.①面… Ⅱ.①游… Ⅲ.①计算机网络-信息存贮-研究 Ⅳ.①TP393.071

中国版本图书馆 CIP 数据核字(2020)第 051372 号

责任编辑:陈 静 金 蓉 梁晶晶 / 责任校对:王萌萌
责任印制:吴兆东 / 封面设计:陈 敬

科学出版社 出版

北京东黄城根北街16号
邮政编码:100717
http://www.sciencep.com

北京建宏印刷有限公司 印刷

科学出版社发行 各地新华书店经销

*

2020年6月第 一 版 开本:720×1000 1/16
2020年6月第一次印刷 印张:16 插页:3
字数:302 000

定价:149.00元
(如有印装质量问题,我社负责调换)

《博士后文库》编委会名单

主　任：李静海

副主任：侯建国　李培林　夏文峰

秘书长：邱春雷

编　委：(按姓氏笔画排序)

王明政　王复明　王恩东　池　建　吴　军　何基报

何雅玲　沈大立　沈建忠　张　学　张建云　邵　峰

罗文光　房建成　袁亚湘　聂建国　高会军　龚旗煌

谢建新　魏后凯

《博士后文库》序言

1985 年，在李政道先生的倡议和邓小平同志的亲自关怀下，我国建立了博士后制度，同时设立了博士后科学基金。30 多年来，在党和国家的高度重视下，在社会各方面的关心和支持下，博士后制度为我国培养了一大批青年高层次创新人才。在这一过程中，博士后科学基金发挥了不可替代的独特作用。

博士后科学基金是中国特色博士后制度的重要组成部分，专门用于资助博士后研究人员开展创新探索。博士后科学基金的资助，对正处于独立科研生涯起步阶段的博士后研究人员来说，适逢其时，有利于培养他们独立的科研人格、在选题方面的竞争意识以及负责的精神，是他们独立从事科研工作的"第一桶金"。尽管博士后科学基金资助金额不大，但对博士后青年创新人才的培养和激励作用不可估量。四两拨千斤，博士后科学基金有效地推动了博士后研究人员迅速成长为高水平的研究人才，"小基金发挥了大作用"。

在博士后科学基金的资助下，博士后研究人员的优秀学术成果不断涌现。2013年，为提高博士后科学基金的资助效益，中国博士后科学基金会联合科学出版社开展了博士后优秀学术专著出版资助工作，通过专家评审遴选出优秀的博士后学术著作，收入《博士后文库》，由博士后科学基金资助、科学出版社出版。我们希望，借此打造专属于博士后学术创新的旗舰图书品牌，激励博士后研究人员潜心科研，扎实治学，提升博士后优秀学术成果的社会影响力。

2015 年，国务院办公厅印发了《关于改革完善博士后制度的意见》(国办发〔2015〕87 号)，将"实施自然科学、人文社会科学优秀博士后论著出版支持计划"作为"十三五"期间博士后工作的重要内容和提升博士后研究人员培养质量的重要手段，这更加凸显了出版资助工作的意义。我相信，我们提供的这个出版资助平台将对博士后研究人员激发创新智慧、凝聚创新力量发挥独特的作用，促使博士后研究人员的创新成果更好地服务于创新驱动发展战略和创新型国家的建设。

祝愿广大博士后研究人员在博士后科学基金的资助下早日成长为栋梁之才，为实现中华民族伟大复兴的中国梦做出更大的贡献。

中国博士后科学基金会理事长

前　言

大数据时代，数据中心的地位显得日趋重要，为了更好地提供计算、存储和处理服务，各大型互联网公司以及相应的数据服务公司，纷纷建立相应的数据中心。而随着数据量的爆发式增长，数据中心的规模越来越大。近年来，数据爆发式增长带来的能耗的指数级增长，增加了数据中心的运营成本的同时加剧了环境的污染，数据中心的能耗问题引起了企业界及学术界国内外学者的广泛关注。最大限度地降低数据中心的能耗问题成为一个迫切需要解决的问题。我们在分析和调研现有云计算相关环境中的降耗技术的基础上，发现目前云存储系统中的降耗技术存在以下问题：数据管理手段利用不全面，关注的降耗层面孤立化，数据特征挖掘浅层化，副本管理技术链条不完备性以及用户 QoS 要求刻画单一性等。因此，作者利用多种数据管理技术以层次递进的方式，针对不同层面在降耗研究中还存在的问题，从不同的层面降低云存储系统中的能耗，从多方面多角度验证了提出的各种降耗方法的能效性。本书的主要特色体现如下。

(1) 另辟蹊径，对云计算环境中大量的能耗相关的研究综述进行分类。将现有的云计算相关的能耗综述分为：面向整个云计算系统不同角度的能效技术综述，云计算系统特定层面或特定部分的降耗技术综述，云计算系统中各种降耗技术的综述，云计算系统中特定能效技术的综述以及其他的能效技术综述。而针对不同类别的综述文章从不同的视角进行进一步的分类。在回顾云计算相关系统中现有综述文章的基础上，总结现有降耗技术国内外研究现状和分析其发展动态的同时，指出云计算系统中面向降耗的数据管理策略相关综述的缺失，进而对面向降耗的数据管理策略进行全面的综述。

(2) 深度挖掘数据的季节性和潮汐特性，针对数据的季节性特性和潮汐特性提出基于 K-means 的能耗感知的数据分类策略 K-ear：以多转速磁盘架构为基础，将数据依据季节特性分类后，再依据数据的潮汐特性进行分类存储，将存储相应季节的数据以及相应日期为潮点的数据，以及无明显季节性特性和潮汐特性的数据磁盘以高速高能耗的模式运行，以保证数据的访问速度和云存储系统的性能。而存储其他数据的磁盘则以低速低能耗的模拟运行，以达到在大粒度范围内的能耗节省。基于数学建模的模拟实验，从多角度多方面分析和测试了 K-ear 算法在能耗上相较于 SEA 算法和 Hadoop 默认的数据存储算法的表现。结果表明，针对数据的季节性特性和潮汐特性设计的 K-ear 算法具有明显的能耗优势：在不同的负载比例、季节性比例、冷热数据比例、潮汐特性比例的设置下，K-ear 算法相较于 Hadoop 系统中未进行数据分类的策略，在已实施的模拟实验中最高可达72.8%的降耗比例，平均约为 40%的降耗比例。而相对于根据冷热数据比例进行分类存储的 SEA 算法，K-ear 算法最高可达 10.8%的降耗比例，平均约为 7%的降耗比例。

(3) 在数据分类的基础上对不同的存储区域，针对现有的能耗感知的副本管理的链条不完备的情况，从一箭双雕的角度出发通过副本管理手段在保证数据可用性的同时降低系统能耗，提出了具有能效自适应的副本管理策略 E^2ARS。该机制包括：提高系统响应时间的数据分块机制；保证数据可用性的最小副本个数决策模型；保证自适应的能耗升降档机制可以顺利实施的副本放置策略；以及最终起到降耗效果的能耗升降档机制。利用数学建模的手段证明了 E^2ARS 的能效性。同时在扩展的 Gridsim 模拟器中的实验也表明：E^2ARS 在不同的参数的影响下(系统的负载、预期的响应时间、副本的个数及数据分块的个数等)，在保证数据可用性和用户服务质量要求的前提下，具有明显的降耗效果。虽然 E^2ARS 的实施在存储空间以及管理上带来了额外的开销，但是 E^2ARS 机制的能效性依然不可忽视。

(4) 针对现有数据调度算法对用户服务质量要求的多样化缺欠考虑的现状，提出了多样化 QoS 约束的磁盘调度(MQDS)策略。MQDS 策略中根据用户多样化的 QoS 要求设计和实现了三种调度算法：基于时间优先的磁盘调度(TPDS)算法、基于代价优先的磁盘调度(CPDS)算法和基于效益函数的磁盘调度(BFDS)算法。同时在 CloudSimDisk 中由多转速磁盘架构的数据中心模拟测试了四种调度算法对包含了 5000 个任务请求的 Wikipedia 中提取 Wiki workload 进行调度时，在响应时间、能耗和费用开销等三个性能指标上的表现。模拟实验的结果表明：在高速磁盘和低速磁盘配比相当的情况下，提出的 MQDS 策略中的三种算法总体上优势明显，具体到时间性能方面，TPDS 表现最优；费用开销方面，CPDS 具有最优的表现；能耗指标方面，提出的三种调度算法均优于 CloudSimDisk 自带的循环调度算法，显示了 MQDS 策略的降耗能力。另外，BFDS 在三种性能指标上均介于TPDS 和 CPDS 之间，能够较好地在两者之间取得折中，给用户多一种选择，展现了 MQDS 具备多样化 QoS 约束的调度能力的同时，在一定高速和低速磁盘配比的情况下具有明显的能耗优势。

总而言之，作者利用数据管理的多种手段对云存储系统中不同的层面展开降耗的研究，并取得了显著的成果：在保证系统性能和用户多样化 QoS 要求的前提下，在不同的层面上均取得可观的降耗效果。

　　全书由游新冬博士主笔撰写完成，在撰写本书的过程中得到了很多师长、同学、同事和亲人朋友的大力支持。本书的大部分内容在作者从事博士后研究工作期间完成，从课题的方向、纲要的设计、内容的组织方面均得到了清华大学计算机科学与技术系博士后流动站的合作导师舒继武教授和北京绿色印刷包装产业技术研究院工作站的导师李业丽教授的热心帮助和悉心指导。舒继武教授在存储领域多年深耕，斐然的成绩、深厚的理论、独特的视角和敏锐的方向感，让作者与其的每一次交流都收获颇丰，这对聚焦作者的研究方向、理清研究思路、论证研究方案均起到了重要的指导作用。第 3 章数据的季节性特性和潮汐特性的挖掘、处理和分析得到了郑军工程师的大力帮助。第 4 章"能效自适应的数据副本管理策略 E^2ARS"中在实验的验证、本书的校稿中得到杭州电子科技大学研究生董池同学的帮助。第 5 章涉及的多转速磁盘调度器的设计与实现，以及最终实验结果的分析得到了江欣达工程师的大力协助。感谢他们对本书的重要贡献。

　　博士后出站后，作者来到北京信息科技大学网络文化与数字传播北京市重点实验室继续从事科研工作。书稿内容的修改、完善，以及定稿等工作均在北京信息科技大学工作期间完成，感谢北京信息科技大学网络文化与数字传播北京市重点实验室提供良好的实验条件和工作环境。另外，需要特别感谢在本书完成的过程中北京信息科技大学对作者提供了科研资助(北京信息科技大学促进高校内涵发展科研水平提高项目，项目编号：2019KYNH226)和人才计划资助(北京信息科技大学"勤信人才"培育计划项目资助，项目编号：QXTCP B201908)。

　　由于作者水平有限，书中难免存在不足之处，恳请读者批评指正。

游新冬

2019 年 7 月 15 日

目　　录

第 1 章 引　言

自 2008 年大数据的概念提出以来，随着物联网技术、自媒体等社交网络技术以及 4G 等通信技术的快速发展，目前全球的数据量正以每年 58%的速度在快速增长，预计到 2020 年全球数据总量将超过 40ZB(相当于 4 万亿 GB)，是 2011 年的 20 倍之多[1]，如图 1.1 所示。

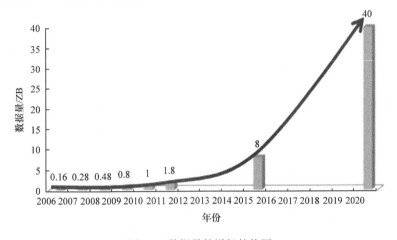

图 1.1　数据量的增长趋势图

数据量的爆发式增长促生了以云存储系统为架构的数据中心迅猛发展。而其严峻的能耗形势引起了包括计算机领域和环境领域专家的广泛关注。能效问题成了云计算技术近年来最为热点的研究问题之一。如何在保障系统性能的前提下，利用计算机软硬件的技术手段以最大限度地降低能耗，是计算机领域专家持续不断努力的方向。其中的能耗配比(Energy-Proportionality)是研究的主要目标之一。近年来，大量的计算机领域研究人员设计和采用了不同的软硬件技术手段来降低云计算中心不同层面的能耗。截至目前，用单一的技术手段降低云计算系统中某一层面、某一部件的能耗已经得到了广泛和深入的研究，且卓有成效，但是数据中心等大型存储系统的能耗还是居高不下，存储系统的能耗还具有很大的压缩空间。2013 年 Bell 实验室著名学者 Boston 等在 *ACM Computing Surveys* 期刊上发表题为 "Power-reduction techniques for data-center storage systems" 的文章，在全面深入地综述目前云计算系统中的降耗技术基础上指出：不同层面的降耗技术的组合是未来云计算领域降耗研究的趋势[2]。截至目前，据所能检索到的资料显示，如何将数据管理的手段与现有的降耗技术相结合进行联合降耗，以降低大型数据中心存储系统部分的能耗在云计算的降耗领域中还留有很大的空白。据此我们以"面向云存储系统的高能效技术"为研究对象，探讨以数据管理的方式层次递进地降低云存储系统多个层面的能耗的可能性，在数据中心能耗形势严峻的背景下具有重要的探索意义和应用价值。

　　本章在介绍云计算技术的基础上，阐述以云计算技术构建的数据中心中云存储系统的框架；然后对目前数据中心的降耗形势进行深入的分析，在简要概述目前云存储系统中降耗研究现状的基础上，引出本书研究的意义；最后总结归纳本书所做的主要工作及其主要的贡献。

1.1　研　究　背　景

1.1.1　云计算技术及其框架

　　2006 年云计算(Cloud Computing)技术概念还未提出之前，数据量的爆发式增长，给企业的 IT 管理带来巨大的压力，为了存储和处理大量的数据需要部署一定数量的服务器与相应的应用系统。中小型企业的 IT 成本中只有 80% 用于系统的软硬件的维护，消耗了大量的人力、物力[3]。2006 年谷歌(Google)、亚马逊(Amazon)、微软等公司提出"云计算"的构想，旨在解决中小型 IT 企业中的此类困扰。Google 等云计算的引领企业依据各自的利益和各自不同的研究视角给出了云计算不同的定义。根据美国国家标准和技术研究院(National Institute of Standards and Technology，NIST)的定义，云计算是一种利用互联网实现随时随地、按需、便捷地访问共享资源池(如计算设施、存储设备、应用程序等)的计算模式[4]。云计算以 3S 作为实现目标，3S 分别是 IaaS(Infrastructure as a Service，基础设施即服务)、PaaS(Platform as a Service，平台即服务)、SaaS(Software as a Service，软件即服务)。其中，IaaS 以 Amazon EC2、IBM Blue Cloud 以及 Sun Grid 为代表；PaaS 以 IBM IT Factory、Google APP Engine 和 Force.com 为代表；而 SaaS 则以 Google APPS 和 Software + Services 为代表。

　　因此云计算的框架也以这三层为基础构建，其中图 1.2 是一种比较具有代表性的云计算系统的框架图，该框架包含并描述了对云计算三个层面所涉及的相关技术[5]。

　　(1) IaaS 层。将存储资源、计算资源和网络资源封装成服务的形式向上提供透明、灵活及有效的服务的同时提供有效的硬件资源的配置，可以通过目前已经较为成熟的虚拟化技术、VMware、KVM(Kernel-based Virtual Machine)或者开源的 Xen 等虚拟系统，对底层的资源进行虚拟化，提供可靠性高、可定制性强、规模

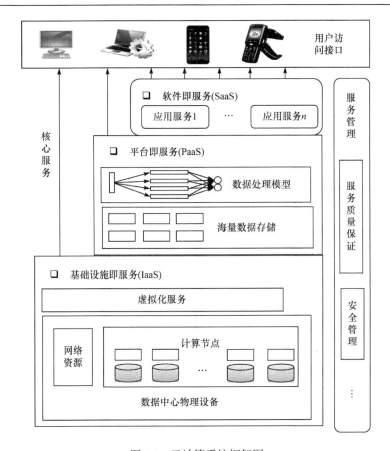

图 1.2 云计算系统框架图

可扩展的 IaaS 层服务。

(2) PaaS 层。对应用程序的运行环境进行部署和管理，给用户提供透明的服务。由于数据量爆发式的增长趋势，PaaS 层利用有效的资源管理和调度策略提高海量数据的存储与处理能力，为用户提供更好的数据存储和访问的服务。

(3) SaaS 层。云计算提供商基于云计算平台开发通用的应用程序，SaaS 层直接将软件以服务的形式提供给用户。企业的信息化问题可以通过租用 SaaS 服务来解决，如企业的电子邮件服务可以利用 Gmail。

云计算技术将大量的资源集中起来进行统一的管理、分配和维护，极大地降低了资源的闲置率，提高了资源的利用率。同时云计算技术通过将计算资源和存储资源和网络资源封装为 IaaS，将软件运行环境封装成 PaaS，将应用程序封装成 SaaS，以服务的形式为中小型企业提供不同层面的计算和数据服务，大大节约了中小型企业的维护和运营成本，节省了人力和物力。然而，计算和存储资源的统一管理在另一方面也带来很大的挑战，其中以此形成的大型数据中心的能耗问题极为突出，数据中心的高能耗不仅给企业带来极大的运营成本，还有可能因此引起安全隐患，而且数据中心高能耗所释放出来的二氧化碳也间接造成了严峻的环境污染问题。因此，其中如何以低成本、低能效的方式运转该庞大的系统是目前云计算平台遇到的最大挑战之一，也是我们在书稿中探讨和解决的主要研究问题。

1.1.2 云存储系统及其框架

云存储是在云计算概念上延伸和发展出来的一个新概念。云计算技术侧重于计算，通过分布式处理、并行处理等方式，将巨大的任务量按照一定的原则进行拆解；然后分解到系统中的各个计算单元中进行处理，为海量的数据处理提供更为有效的解决方式。云存储与云计算既有区别又有联系，它利用云计算技术的概念将存储资源和数据资源集中起来统一的管理，利用分布式文件系统和网格技术将不同类型的存储设备组织协调起来，将存储资源和数据资源以服务的形式对外提供，使得用户可以在任何时间、任何地点通过互联网透明地访问和存取数据，实现了云计算的目的，进而减轻中小型企业在数据管理和维护上的成本开销。从总体上看，云存储系统是一个以数据管理为主、数据计算为辅的分布式系统。因此云存储系统旨在解决的关键技术问题主要有：存储设备的管理和监控、数据的组织和管理、元数据的组织和管理，以及副本的组织和管理等。云存储的系统框架主要由存储层、基础管理层、应用接口层及访问层组成，如图1.3所示(API为应用程序接口(Application program Interface))。

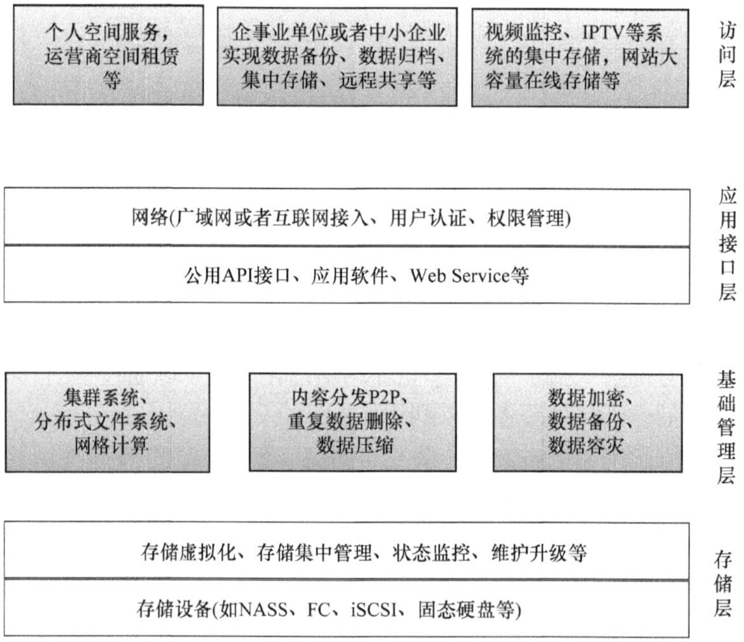

图 1.3 云存储系统框架图

(1) 存储层是云存储最基础的部分。存储设备可以是光纤通道(Fiber Channel，FC)存储设备，可以是网络附接存储(Network Additional Storage，NAS)和iSCSI(Internet Small Computer System Interface)等IP(Internet Protocal)存储设备，也可以是小型计算机系统接口(Small Computer System Interface，SCSI)或串行SCSI接口(Serial Attached SCSI，SAS)等直接附接存储(Direct Attached Storage，DAS)设备。云存储中的存储设备往往数量庞大且分布于不同地域，彼此之间通过广域网、互联网或者 FC 网络连接在一起。存储设备之上是一个统一存储设备管理系统，可以实现存储设备的逻辑虚拟化管理、多链路冗余管理，以及硬件设备的状态监控和故障维护。

(2) 基础管理层是云存储最核心的部分，也是云存储中最难以实现的部分。基础管理层通过集群、分布式文件系统和网格计算等技术，实现云存储中多个存储设备之间的协同工作，使多个存储设备可以对外提供同一种服务，并提供更大、更强、更好的数据访问性能。内容分发网络(Content Delivery Network，CDN)、数据加密技术保证云存储中的数据不会被未授权的用户所访问，同时，通过各种数据备份和容灾技术与措施可以保证云存储中的数据不会丢失，保证云存储自身的安全及稳定。

(3) 应用接口层是云存储最灵活多变的部分。不同的云存储运营单位可以根据实际业务类型，开发不同的应用服务接口，提供不同的应用服务。例如，视频监控应用平台、互联网电视(Internet Protocol Television，IPTV)和视频点播应用平台、网络硬盘应用平台、远程数据备份应用平台等。

(4) 访问层。任何一个授权用户都可以通过标准的公用应用接口来登录云存储系统，享受云存储服务。云存储运营单位不同，云存储提供的访问类型和访问手段也不同。

1.2 云存储系统的能耗现状

如前所述，数据量的高速增长伴随而来的是存储系统规模的不断扩大，存储的数据类型更加多样化，数据中心消耗包括 IT 设备与冷却设备等巨大的电能(占全球总耗电量的 5%以上)。据文献[6]统计，数据中心在 2013～2025 年将消耗 1000TW·h，超过日本和德国目前用电总量。随着数据中心中存储系统规模的不断扩大和能源价格的不断上涨，能耗已成为制约大数据快速发展的一个主要瓶颈。更为严峻的是，能耗除了本身会带来相应的经济代价之外，还使得环境受到其散发的二氧化碳的影响。高能耗带来了很高的碳排量和温室气体(Greenhouse Gases，GHG)排放。高能耗已经成为 GHG 的主要排放组成部分[7]。

存储系统是数据中心的重要组成部分，数据中心 27%～40%的能耗被其消耗[8]。因此，研究和探讨如何降低云存储系统中的能耗问题具有重要的现实意义和科研价值。降低云存储系统中的能耗不仅可以降低大数据服务提供商的运营成本，还可以达到保护环境的目的。有数据表明，数据中心一方面消耗着巨大的能量，另一方面，其服务器或磁盘利用率都比较低，平均只有 25%～30%[9]。闲置和空转的数据节点消耗着大量的无效能耗，《纽约时报》和麦肯锡的调查显示：Google 数据中心年耗电量约为 3000kW·h，Facebook 为 600kW·h，而巨大的能耗却只有 6%～12%被用于响应用户的请求。因此如何提高有效能耗降低无效能耗，如何实现能耗与存储节点利用率相匹配或近似匹配，是目前大型存储系统中降耗领域最为关注和最迫切需要解决的问题。现有的大量研究通过负载聚合(Workload Consolidation)、任务调度、数据聚合(Data Concentration)、数据放置[10]、数据备份[11]、虚拟机聚合(VM Consolidation)等软件技术以及采用动态电压频率调节(Dynamic Voltage and Frequency Scaling，DVFS)、多转速磁盘(multi-speed disk)、闪存(flash memory)等硬件技术[12,13]，从应用层、数据中心层[14]、集群层、磁盘冗余阵列(Redundant Arrays of Inexpensive Disks，RAID)层[15]、节点层、虚拟层、操作系统层[16]、磁盘层[17]等多个层次降低大型存储系统中的能耗。现有存储系统的节能技术采用各种不同的方法和手段在单独降低存储系统某一层面(应用层、数据节点层、磁盘冗余阵列、磁盘层)的能耗上取得了一定的效果。然而，如何针对不同层面面临的不同问题，采用不同的方法并进行有机结合，更加全面、更大程度地降低大型存储系统的能耗，提高有效能耗，实现能耗配比是目前存储系统降耗技术的一个挑战和趋势之一[2]。

我们以更加全面的视角探索大型存储系统降耗技术中还存在的重要科学问题：如何在满足用户多样化的服务质量(Quality of Service，Qos)要求的前提下降低云存储系统能耗。以层次递进的方式，将数据管理的多种方式(数据分块、数据备份、数据副本放置以及数据分类)和能耗升降档机制结合多转速磁盘的调节技术，研究和解决目前云存储系统消耗大量无效能量的问题。大量模拟实验的结果表明该方法能够在满足用户 QoS 要求的前提下，有效地降低云存储系统的能耗，对如何降低目前大型存储系统中的能耗具有重要的参考价值和指导意义。

综上所述，面向云存储系统的高能效技术的研究，在数据量剧增、存储系统规模不断扩大、能耗持续增长、系统利用率与有效能耗不匹配、用户 QoS 要求描述单一化的情形下，具有重要的研究意义和科学价值。

1.3　研究内容和主要贡献

聚焦云存储系统中的能耗问题，在面向降耗的数据管理策略的基础上，结合能耗升降档机制旨在降低云存储系统中的无效能耗，提高有效能耗，最终达到能耗配比的目的。对云存储系统多个层面的能耗问题展开研究：首先挖掘数据在访问时间上的特性，利用数据分类的手段，从第一个层面降低云存储系统中的能耗(分区层面)；然后设计和实现了具有能效性的副本管理策略，包括最小的副本个数决策模型、数据的分块策略、数据副本的放置策略，在此基础上通过设计能耗升降档机制实现能耗配比，从第二个层面降低云存储系统中的能耗(节点层面)；最后设计和实现多样化 QoS 约束的磁盘调度策略，从第三个层面降低云存储系统中的能耗(磁盘层面)。具体而言，主要研究内容和相应的贡献如下。

(1) 对国内外研究现状展开了全面而深入的调研。从四个层面展开：首先概览了云计算系统中能效技术，然后对云存储系统中能效技术的国内外研究现状进行综述，进而对已有的云计算相关环境中降耗技术的研究综述进行总结、归纳和分类(属于综述的综述)，并由此引申出与课题密切相关的面向降耗的数据管理策略的国内外研究现状综述。理清云计算系统中的降耗技术的研究现状及其相应的综述方法，对把握课题的国内外研究现状及发展动态具有重要的作用。

(2) 数据分类存储的研究。针对数据的季节性特性和潮汐特性设计和实现了基于 K-means 的能耗感知的数据分类策略 K-ear：从百度搜索指数中发现和挖掘了数据的季节性特性与潮汐特性，并从百度搜索指数中提取了有代表性的 70 个关键词，基于 SPSS 软件对 70 个关键词从季节性特性和潮汐特性的角度出发，利用 K-means 算法对其进行聚类分析。据此，提出了基于 K-means 的数据聚类存储算法 K-ear：以多转速磁盘为基础，将数据依据季节性特性分类后，再依据数据的潮汐特性进行分类存储，将存储相应季节的数据、相应日期为潮点的数据，以及不具备明显季节性特性和潮汐特性的数据磁盘以高速高能耗的模式运行，以保证数据的访问速度和云存储系统的性能，而存储其他数据的磁盘以低速低能耗的模式运行，以在大粒度范围内的节省能耗。利用数学分析的手段和模拟实验的方法，分析与测试了 K-ear 策略在能耗上相较于 SEA(Striping-based Energy-aware Algorithm)算法和 Hadoop 默认的数据存储算法的表现。分析和模拟实验的结果表明，针对数据的季节性特性和潮汐特性设计的 K-ear 策略具有明显的能耗优势：在不同的负载比例、季节性比例、冷热数据比例、潮汐特性比例的设置下，K-ear 算法相较于 Hadoop 系统中未进行数据分类的策略，最高可达 72.8% 的降耗比例，平均约为 40%。而相对于根据冷热数据比例进行分类存储的 SEA 算法，K-ear 算法最高可达 10.8% 的降耗比例，平均约为 7%。

(3) 面向降耗的数据副本管理策略的研究。在数据分类的基础上对不同的存储区域，设计和实现了具有能效性的自适应副本管理策略 E^2ARS(Energy Efficient Adaptive Replication Strategy)机制。该机制包括：为了提高系统响应时间的数据分块机制，为了保证数据可用性的最小副本个数决策模型，为了保证自适应的能耗升降档机制可以顺利实施的副本放置策略，以及最终起到降耗效果的能耗升降档机制。基于数学分析和模拟实验手段产生的结果均表明：E^2ARS 机制在不同参数的影响下(系统的负载、预期的响应时间、副本的个数以及数据分块的个数等)，在保证数据可用性和用户服务质量要求的前提下，具有明显的降耗效果。

(4) 提出了多样化 QoS 约束的磁盘调度(Multi-QoS Disk Scheduling，MQDS)策略：MQDS 框架中集成了三种不同的磁盘调度策略满足用户的多样化 QoS 要求。设计了基于时间优先的磁盘调度(Time Prior Disks Scheduling，TPDS)算法满足用户对实时性的 QoS 要求，设计了基于代价优先的磁盘调度(Cost Prior Disks Scheduling，CPDS)算法满足用户对实时性要求不高但是对费用敏感的 QoS 要求，以及设计了基于效益函数的磁盘调度(Benefit Function-based Disks Scheduling，BFDS)算法满足用户在实时性和费用敏感上动态变化的 QoS 要求。在扩展的 CloudSimDisk 模拟器(Simulator)中利用 Wikipedia 中的 Wiki workload(包括 5000 个任务请求)作为任务驱动，测试和评估提出的 MQDS 策略中的三种磁盘调度算法(TPDS、CPDS、BFDS)和 CloudSimDisk 自带的循环调度算法 RRDS，在响应时间、能耗和费用开销等三个性能指标上的表现。模拟实验的结果表明：在高速磁盘和低速磁盘配比相当的情况下，提出的 MQDS 策略中的三种算法更具有能效性。基于时间优先的调度算法 TPDS 在响应时间的性能指标上表现最优，费用开销方面则是基于代价优先的调度算法 CPDS 具有最优的表现，相较于 CloudSimDisk 自带的循环调度算法 RRDS，提出的三种调度算法在能耗指标上均具有一定的优势，体现了 MQDS 策略的能效性。而提出的基于效益函数的调度算法 BFDS 在三种性能指标(响应时间、费用开销和能耗)中的表现均介于 TPDS 和 CPDS 之间，具有较好性能折中，在表达用户 QoS 动态变化的同时给用户的 QoS 要求多了一种选择。总体而言，提出的 MQDS 策略具备多样化 QoS 约束的调度能力的同时，在一定高速和低速磁盘配比的情况下具有明显的能耗优势。

1.4　研究思路和本书结构安排

1.4.1　研究思路

遵循的研究思路如图 1.4 所示。

1.4.2　本书的结构安排

本书在数据中心能耗形势日趋严重的背景下探讨如何通过数据的管理方式层次递进地降低云存储系统中的能耗问题，具体的章节安排如下。

第 1 章阐述研究背景，详细阐述数据中心严峻的能耗问题，并对构成数据中心的云计算技术及其系统框架、云存储系统的概念及其技术框架进行相对详细的

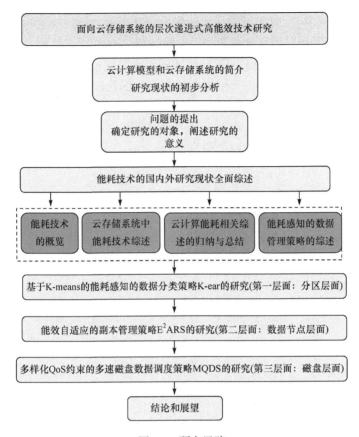

图 1.4　研究思路

阐述，为如何解决数据中心的能耗问题提供框架依据。简要阐述云存储系统中能耗研究的国内外现状，由此引申出研究意义和主要的研究内容。

第 2 章全面深入阐述现有的云计算能耗技术研究的国内外研究现状，并从五个角度对现有的研究综述进行分类总结，由此引出面向能耗的数据管理策略的研究现状的综述。

第 3 章针对数据的季节性特性和以周为单位的潮汐特性，提出了基于 K-means 的能耗感知的数据分类策略，从第一个层面阐述利用数据管理的手段降低云存储系统中能耗的可能性。

第 4 章利用数据副本的特性，阐述如何在保证数据可用性的前提下，通过数据放置的方式，在不同的分类区域中实施能耗的升降档机制，以适应在系统负载动态变化的情况下，通过开启或关闭不同个数的数据节点，以达到在轻负载的系统状况下的降耗效果，从第二个层面阐述利用数据管理手段降低云存储系统中能耗的可能性。

　　第 5 章研究如何在时间优先、代价优先和基于效益函数描述的 QoS 约束下，将数据调度在不同运转模式的磁盘中，在保证用户 QoS 要求的前提下，满足用户多样化的 QoS 要求。同时当不同运转模式的磁盘的配比满足一定条件时，MQDS 同样具有降耗的效果，从第三个层面阐述利用数据管理手段降低云存储系统中能耗的可能性。

　　第 6 章总结所做的研究工作，以及主要贡献和创新点，同时指出本书还需要进一步完善和深入研究的部分以及研究方向。

第2章 云计算能效的国内外研究现状综述

如前所述，自云计算的概念提出以来，云计算及云计算相关环境中的降耗问题受到了广泛的关注，许多的研究学者针对云计算系统中的不同层面设计和实现了不同的软硬件降耗技术，并取得了一定的降耗效果。更有不少学者从不同的视角对目前的云计算相关环境中的降耗技术进行综述。为了进一步探讨课题的研究意义以及阐述课题的研究思路，本章对云计算能效的国内外研究现状的综述在四个层面展开。首先对云计算系统中的能效技术进行综述；然后对云计算系统中重要组成部分——云存储系统中的能效技术进行了综述，进而对现有云计算系统中能效技术的综述进行了总结、归纳和分类；最后对能耗感知的数据管理策略的国内外研究现状进行全面的综述。旨在理清云计算系统中的降耗技术的研究现状，把握云计算能效技术的国内外发展现状及发展动态。

2.1 云计算系统中降耗技术概览

云计算相关环境中降低能耗的技术从大的层面上可以分为软件手段和硬件技术。具体而言，通过软件手段降耗主要包括：负载聚合技术[18]、任务调度策略[19]、数据聚合方法[20]、数据放置策略[10]、数据备份技术[11]，虚拟机聚合技术[21]，虚拟机迁移技术[22]和虚拟机调度(VM Scheduling)技术[23]等。还可以通过硬件技术降低云计算系统中的能耗[12,13]。硬件技术主要采用具有降耗潜力的硬件组成，如多转速磁盘，具有动态电压频率调节的 CPU、固态盘(Solid State Disk，SSD)、闪存等技术。将上述的软硬件技术以及不同的组合方法应用到云计算框架中的不同层面，进而达到降耗的效果。降耗技术应用到的不同层面主要包括：应用层[24]、数据中心层[25]、集群层[26]、RAID 层[27]、节点层[28]、虚拟层[29]、操作系统层[30]、处理器层[31]、磁盘层[17,32]、内存层[33]，以及网络层[34]等。

2.2 存储系统中能耗技术的国内外研究现状

存储系统作为云计算系统中的重要组成部分，其消耗了整个数据中心 35%~40%的能耗，因此降低存储系统的能耗至关重要，存储系统的能耗问题也引起许多学者的关注和研究。根据降耗研究与降耗技术所涉及的层面以及粒度大小，存储系统的降耗技术的研究主要在存储系统层、磁盘阵列层和磁盘层等三个层面展开，具体如下。

(1) 存储系统层的降耗研究。主要通过数据分区、数据放置、数据备份，结合负载的变化情况动态关闭节点或调整磁盘转速的方式来进行降耗。①采用数据分区的降耗方法。Kaushik 等和 Yahoo 公司合作改进 Hadoop 系统中的能效性，提出了名为 Lightning、GreenHDFS[14]的降耗策略，将存储区域分为热区和冷区，对应地根据数据访问的特点，将数据分为热数据和冷数据，热数据存储在热区，冷数据存储在冷区。实验表明提出的 GreenHDFS 降耗策略能够达到 26%的降耗效果。②通过数据放置的降耗方法。Amur 等提出的具有能耗配比效果的 Rabbit 机制[35]，该机制通过对数据布局策略的精妙设计，可以开启最少的节点，在保证性能的前提下达到降耗的效果，在原型系统上的实验表明，该机制具有能耗配比性。文献[36]提出了一种启发式的动态数据摆放算法进行降耗：使用 CloudSim 模拟了私有云环境，通过数据共享机制在资源池中进行数据块的动态摆放，开启最少的节点来覆盖最多的数据块，由此达到降耗目的。文献[37]针对 MapReduce 中的数据放置问题，论证和阐述了合理的数据放置能够降低云存储系统中的能耗。文献[38]针对基于 Hadoop 的文件系统框架集群规模难以减少的特点，修改和重新配置了 Hadoop 系统，降耗通过关闭部分集群或节点的方式得以实现。文献[39]在保证任务请求满足预期执行效果的前提下，首先通过数据摆放算法将云平台中的数据进行合理摆放；然后将摆放策略传递给节点调度策略；最后通过节点调度策略进行节点的开关调度，将资源使用率较低的节点调至低能耗状态来达到节能的目的。③利用数据备份的降耗方法。利用数据备份的数据冗余，在负载较轻的时候将请求集中在部分节点上，以期通过关闭剩余节点达到节能目的，这也是一种有效的降耗技术。文献[38]提出 Diverted Access 机制，利用数据的多副本机制，将不同的数据副本进行分区存储，在负载较轻的时候将请求定位到部分磁盘，让其他磁盘处于低能耗状态。Kim 和 Rotem 提出了 FREP(Fractional Replication for Energy Proportionality)机制[28]：将数据备份的粒度从磁盘的粒度扩展到存储节点的粒度，在系统负载较轻的时候通过关闭节点的方式达到更大粒度范围上的降耗。文献[40]设计了一种低功耗的云存储系统，利用多数据副本机制以及部分开启的节点保证数据可用性的前提下，通过关闭其他节点的方式来达到降耗的效果。近年来，通过数据副本的管理技术来降低云存储系统中的能耗，在国内也引起了广泛的研究。2011 年，南京航空航天大学的刘英英对云环境下能量高效的副本管理及任务调度展开了研究[41]，设计分布式云环境下的节点编号，提出了一种基于节点编号的能量高效副本管理方法，对云环境下无序的计算节点进行编号，节点编号的相互映射满足副本存储的完备性要求。在负载较轻的时候，将任务映射在编号较小的节点上，结合 DVS(Dynamic Voltage Scaling)技术的任务调度方法节约了系统中空闲节点的能耗。另外，还在不改变现有 Hadoop 的云环境的基础上，根据数据块与数据节点的映射匹配关系，选取出"核心区域关键节点集"应对系统轻负载以达到降低无效能耗的目的。2013 年，东南大学罗香玉对高效集群存储系统副本放置算法展开了研究[42]，提出了同时具备负载均衡能力和成比例能耗支持能力的新型动态副本放置算法 Superset。该算法通过非均一的副本数指派策略，可适应不同文件的访问热度需求，以较低的存储空间总成本保证系统的负载均衡能力；通过不相交节点子集合所存储文件子集合满足超集关系的副本放置格局和以文件访问热度排名为中心的迁移机制，保证对成比例能耗的支持能力。2014 年华中科技大学的陶晨畅提出了副本分池的策略[43]，将存储分成不同的存储池，将数据的不同副本分布存储在不同的存储池中，根据系统负载的实时变化，通过对存储池中节点的能耗的调节，在保证数据可用性的前提下，实施相应的降耗策略，以期达到降耗效果。在开源的分布式存储系统"牧羊犬"上的测试结果显示，在牺牲微小的读写性能的前提下，达到 30% 的节能。2015 年新疆大学的王政英对云环境下基于存储的副本存放节能策略展开了研究[44]，对用户访问特征进行深入研究，提出基于用户访问特征的副本动态管理节能策略和数据块聚类存放节能策略，将具有相似访问特征的数据进行聚类存储，通过关闭一些不必要的节点达到降耗的目的。实验表明可有效减少的能耗达到 31%~37%。

(2) 磁盘阵列的节能研究。针对存储系统的能耗问题，磁盘阵列的层面上也曾经得到广泛的关注。Xie 针对 RAID 结构的存储系统提出来一种基于分块的能耗感知的数据放置策略 SEA[15]，在基于文件访问规律符合 Zipf 分布的假设基础上，将文件按照一定的比例分成 Popular 和 Unpopular 两种文件类型，同时将 RAID 的磁盘集按照一定的比例分成两个区：Hot Disks 和 Cold Disks。Hot Disks 集合上的磁盘高速运行，能耗开销较大。Cold Disks 集合上的磁盘低速运行，能耗开销极小。SEA 算法将 Popular 的文件放在 Hot Disks 上，对应地将 Unpopular 文件放在 Cold Disks 上。基于 DiskSim 模拟实验的结果显示：SEA 算法以牺牲极少量的响应时间换取了大量磁盘能耗的节省，具有节省能耗和快速响应的特性。Zhu 等针对数据中心的负载类型特征，提出了 Hibernator 模型[45]，在基于动态转速磁盘模型的基础上，通过 Hibernator 模型将数据迁移到合适转速的磁盘上从而在保证满足性能要求的前提下达到节能的目的。Colarelli 等为了提升归档存储系统的能效提出了 MAID 模型[46]：采用额外的磁盘作为缓存磁盘，将热点访问的数据置于该磁盘中，最大限度地减少定向到后端磁盘的 I/O 数量，从而避免后端磁盘频繁地由低能耗的待机状态切换到高能耗的活动状态，MAID 模型适用于归档存储系统。Weddle 等在传统磁盘阵列的基础上，根据系统负载的轻重变化自动调整组成磁盘阵列的活动成员的个数，形成一种可动态变换的多档磁盘阵列组织方式 PARAID 模型[27]，在满足性能需求的前提下实现最大程度的节能。Verma 等通过

sample-replicate-consolidate-mapping 的步骤将热点的数据集中在由一些子块构成的虚拟层次上并提出了 SRCMap 模型[47]。根据相应的负载打开最少数量的物理卷，任何对非活动状态上的物理卷的 I/O 请求都将重新定向到活动状态物理卷的副本上。SRCMap 与 PARAID 的主要区别在于：它只复制选样出来的工作集而非整个物理卷，因此带来的额外空间开销更小。Pinheiro 和 Bianchini 针对存储系统的数据访问频率的差异性，提出 PDC(Popular Data Concentration)模型[48]：周期性地将热点数据迁移到少数磁盘上，并将访问频率较低的数据集中于剩下的磁盘上。这样可以使绝大部分的 I/O 请求被尽可能少的磁盘所处理，使处于待机状态的磁盘个数尽可能多，有效提高系统的能效。Li 和 Wang 充分挖掘 RAID 内部的冗余信息，将冗余信息的利用和 I/O 调度策略、阵列控制器级 Cache 管理策略等结合起来，采用非易失性缓存作为写回策略的 Cache 来优化写操作请求，提出了 EERAID 的高效能磁盘阵列[49]。仿真实验结果表明：在限定的性能范围内，EERAID 能够节省大约 32%的能量。

(3) 单个磁盘的降耗研究。对于降低单个磁盘所消耗的能量主要围绕着细分磁盘活动状态、延长磁盘处于空闲状态的周期和减少磁头定位开销等三个方面来研究。Gurumurthi 等提出了动态转速磁盘(Dynamic Rotations Per Minute，DRPM)的概念[17]：在系统负载较轻时使磁盘运转在低速旋转状态，否则运转在高速状态。实验表明 DRPM 在系统负载较轻时具有一定的节能效果。而利用 Cache 来缓存写操作从而产生 I/O 突发周期[32]，或将请求重定向到其他磁盘上以延长该磁盘的空闲周期，也具有一定的降耗作用。另外，为了减少磁头定位开销，文献[39]为数据创建多个副本并将其存储在文件系统的空闲块上，通过 I/O 调度的方法使用户请求尽可能地顺序访问磁盘上的数据，其实验表明这种方法能够获得较好的能效，使得每个请求的平均能耗降低了 40%～70%。

综上所述，对存储系统中降耗技术的国内外研究现状总结如下。

(1) 存储系统中的降耗问题受到了广泛的关注，降低大型存储系统的能耗是目前云计算架构中迫切需要解决的问题之一。目前降低存储系统的能耗主要有存储系统层、RAID 层、单个磁盘，单个层面上的降耗空间有限，因此我们着眼和聚焦云存储系统中的能耗问题，从多个层面上以层次递进的方式降低云存储系统中的能耗。

(2) 数据管理策略是降低存储系统能耗的有效技术手段之一，但是目前通过数据管理的方式进行降耗的手段是单一、片面和碎片化的。数据管理方式的利用还不够全面、不够系统，与其他技术结合进行联合降耗还鲜有研究。

(3) 数据的备份也是目前降低存储系统能耗的一种有效的技术手段，通过在多个节点存储相同的数据，在负载较轻的情况下，可以在保证数据可用性的前提下关闭某些节点，以此达到降低能耗的目的。但是现有的利用数据备份来降低能耗的方法中均未考虑到数据的异构性:应用对数据不同的可用性需求以及数据本身的特性不同,所需要的副本的个数也不同。面向能耗自适应的副本个数决策模型以及相应的副本放置策略也成为研究的主要内容之一。

(4) 目前存储系统中的降耗技术,无论是系统层面、磁盘阵列层面还是单个磁盘层面,均是在满足系统性能的前提下优化能耗指标,对用户的 QoS 要求刻画单一,无法真实意义上满足用户 QoS 的多样性需求。本书拟从多方面刻画用户的 QoS 要求(时间优先、代价优先、基于效益函数等),在满足用户多样化的 QoS 要求的前提下,最大限度地降低系统的能耗。

因此我们聚焦云存储系统中的能耗问题,利用数据分类、数据备份技术、磁盘的数据调度等数据管理的相关技术,结合 DRPM,在满足用户多样化的 QoS 要求的前提下,从存储系统的不同层面(或粒度)上达到降耗的目的,以期最终实现能耗配比的目标,通过数学建模、数学分析和模拟实验的方式验证了提出方法的可行性,对指导实际的存储系统设计相应的降耗策略具有重要的参考作用和指导价值。

2.3　云计算相关环境中的降耗技术研究综述的分类

如前所述,云计算系统中的能耗问题形势严峻,引起了广泛的关注,大量的学者采用不同的软硬件技术从不同的层面降低云计算系统中的能量消耗,并取得了一系列的进展。与此同时,在过去的 10 年里,也有不少的学者从不同的角度总结和归纳了云计算相关环境中的降耗技术。本节对现有研究综述进行分类、归纳和总结,以此引申出云计算环境中面向降耗的数据管理策略的意义。对涉及云计算相关环境中的有关降耗的研究综述,从不同角度进行了分类,具体分为五大类:面向整个云计算系统不同角度的能效技术综述、云计算系统特定层面或特定部分的降耗技术综述、云计算系统中各种降耗技术的综述、云计算系统特定能效技术的综述以及其他的能耗技术综述。而对不同类别的综述文章,我们又进行进一步的分类阐述。在回顾云计算相关系统中所有研究综述的基础上,总结现有降耗技术国内外研究现状和分析其发展动态的同时,指出云计算系统中面向降耗的数据管理策略相关综述的缺失,进而在后续的章节中对面向降耗的数据管理策略进行全面的综述,该综述对进一步明确课题的研究方向和研究意义起到重要的作用。

2.3.1　面向整个云计算系统不同角度的能效技术综述

面向整个云计算系统的能效技术的综述,指的是从不同的视角对利用各种技术、策略或算法对整个云计算系统进行降耗的相关研究进行总结、归纳和分类。2011 年澳大利亚墨尔本大学的 Beloglazov 等首次对数据中心和云计算环境中的能效技术进行了综述[50]。Beloglazov 等从硬件/固件层、操作系统层、虚拟层和数据中心层面对数据中心和云计算系统中的能效与降耗技术进行了全面的总结及归纳。同时，在同一层面还针对不同系统(同构或异构)以及不同的应用，如任意的、实时的应用和高性能计算(High Performance Computing，HPC)，满足不同的系统目标，如最小化能耗、最小化性能损失(Performance Loss)、满足能耗预算(Power Budget)等。采用的不同的能效手段，如动态组件失活(Dynamic Component Deactivation，DCD)技术、动态电压频率调节(DVFS)技术、资源调节(Resource Throttling)技术、负载聚合技术进行了分类。Beloglazov 等在某种程度上对云计算相关系统中的节能和能效技术进行全面与深入的调研综述，同时还指出了节能降耗技术的发展方向。然而，利用数据管理技术进行降耗的方法，在该文献中还未涉及。文献[51]对集群系统的节能降耗技术进行了综述，将降耗技术分为静态的方法和动态的方法。静态的降耗方法指的是利用低功耗的元器件或组件。动态的方法是指使用一些能量可扩展的组件(Power-scalable Component)，其中包括能量可扩展的处理器和能量可扩展的内存。Orgerie 等则对大型分布式系统中提高能效的技术进行了全面的综述[52]，其从计算节点和有线网络的视角调研了提高能效的技术，并得出提高能效的技术主要有四个步骤：功耗的测量和能耗模型的构建、节点层面的节能优化技术、网格或数据中心系统的能耗管理以及云计算系统中虚拟化技术。而对于有线网络资源的降耗技术主要可以分成五类：功耗的测量和能耗建模、硬件层面的节能优化技术、关闭技术、降速方法、网络带宽的调节技术等。同时文献中还探讨了节能技术解决方案，如资源分配、任务调度和网络流量管理等技术。另外，文献中还探讨了目前降耗技术的最新发展水平。然而，同样遗憾的是，面向降耗的数据管理策略也未涉及。文献[53]则对云计算系统中的能效技术进行综述和分类。他们从面向基础设施(Infrastructural-orient)、面向硬件(Hardware-orient)、面向软件(Software-orient)的视角对能效技术进行全面的综述。面向基础设施的能效技术主要包括空调能耗等单元选择、冷却设备选择以及地板选择等。面向硬件的降耗技术包括高能效的服务器、并行框架技术、多核框架技术、功耗管理模式、网络和存储层面的优化技术等。而面向软件的节能技术主要包括并行编程技术、资源节流技术、资源供应和资源调度方法等。文献[54]则对云计算环境相关系统、网格系统、集群系统和高性能计算系统中的能效技术进行了归纳和总结。同时该文献还陈述了云计算的模拟环境，如 GreenCloud[55]、MDCSim[56]、CloudSim[57]和 GSSIM[58]等系统，为模拟和评价云计算中的降耗方法提供了选择的平台。文献[59]探讨和描述了云计算中能耗感知的框架设计的角度以及未来的发展方向，同时综述了诸如资源管理、热量控制以及绿色标准等技术。文献[60]所做的工作比较类似，对数据中心部件(包括服务器、内存和网络设备)的节能降耗技术从面向软件、面向硬件和面向框架结构(Architecture-orient)三个层面进行总结、归纳和分类。在服务器组件的层面上，能够采用的降耗技术主要有精简指令集计算机(Reduced Instruction-set Computer，RISC)、复杂指令集计算机(Complex-Instruction-set Computer，CISC)和服务计算(Service of Computing，SoC)架构，服务器的功耗分配技术，服务器冷却技术等。而对于存储系统的能耗技术则包括 SAN、NAS 或者 DAS 的框架，还可以采用的方法包括 SSD、硬盘驱动器(Hard Disk Drive，HDD)、光盘和闪存等部件的选择。网络设备方面的节能技术包括数据中心的网络架构、光纤连接的数据中心以及数据中心的路由技术等。

综上所述，现有的从整个云计算系统的角度综述降耗方法研究综述的分类如表 2.1 所示。

表 2.1　整个云计算系统中的降耗技术的研究综述的分类

标题	综述的聚焦点	视角	目标系统	发表年份
A taxonomy and survey of energy-efficient data centers and cloud computing systems[50]	不同层面的不同能效技术	云计算不同层面的角度	数据中心和云计算系统	2011
An overview of energy efficiency techniques in cluster computing systems[51]	组部件的静态和动态节能降耗技术	云计算不同组件的角度	集群系统	2013
A survey on techniques for improving the energy efficiency of large scale distributed system[52]	最新能效技术及其解决方案	管理策略角度	大型分布式系统	2014
Energy efficiency techniques in cloud computing: A survey and taxonomy[53]	面向基础设施，软硬件的降耗技术	云计算不同层面的角度	云计算系统	2015
A survey on energy-aware cloud[54]	功耗测量和模拟系统	能耗管理策略的角度	云计算系统	2015
Green data centers: A survey, perspectives, and future directions [59]	资源管理、热量控制和绿色标准	降耗技术相关文献综述的角度	数据中心	2016
Survey of techniques and architectures for designing energy-efficient data centers[60]	服务器组件的能耗	数据中心不同组部件的角度	数据中心	2016

2.3.2　云计算系统特定层面或特定部分的降耗技术综述

如文献[50]所述，云计算系统中能效的提高可以通过提高云计算框架中各个层面的能效实现。不少综述就是针对网络层面或网络组件中的降耗技术展开的。2012年，Bilal 等首先对采用自适应的连接速率的绿色通信技术进行综述[61]。2014年，他们又进一步综述了网络通道的最新发展技术[62]，同时综述了设计能效网络的相关技术和手段，其中包括数据中心网络(Data Center Network，DCN)框架、网络流量管理和特征抽取、数据中心网络的性能监控、网络感知的资源分配策略以及数据中心网络的实验手段等。文献[63]则调研了数据中心网络的框架和能效技术,从以交换为中心(Switch-centric)和以服务器为中心(Server-centric)的网络框架中的能效技术的角度进行分类综述。Moghaddam 等对基于云计算环境中的能效网络解决方案进行了综述[64],从网络层面中的能效解决方案、策略和技术手段的角度进行了分类。Idzikowski 等调研了主干网络中能耗感知的设计和操作的研究现状[65],关注设计和操作阶段中的能效问题。近期,Dabaghi 等学者对有线网络中采用睡眠调度的绿色路由协议的研究现状展开了调研[66]。除此之外,文献[34]是网络层面中能效技术综述的代表性文章。除了对网络层面或网络组部件的能效综述之外[67],据我们所知,截至目前,只有文献[68]对云计算系统中的 IaaS 层面的能效技术进行了综述,对 IaaS 的组部件(包括处理器、服务器、存储部件、冷却部件和网络系统)中所涉及的能效相关的策略和技术手段进行了全面的综述。

表 2.2 对云计算相关环境中特定层面或部件中的能效技术的相关研究综述,从调研的关注点、视角、目标系统和发表年份等方面进行了分类总结。

表 2.2　云计算相关环境中特定层面或部件中的能效技术综述的分类总结

标题	调研关注点	视角	目标系统	发表年份
A survey on green communications using adaptive link rate[61]	自适应的连接速率方法	特定能效技术的角度	绿色网络	2013
A taxonomy and survey on green data center networks[62]	网络层面的能效策略	全局角度	绿色数据中心网络	2014
A survey on architectures and energy efficiency in data center networks[63]	以交换为中心和以服务器为中心的网络拓扑设计中的能效技术	特定能效技术手段的角度	数据中心网络	2014
Energy-efficient networking solutions in cloud-based environments: A systematic literature review[64]	高能效的网络工程解决方案	特定能效技术手段的角度	基于云计算的系统	2015
A survey on energy-aware design and operation of core networks[65]	高能效的网络设计和操作	特定网络阶段的角度	主干网络	2016
A survey on green routing protocols using sleep-scheduling in wired network[66]	高能效的网络协议设计	特定能效技术手段的角度	有线网络	2017
A review on the recent energy-efficient approaches for the internet protocol stack[34]	高能效的网络协议设计	特定能效技术手段的角度	基于云计算的系统	2015

2.3.3　云计算系统中各种降耗技术的综述

如前所述，云计算相关系统中的能耗问题受到了广泛的关注，为了提高云计算系统中的能效，业内大量的学者设计和实现了许多降耗技术、节能方法、能效策略等。与此同时，不少学者也从不同的角度对各种降耗策略进行了综述。本小节，我们将在概览现有此类综述文章的基础上，进行相应的分类和总结。Mastelic 等综述了云计算环境中的各种能效技术，他们从云计算框架中不同的层面或不同的部件中实施的各种能效技术的角度进行了综述和分类[69]。对于硬件部分，他们综述了网络和服务器部件中的能效技术，其中网络部分的能效技术包括数据中心网络、数据中心外部网络，而服务器方面，则对其附属部件(Enclosure)、机架(Racks)和组部件(Component)进行了全面的调研与综述。而软件部分的能效，则对虚拟化技术、系统监控技术和调度技术方面进行了综述和分类。除此之外，在能效实用工具方面，还在应用程序、运行环境以及操作系统的层面进行了综述。网络能效方面的技术包括：采用无线网络的框架、无线网络的低复杂度处理方式以及有限网络中的流量工程和路由策略。服务器方面的能效技术包括：服务器冷却技术、相应部件的动态电压频率调节(DVFS)技术、处理器的框架和设计方案。文献[70]则从能效技术和能效算法的调度方面综述了云计算环境中节能降耗的方法。其中，能效技术包括虚拟机聚合、虚拟机迁移和 DVFS 技术等。而能效算法则包括随机选择算法、最高增长潜力选择算法、最小和最大的功耗扩展算法(Power Expand Min-Max)、最小化迁移算法(Minimization Migration)和最大装箱算法(Maximum Bin Packing)。Kong 和 Liu 对数据中心不同层面的能效方法从能效的现代化工具、框架、技术和算法的角度进行综述[71]。其中，重点调研了负载调度(Workload Scheduling)、虚拟机管理和能耗容量规划策略。文献[72]回顾了绿色云计算系统中的最新发展技术，阐述了绿色云计算的发展历程以及绿色云计算的联合集成框架技术。表 2.3 对云计算中各种能效技术的相关研究综述进行了分类和总结。

表 2.3　各种能效技术的综述文章分类和总结

标题	调研关注点	视角	目标系统	发表年份
Cloud computing: Survey on energy efficiency[69]	硬件技术、云计算管理软件和实用工具	云计算不同层面的角度	云计算系统	2014
Energy efficiency in cloud computing: A review[70]	能效技术、虚拟机聚合、虚拟机迁移和 DVFS 技术	不同能效策略的角度	云计算系统	2015
Energy efficiency in big data complex systems: A comprehensive survey of modern energy saving techniques[73]	能效技术和能效算法	不同能效策略的角度	大数据复杂系统	2015

续表

标题	调研关注点	视角	目标系统	发表年份
A survey on green-energy-aware power management for datacenters[71]	负载调度、虚拟机管理和能耗容量规划策略	不同的能效技术在不同的层面中应用的角度	数据中心	2014
Survey of state-of-art in green cloud computing[72]	发展历程和框架技术	演变的角度	绿色云计算系统	2016

2.3.4 云计算系统特定能效技术的综述

正如云计算系统中有大量的能效技术或策略，对特定能效技术进行综述的文章数量也是可观的。首先，Sekhar 等于 2012 年对通过虚拟机迁移实现服务器聚合 (Server Consolidation)，进而实现降耗的方法进行了综述[74]。而 2014 年，Mkoba 和 Saif 则对任务聚合(Task Consolidation)的能效方法进行了调研和综述[75]。文献[76]对高性能计算领域、云计算和大数据环境中采用能耗感知的负载特征(Workload Characterization)提取技术进行了综述。Pavithra 和 Ranjana 对云计算环境中能耗感知的资源分配(Resource Allocation)技术进行了调研和综述[77]。文献[78]则对云数据中心(Cloud Data Centers)中的能效感知的虚拟机调度技术进行了全面的调研和综述。Bose 和 Kumar 讨论了能耗感知的负载均衡(Load Balancing)技术[79]。而文献[80]则对能耗感知的资源分配技术的综述文章进行了总结和归纳。文献[81]对云数据中心的能耗管理策略进行了分类和综述，其中主要聚焦能耗感知的虚拟机聚合技术。Shaik 和 Jyotheeswai 对云计算环境中的能耗感知的任务调度算法(Job Scheduling Algorithms)进行了综述[82]。Jin 等[83]聚焦在如何通过软件方法(Software Methods)提高并行计算环境中的能耗的策略。Piraghaj 等综述了服务云平台中高能效的资源管理(Resource Management)技术[84]，其中包括环境感知的节能技术，而感知的环境包括裸机环境(Bare Metal Environment)或虚拟环境(Virtual Environment)，同时对负载感知的能效技术和应用感知的节能技术进行深入探讨。文献[85]则对面向能效的负载分布(Load Distribution)技术进行了分类综述，该文献是云计算环境中一篇关于综述的文章。表 2.4 对云计算中特定能效技术的相关研究综述进行了分类和总结。

表 2.4 特定能效技术综述文章的分类和总结

标题	能效技术	降耗的目标	目标系统	发表年份
A survey on energy efficient server consolidation through VM live migration[74]	通过虚拟机迁移实现服务器聚合	使服务器开启的数量尽可能少	云计算系统或数据中心	2012
A survey on energy efficient with task consolidation in the virtualized cloud computing environment[75]	任务聚合	减少操作和费用开销	虚拟机云计算环境	2014

续表

标题	能效技术	降耗的目标	目标系统	发表年份
A survey into performance and energy efficiency in HPC, cloud and big data environments[76]	负载特征提取	提高性能和能效	高性能计算环境、云计算或大数据环境	2014
A survey on energy aware resource allocation techniques in cloud[77]	资源分配	最小化能量消耗	云计算系统	2015
A survey on energy aware scheduling of VMs in cloud data centers[78]	虚拟机调度	最小化能量消耗	云数据中心	2015
A survey on energy aware load balancing techniques in cloud computing[79]	负载均衡	提高资源利用率和最小化整体开销	云计算环境	2015
A survey on energy aware resource allocation for cloud computing[80]	资源分配	最小化能量消耗	云计算环境	2016
A taxonomy and survey of power management strategies in cloud data centers[81]	虚拟机聚合	QoS 约束下最小化能量消耗	云数据中心	2016
A survey on energy aware job scheduling algorithms in cloud environment[82]	任务调度算法	减少操作开销和二氧化碳排放	云计算环境	2016
A survey on software methods to improve the energy efficiency of parallel computing[83]	软件方法	在不同的粒度上改善功耗的使用	并行计算环境	2017
A survey and taxonomy of energy efficient resource management techniques in platform as a service cloud[84]	资源管理技术	最小化能量消耗	服务云框架	2017

2.3.5　其他的能效技术综述

　　从完整性的角度出发，另外还有一些关于能耗的综述文章不属于上述四个分类，将此类综述文章统一归入其他能效技术的综述，并在此小节中给予相应的阐述。Ma 等对移动云计算环境中基于位置应用的能效技术进行了综述[86]，其中的能效技术包括在基于位置的应用中采用的轨道简化技术和多位置管理技术。文献[87]对云计算环境中的可靠性和高能效技术进行了综述，其中对系统的可靠性和能效性的关系及相互作用进行了全面的调研，还阐述了如何在可靠性和能效性之间实现平衡(Trade-off)。最后指出了新的云计算的框架设计和云计算未来的发展方向。Karpowicz 和 Niewiadomska-Szynkiewicz[88]对功耗模型、能耗使用刻画(Profile)和能耗测量等能效相关技术进行了综述。近期，Zakarya 和 Gillam[89]对集群系统、网格系统和云计算系统中的能效技术进行了分类阐述；同时还对集群系统、网格系统和云计算系统中不同能效技术的影响及副作用进行了全面阐述与调研。表 2.5 对云计算相关环境中的其他能效技术从关注点、视角、目标系统和发表年份等角度进行了分类与总结。

表 2.5 云计算相关环境中的其他能效技术的分类和总结

标题	调研关注点	视角	目标系统	发表年份
Energy efficiency on location based applications in mobile cloud computing: A survey[86]	基于位置应用的能效技术	应用的角度	云计算环境	2012
Reliability and energy efficiency in cloud computing systems: Survey and taxonomy[87]	可靠性和能效性的关系	交互的角度	云计算系统	2016
Energy and power efficiency in cloud[88]	功耗模型、能耗使用刻画和能耗测量	能效相关技术的角度	云计算环境	2016
Energy efficient computing, clusters, grids and clouds: A taxonomy and survey[89]	节能降耗技术之间的相互影响及其副作用	不同环境的能效技术的比较角度	集群、网格和云计算	2017

2.3.6 综述分类的总结及观察

综上所述，过去的十年里云计算相关环境中的能效问题受到了广泛的关注，大量研究人员聚焦能耗研究的同时，也对云计算相关环境中能耗相关的文章进行了不同角度的归纳、总结及其分类，进一步明确了能效的研究角度和方向。我们另辟蹊径，对上述近 40 篇的综述文章，从五个方面进行分类，并对每一个分类从不同的角度进一步细分。对现有的综述文章的视角进行了全面的总结和归纳。与此同时，我们观察到了以下现象，为进一步地对云存储环境中面向降耗的数据管理策略的综述做前期的铺垫。

(1) 观察结果一：能耗综述的文章涉及云计算框架中的不同层面的多个方面。如前所述，目前有关云计算相关环境中的能效的研究综述可以分为：整个云计算相关环境的能耗综述、云计算系统框架中特定层面或特定部分的能效综述，云计算系统中各种降耗技术的综述、云计算系统中特定能效技术的综述，以及其他的能效技术综述。截至目前，云计算框架中每一个层面中的特定的能效技术均有相应的研究综述。

(2) 观察结果二：众多的综述文章中，对特定的能效技术的综述，受到最广泛的关注。从我们的调查结果中，各个类别的综述文章的数量分布如图 2.1 所示，从统计的数据上，我们发现：对特定的能耗技术的综述文章的数量最多，占 30%，受到了最广泛的关注。

(3) 观察结果三：云计算系统中对能耗问题的关注还在持续升温。过去的十年里，如何降低云计算相关环境中的能耗受到了大量的关注并被人们深入地研究，设计了大量的能效技术、能效策略、能效方法和能效算法。自第一篇有关能效综述的文章发表于 2011 年，到 2016 年，有关能效的综述文章在逐年的增多。图 2.2

刻画了 2011～2017 年，不同类别的综述文章的走势图。

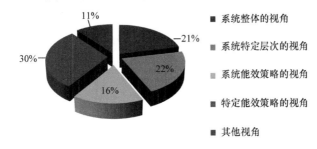

图 2.1　不同视角的综述文章的数量分布情况

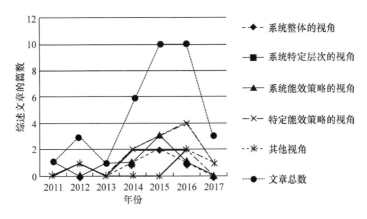

图 2.2　2011～2017 年不同视角的综述文章走势图

(4) 观察结果四：利用数据管理手段进行降耗的综述文章未有见刊。尽管已经有大量的综述文章聚焦在不同的能效策略或能效技术上，但云计算系统中有关能耗感知的数据管理策略的综述文章还未见有公开发表。而如文献[10]、[11]、[20]和[90]所述，对于数据中心或者是数据密集型的环境来说，通过数据管理的方式来提高系统的能效是一种有效的手段。因此，我们将在后续的章节中对能耗感知的数据管理策略进行全面的综述，其中数据的管理手段包括数据的分类、数据的放置和数据的备份等。能耗感知的数据管理策略的综述将对云计算系统中能效技术的研究提供一个更加开阔的视野，并对降低云存储系统中的能耗提供更多的可能性。图 2.3 是各种特定的能效技术或能效策略或能效方法的综述文章的数量分布情况图。

同时，据上述观察，云计算的能效问题已经得到了较为广泛的关注和较为深入的研究，为了进一步降低云计算相关环境中的能耗，真正实现能耗配比，云计算系统中的能耗问题的未来发展方向主要有以下三方面。

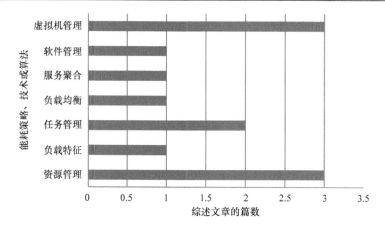

图 2.3　对不同的能效技术的综述文章的数量分布情况

(1) 方向一：通过多层次的联合降耗进一步降低云计算相关环境中的能耗。如前所述，对已有降耗研究的综述文章的调研发现，云计算框架中某一层面、某一特定能耗技术手段的研究已经全面且深入，并取得了预期的效果，进一步研究特定的降耗策略降低特定层面的能耗，作用有限。但是，联合多种降耗策略，同时对多个层面联合降耗，进而降低整个云计算系统的能耗还鲜有研究。因此，如何采用多种降耗手段，对云计算框架中多个层面进行联合降耗，同时解决它们的耦合性、互斥性以及渐近性，是云计算能耗技术研究的一个发展方向。

(2) 方向二：全面调研和综述能耗感知的数据管理策略。数据管理策略包括数据分类、数据分块、数据放置、数据备份等技术，是降低数据中心或数据密集型应用相关系统中能耗的有效技术手段之一。而据我们前面的调研结果表明：云计算系统中能耗感知的数据管理策略的综述、分类还处于缺失状态。而对现有的能耗感知的数据管理策略进行全面和深入的调研、总结、归纳和分析，对进一步把握云计算相关环境中的能耗研究的最新发展动态具有重要的作用，同时对如何联合数据管理手段和已有通用的、成熟的降耗技术，为进一步降低云计算系统中的能耗奠定基础。因此，全面调研和综述能耗感知的数据管理策略也是未来能效技术的发展方向之一。

(3) 方向三：结合多种数据管理策略和其他能效技术降低数据中心或数据密集型应用系统中能耗。数据管理策略是降低数据中心云存储系统或数据密集型应用中存储系统部分能耗最重要的技术手段之一，目前采用特定的、单一的数据管理方式(或数据分类，或数据备份，或数据分块或数据放置)进行降耗得到了一定程度的研究，并取得一定的降耗效果。然而，如何把多种数据管理方式有机地结合起来，联合其他的能耗感知的调度技术、DVFS 和 DRPM 技术等，从不同的层面对云存储系统进行联合降耗还未见相应的研究，因此其也是能效技术的发展方向之一。

基于以上的调研、分析、观察，本书聚焦云计算系统中还未解决的能效问题，利用多种数据管理的手段(数据分类、数据备份和数据调度等)在存储系统的不同层面上(分区的层面、节点的层面和单个磁盘的层面)以层次递进的方式最大限度地降低云存储系统中的能耗。该研究是对现有降耗技术的一种重要补充，对进一步降低大型存储系统中的能耗具有重要的作用。

2.4　云存储环境中能耗感知的数据管理策略综述

在上述的云计算相关环境中的能效技术的相关研究综述的分类和总结中，目前缺失对云存储系统中能耗感知的数据管理策略的综述文章。本节将从数据分类、数据放置和数据备份的角度对云存储环境中面向能耗的数据管理策略进行全面的综述，详细考察现有的研究是如何通过数据管理的方式降低云存储系统中的能耗的。

2.4.1　能耗感知的数据分类策略

存储系统中能耗感知的数据分类策略的常用手段是：根据一定的规则或规律将数据分成几类，相应地将存储系统分成不同的存储区域，不同的存储区域存储不同的数据类别，通过调节不同存储区域中的功耗状态降低无效能耗，从而达到提高有效能耗的目的。Xie 于 2008 年提出了磁盘分区的概念，提出了基于条纹(Stripping-based)的能耗感知的数据分类策略 SEA[15]。SEA 首先将 RAID 存储系统分为热磁盘区域和冷磁盘区域。然后根据文件的流行度将文件分为 Popular 数据和 Unpopular 数据。Popular 数据存储在热磁盘区域，Unpopular 数据存储在冷磁盘区域。热磁盘区域以高速高能耗模式运行，以满足用户对数据访问速度的要求。冷磁盘区域以低速低能耗的模式运行，达到降低能耗的目的。Xie 通过能耗和性能建模的方式，利用数学分析和模拟实验的手段，将其提出的 SEA 策略对比与其他没有数据分区放置的策略，Greedy[91]、SP[92]、HP[92]和一种基于条纹的数据放置策略 PVFS[92]进行比较，结果显示：SEA 算法能够在牺牲极小的性能代价的前提下，显著地降低存储系统中的能耗。通过分析 Yahoo 文件访问的记录，在 Hadoop 集群中数据的访问模式呈现很大的异构性，Kaushik 和 Bhandarkar[93]设计了 GreenHDFS 机制，数据根据其温度进行分类，而 Hadoop 集群系统被分成多个区域热区和冷区。温度高的数据存储在热区，温度低的数据存储在冷区。热区以高转速和高能耗的方式运转，冷区以低转速和低能耗的方式运转。基于 Yahoo 三个月的真实数据访问记录，进行模拟测试评估，结果表明：仅对冷区以低功耗模式运转的方式，与 Hadoop 默认的文件管理方式 HDFS(Hadoop Distributed Tile System)相比，GreenHDFS 机制就能够降低 26% 的能耗。同时 Kaushik 等还在文献[14]中提出名为 Lightning 的类似的能耗感知的数据分类策略。受到 GreenHDFS 和 Lightning 机制的启发，根据数据热冷随季节性变化的特性，我们设计了基于预判性的绿色数据分类策略(E²GSM)，同样地将存储区域分为热区和冷区。而数据的类别主要有热数据、冷数据和季节热数据。依据数据的历史访问记录将数据分为热数据、冷数据，将热数据存储在热区，冷数据存储在冷区。另外，基于神经元网络对季节热数据进行预测，设定相应的阈值，使得季节热数据可以在热冷区域中迁移[94]。基于 GridSim 的模拟实验表明，提出的 E²GSM 机制相比于集成了传统分类策略的 TDCS 机制能够以 0.005s 的性能损失，换取 16% 的能耗节省。而文献[95]则将集群中的机架 Racks 分成活动区域(Active Zone)和休眠区域(Sleep Zone)，相应地，数据根据自身的访问规律和频率，存储在相应的区域中。基于 MATLAB 和 Gridmix 环境中的模拟实验，评估结果表明其设计的机制相比于 Hadoop 默认的 HDFS 机制能够节省约 31% 的能耗。文献[96]则将云存储系统分为热区、冷区和重复区域(Reduplication Zone)。数据则根据其重复性和活动因子(Activity Factor)在相应的存储区域中进行存储。模拟实验的结果表明该机制在负载轻的情况下表现优越，能够提高 25% 的能耗利用率。文献[97]针对绿色云计算提出了动态数据聚集的算法，根据数据的访问模式，数据在节点中动态地进行聚集存储。通过管理各个存储节点的能耗模式，在满足 QoS 约束的情况下降低能耗。同样地，为了减少云存储系统中的能耗，东南大学龙赛琴于文献[98]中设计了静态和动态的文件、副本和数据的放置策略。首先利用静态的文件放置策略根据文件的访问频率和服务时间，将文件分为热文件和大文件，而磁盘也分为对应的几个区域。I/O 请求根据其访问频率和服务时间将其分配到对应的磁盘区域。基于 CloudSim 模拟器的实验结果表明，静态的文件放置策略与 Hadoop 中默认的 HDFS 文件管理机制能够节省超过 35% 的能耗。

　　表 2.6 对上述的能耗感知的数据分类策略从数据的分类标准、划分的区域、实验用到的数据集、实验环境、降耗效果以及发表年份等方面进行总结和分类。

表 2.6　云存储系统中能耗感知的数据分类策略的分类和总结

标题	数据的分类标准	划分的区域	实验用到的数据集	实验环境	降耗效果	发表年份
SEA: A striping-based energy-aware strategy for data placement in RAID-structured storage systems[15]	数据的流行度	热磁盘区和冷磁盘区	合成负载	DiskSim	以牺牲极小的性能代价换取显著的能耗节省	2008

续表

标题	数据的分类标准	划分的区域	实验用到的数据集	实验环境	降耗效果	发表年份
GreenHDFS: Towards an energy-conserving, storage-efficient, hybrid Hadoop compute cluster[93]	数据在空间或时间上的流行度	热区和冷区	Yahoo 三个月的真实数据访问记录	Yahoo 的 Hadoop 集群	节省 26%的能耗	2010
Dynamic data aggregation algorithm for data centers of green cloud computing[97]	数据的访问模式	相似访问模式的聚类存储	合成负载	Simulated Data Center	节省 43.06%的能耗	2012
Energy-efficient algorithms for distributed storage system based on block storage structure reconfiguration[95]	数据的访问规律和访问频率	活动区域和休眠区域	Hadoop 中的 Benchmark Gridmix	MATLAB	最多节省 39.01%的能耗	2015
云存储系统中的数据布局策略研究[98]	访问频率和服务时间	热文件磁盘组和大文件磁盘组	根据 Zipf 分布生成的负载	CloudSim 模拟器	节省超过 35%的能耗	2014
基于数据分类存储的云存储系统节能算法[96]	数据的重复性和活动因子	热区、冷区和重复区域	合成负载	CloudSim 模拟器	提高 25%的能耗利用率	2014
Anticipation-based green data classification strategy in cloud storage system[94]	预测的数据温度	热区、冷区和季节热区	合成负载	CloudSim 模拟器	平均节省 16%的能耗	2015

2.4.2 能耗感知的数据放置策略

数据的合理放置是实施自动的能耗升降档机制最重要的前提，而自动的能耗升降档机制是实现能耗配比重要的技术手段之一。Amur 等设计了名为 Rabbit 的能耗配比机制，具有良好的鲁棒性和灵活性[35]。Rabbit 机制采用对等工作(Equal-work)的数据布局策略：第一个副本放置在前十个节点中，第二个副本放在后续的十个节点中，以此类推。Amur 等还对 Rabbit 机制实现了公式化，并实现了相应的原型系统，在其原型系统中验证了其具有能耗配比的特性。然而 Rabbit 机制在数据放置时没有考虑当节点处于 inactive 状态时，有写请求时的唤醒代价。文献[99]评估了 Rabbit 机制和 PARAID[27]机制在低档时由写请求所带来的性能损失，结果表明 PARAID 机制在处理频繁的数据更新时的性能表现更好。与 Rabbit 机制类似，文献[100]提出数据放置策略 Accordion 机制，该机制基于精心设计的数据备份策略，可以在节点之间平滑地实施升降档机制。在 HDFS 环境中大量的

实验表明相比于 Rabbit 机制，Accordion 机制能够提高 20%的能耗配比。而
Macheshwari 等在文献[101]中针对 MapReduce 框架提出了动态高能效的数据放置
和集群配置策略，根据当前的负载情况及服务质量需要被满足的程度，动态地开
启或关闭集群系统中的节点。节点在关闭或开启的时候，通过创建数据或删除数
据的方式，在保证数据可用性的前提下，节省能量开销。基于 GridSim 模拟环境
中的实验表明，该机制能够在平均负载的情况下节省大约 33%左右的能耗，而在
负载较轻的情况下，能节省 54%左右的能耗。文献[102]根据数据的语义和附带的
标签(Incidental Labels)，包括放置的文件系统、时间戳、LaTex 文档中的作者以及
文件类型等，将数据分成不同的访问组。数据访问组保证同一组内数据快速连续
的访问，无须开启额外的磁盘，因而具有降耗的潜力和空间。在加利福尼亚大学
水资源部门(California Department of Water Resources)的实验显示只要有 30%的数
据的命中率就能够节约 12%的能耗。类似地，Reddy 等在文献[10]针对文档型存
储系统设计了高能效的数据放置策略，提出了访问感知(Access-aware)的智能数据
布局机制，该机制是一个包括在线(Online)和离线(Offline)磁盘的两层框架。利用
自旋减慢(Spin-down)的磁盘系统存储归档数据。通过基于真实归档数据的访问路
径的实验结果表明，该优化数据布局的机制相比于随机的数据放置方案能够节约
78%的能耗。Li 等在文献[103]针对应用的数据具有连续访问模式(Sequential
Access Pattern)的特点，提出了 Semi-RAID 的数据布局策略，利用 grouping 策略
在整个磁盘阵列中只保持小部分处于活动状态(Active Status)，剩下的部分处于待
命状态(Standby Status)。针对典型的视频监控应用(Typical Video Surveillance
Application)设计的实验及其分析表明提出的分组策略(Group Strategy)能够达到
28%的降耗效果。近年来，对能耗感知的数据放置算法也引起了国内学者的研究
兴趣。哈尔滨工业大学的肖艳文等在文献[36]提出了云计算系统中能量有效的数
据摆放算法和节点调度策略。将数据的放置策略与节点的调度算法进行集成，提
出了启发式的数据放置策略和节点的调度策略，采用贪心算法寻找出覆盖最多数
据块的最小节点集合，将剩余的节点以低功耗的模式运行，以期达到降耗的目的。
基于 CloudSim 模拟器上的模拟实验表明，提出的算法能够在满足预算 QoS 约束
的前提下实现降耗。文献[104]和文献[105]针对异构的 Hadoop 集群，提出了 Snake
Like 的数据放置(Snake Like Data Placing，SLDP)策略，SLDP 机制将存储节点分
为虚拟存储层(Virtual Storage Tiers，VST)，然后根据数据的热度(Hotness)在虚拟
存储层中进行迂回放置。通过节点的热度实施有效的能耗控制，以达到节能的目
的。两个真实的数据密集型应用驱动的实验结果表明，在异构的 Hadoop 集群环
境中 SLDP 机制具有高能效的同时节约了存储空间。文献[106]则根据节点的处理
能力进行数据的分布存储。通过修改开源的 Hadoop 实现 LocalHadoop 和
NeoHadoop，在 LocalHadoop 和 NeoHadoop 环境中的实验表明提出的数据放置策

略相比于一致性的哈希算法(Uniform Hash Algorithm)具有很大的优势, 相比于考虑公平性的一致性哈希算法具有一定的优势, 相比于一致性哈希算法具有更好的公平性。文献[107]设计了具有动态自适应的数据放置策略 Dyn-PowerCass 机制, 存储系统被分为活动组(Active Group)、休眠组(Dormant Group)和睡眠组(Sleepy Group)。活动组响应重度负载, 休眠组响应中度负载, 睡眠组响应轻度负载。基于 Apache Cassandra 系统的实验显示, 相比于 Apache Cassandra 默认的文件管理系统, Dyn-PowerCass 最高能达到 66%的降耗效果。

综上所述, 表 2.7 从数据放置的基本思想、测试的数据集、实验环境、降耗效果以及发表年份等角度将能耗感知的数据放置策略进行总结、归纳和分类。

表 2.7　能耗感知的数据放置策略的总结及分类

标题	数据放置的基本思想	测试的数据集	实验环境	降耗效果	发表年份
Robust and flexible power-proportional storage[35]	副本在连续的节点中存放	Micro benchmarks、Terasort benchmark	Hadoop Infrastructure	具有能耗配比的特性	2010
Efficient gear-shifting for a power-proportional distributed data-placement method[100]	基于二等分的数据布局方法	文件系统中的文件访问记录	HDFS	相比于 Rabbit 机制提高 20%的能耗配比	2013
Dynamic energy efficient data placement and cluster reconfiguration algorithm for MapReduce framework[101]	根据节点的利用率重新配置节点的开启或关闭的状态	生成不同数量和不同大小的 I/O 请求	GridSim Simulator	平均负载情况下达到 33%的降耗效果, 轻负载情况下具有 54%的降耗效果	2012
Semantic data placement for power management in archival storage[102]	根据数据的语义或附带隐含的信息进行分组存放	两种静态的文件访问路径	California Department of Water Resources	30%的文件命中率可以达到 12%的降耗效果	2010
Data layout for power efficient archival storage systems[10]	将归档数据放置在自旋减慢的磁盘区域中	真实的归档数据的访问路径	Prototype implemented by Python	相比于随机的数据放置策略最高能够达到 78%的降耗效果	2015
Semi-RAID: A reliable energy-aware RAID data layout for sequential data access[103]	数据在部分活跃的磁盘阵列中存储	分布在 RAID 中的文件访问和存储	DiskSim simulator	针对典型的视频监控应用具有 28%的降耗效果	2011
云计算系统中能量有效的数据放置算法和节点调度策略[36]	利用贪心算法存在覆盖最多数据块的最小节点集合	Cloudlet synthetic data and TPC-H, Spawner generated data	CloudSim simulator	满足 QoS 的预算限制情况下具有降耗效果	2013

续表

标题	数据放置的基本思想	测试的数据集	实验环境	降耗效果	发表年份
SLDP: A novel data placement strategy for large-scale heterogeneous Hadoop cluster[104]	根据数据的热度在虚拟存储层迁回放置	文件系统中的文件访问记录	Hadoop Cluster	异构的 Hadoop 集群环境下在降耗的同时节省了空间	2014
Energy consumption optimization data placement algorithm for MapReduce system [106]	依据节点的处理能力进行数据分布	WordCount, Terasort, MR Bench	修改的 Hadoop (LocalHadoop and NeoHadoop) environment	相比于一致性的哈希算法具有很大的优势，相比于考虑的公平性的一致性哈希算法具有一定的优势	2015
Dyn-PowerCass: Energy efficient distributed store based on dynamic data placement strategy[107]	根据不同的负载情况将数据分配在活动节点、休眠节点和睡眠节点中	根据访问模式生成的负载	Apache Cassandra	相比于默认的 Apache Cassandra 系统最高可达到 66% 的降耗效果	2015

2.4.3　能耗感知的数据备份策略

通常情况下，数据备份是提高数据的可用性(Availability)、均衡系统的负载、提高数据的访问速度的一种重要技术手段。近年来，数据备份技术也被不少学者用来解决云计算相关环境中的能效问题。本小节将对云计算相关系统中的能耗感知的数据备份策略、机制及算法进行分析、总结和归纳。Lang 等首先在文献[108]中利用基于链式分解(Chained Declustering, CD)的数据备份技术进行能耗管理。数据的副本(Replicas)被放置在 CD 环中，以确保轻负载时，系统关闭部分节点的情况下，数据依然具有可用性。同时为了保证系统的性能以及数据的访问速度，该文献还探讨及分析了剩余活动节点的负载均衡问题。基于 1000 个节点的实验验证了其提出的数据备份技术的能效性。斯坦福大学的 Leverich 和 Kozyrakis 利用 Hadoop 系统中现有的数据备份，设计了一个覆盖子集(Covering Subset)[26]。覆盖子集包含足够的节点以保证数据的可用性，覆盖子集中的节点以高速和高能耗的模式运行，而剩余的非覆盖子集(Uncovering Subset)中的节点处于非活动状态(Inactive Status)，以低速低能耗的模式运行，在服务器利用率较低时具有降耗的空间。基于 Hadoop 集群系统的实验显示覆盖子集包含不同比例的节点能够达到 9%～50%的降耗效果。数据备份技术也是节省 RAID 系统中能耗的一种工具。Kim 和 Rotem 在文献[109]设计了一个名为 iRGS 的副本管理策略，该副本管理策略能够使整个系统根据不同的负载在磁盘系统中逐渐调节档位，使不同数量的磁盘处于 active 状态以达到能耗配比的目的。iRGS 机制中设计了超级 RAID 群组和普通 RAID 群组,而超级 RAID 群组和普通 RAID 群组以不同份额互相备份数据,在不同系统负载的情况下,磁盘阵列系统可以在保证每个档位下数据可用性和用户服务质量要求的前提下,在性能和能耗中做出折中平衡。Threska 等于文献[110]中面向数据中心的存储系统提出了实用性强的能耗配比机制 Sierra。Sierra 机制的目的是通过合理的数据副本布局(Replicas Layout),使得在使用 g/r 个服务器时(r 是某一数据副本的总数)可以确保 g 个数据副本可用。副本的放置基于能耗感知的分组模式,该能耗感知的分布模式在某种程度上化简了 Naïve grouping 中的一些限制条件,以获取能耗的节省。同时文中还探讨如何通过并行度和负载均衡的重构以实现在性能和能耗之间的平衡。为了解决数据副本写一致性的问题,利用分布式虚拟记录(Distributed Virtual Log,DVL)记录因节点关闭或节点失效时引起的数据副本信息的更新。他们还实现了 Sierra 的整个原型系统,以验证 Sierra 具有能耗配比性。重现 Hotmail 服务器中的在线访问记录,在原型系统中的测试结果表明:Sierra 能够节省 23%的能耗。南京航空航天大学的刘英英在其硕士论文中提出一种基于节点编号的高能效数据备份算法[41]。节点根据所在的机架进行连续的编号,同一机架中数据副本不再是在节点中随机分布,而是依据节点编号连续放置。数据副本优先放在编号小的节点,直到小编号的节点空间不足,才继续在编号大的节点中存放,以保证利用最少的节点存放最多的数据。基于这种能耗感知的副本放置策略,当系统的利用率低的时候,数据的访问能够聚集在少部分的节点中,以便通过管理剩余节点的功耗模式的方式达到降耗的目的。基于 Hadoop 集群系统中实验结果验证了该副本放置策略的能效性。文献[111]利用数据访问的行为规律,提出了功耗感知的数据备份策略。根据数据访问的 80/20 原则(80%的请求访问的是 20%的数据),把少量 20%频繁被访问的数据在热节点(Hot Nodes)中进行备份,热节点长期处于活动状态。剩余的 80%的数据放置在冷节点(Cold Nodes)中,冷节点以低功耗的模式运行。利用 Zipf 分布生成数据访问记录,在 16 个数据存储节点和一个元数据节点中的模拟实验,验证了该方法的能效性。Long 等在文献[112]中面向云存储系统设计了三个阶段的降耗方法。其中第一个阶段采用的就是数据副本的管理方法。由于数据副本的个数对系统的性能和能耗均有影响,副本消耗更多的存储空间的同时,消耗更多的能量。因此,Long 等提出的数据备份策略的第一步,是确定数据的最小备份个数。如果云存储系统中数据副本的个数大于最小备份个数,则系统会根据所在节点的吞吐量选择相应的副本进行删除。基于 CloudSim 模拟器的实验表明,其提出的方法比现有的方法具有更好的降耗效果。另外其所在的课题组提出了多目标优化的副本管理(Multiobjective Optimized Replication Management,MORM)策略[113],相比于现有的副本管理策略,其将能耗也作为一个重要的优化目标。在 MORM 机制中，备份的因子(及数据副本的个数)和副本的放置由人工免疫算法来确定。MORM 策略在文件的可用性、负载的方差、平均服务时间、访问延迟和能耗等指标上寻找近似最优的平衡解。基于 CloudSim 模拟器的大量的实验结果表明，MORM 策略比 Hadoop 默认的副本管理机制在负载均衡和性能等方面具有更良好的表现。Cui 等针对能耗和容错问题设计了影子备份(Shadow Replication)[114]策略。该策略中一个主进程与一组因子进程相关联。其利用利润驱动的最优化算法寻找最佳的任务运行速度，以期通过降低能耗的方式获取最大的利润。在自行设计的评估框架中，采用三种不同的benchmarks 进行测试，测试结果验证了影子备份机制的能效性。新疆大学王政英等于文献[115]中提出一种基于用户访问特征的动态节能副本管理策略，主要的思想是，将对用户访问特征的研究转化为计算块的访问热度。当 Hadoop 集群系统中数据节点 DataNode 的综合热度低于某一个阈值时，其进入睡眠状态，对处于睡眠状态的节点中的数据在紧急数据节点中进行临时备份。在轻负载的情况下，得益于大量的睡眠节点，取得了良好的降耗效果。Boru 等在文献[116]中提出的副本管理机制，同时考虑了能效和网络开销的因素，数据尽可能地在数据的消耗者(Data Consumer)附近进行备份，这是一种最小化带宽利用、网络延迟和能耗开销的最有前景的解决方案。数据中心的计算机存储副本管理(Replication Management，RM)模块根据以往的数据访问的间隔频率进行数据副本个数的更新，并对数据副本的个数进行预测。根据预测值决定是否进行新的副本备份。在其设计开发的GreenCloud 模拟器中的实验验证了该副本管理机制的能效性和网络带宽利用率等性能指标的优越性。Zhao 等[90]基于一致性哈希分布，提出了能耗配比的副本管理机制 GreenCHT。在 GreenCHT 机制中，通过虚拟层来进行副本的管理。对象的第一个副本放置在第 0 层，第二个副本放置在第 1 层，第三个副本放置在第 2层，以此类推。利用功耗模式预测模型(Power-Mode Predictive Model)预测下一个阶段的系统的负载状态，以此决定虚拟层的功耗模式：开启哪个层面的节点来处理系统的负载请求以及关闭哪些层面的节点以达到节能的目的。另外，为了保证副本的写一致性，还设计了对数副本(Log-replica)机制。为了验证 GreenCHT 机制基于能耗配比的特性，在牧羊犬(Sheepdog)中实现了原型，从微软 Cambridge 的服务器收集了 12 种真实的企业数据,并生成访问路径进行 GreenCHT 机制的能效性测试。测试的结果表明，GreenCHT 在不同的负载下以牺牲 4～5ms 的时间性能的情况下可以节省 35%～61%的能耗。然而 GreenCHT 机制中没有考虑到对象的异构性，每一个对象的副本的个数都是一样的。在实际的应用环境中，云存储系统中文件通常在某些属性上具有异构性，特别是文件的流行度(Popularity)上的异构性特别明显。有些文件的流行度很高，属于热文件，需要更多的文件副本来同时响应用户的请求；有些文件的流行度比较低，需要额外的副本个数比较少。因此，在保证数据可用性的前提下如何针对不同的流行度的文件，创建不同个数的副本以在性能、能耗以及存储空间中取得最佳的平衡异常重要。针对文件和服务器的具有异构性的特点，文献[117]提出并设计了面向数据密集型应用系统的具有能效性的自适应文件备份(Energy-efficient Adaptive File Replication，EAFR)机制。在 EAFR 机制中数据副本的个数由文件的热度决定，而在数据副本的选择上，则根据服务器的异构性，具有更多存储空间的服务器首先被选择。另外，热文件存储在热服务器中，以高速高能耗的方式运转响应文件的频繁请求；冷文件存储在冷服务器中，以低速低能耗的方式运转响应文件的零星访问。在 Clemson University's Palmetto 集群中的实验结果表明：利用 EAFR 机制能够在 300 台服务器的集群里每天节省 150kW·h 的电量。受到文献[42]利用超集合(Superset)的方式对文件的副本进行组织方法的启示，电子科技大学施振磊在其硕士论文中设计了能耗感知的副本管理机制[118]。在该副本管理机制中包括副本因子决策算法、副本选择策略和副本放置算法。通过文件的访问频率和生命周期特性计算文件的热度，而后由该热度决定副本的备份个数。不同的文件产生不同的副本备份个数。而文件和节点的集合的划分也是根据文件的热度，文件以超集合的方式组织，以确保不同的数据节点集合包含不同个数的文件副本，为其实施自动能耗配比的升降档机制提供底层的支撑。CloudSim 模拟器中的实验表明其提出的动态的能耗感知的副本管理策略比静态的非能耗感知的副本管理策略能够节省16%的能耗。2015年 Kliazovich 等在文献[119]中也简要介绍了能耗放置的副本管理策略。而在 2016 年，文献[120]全面综述了云存储系统中的副本管理策略，其中指出了能耗感知的副本管理策略，也是副本管理未来的一个发展方向。

综上所述，表 2.8 对目前国内外能耗感知的副本管理策略，从备份的主要思想、测试数据、实验环境以及发表年份等方面进行分类归纳。

表 2.8　能耗感知的副本管理策略的分类总结

标题	备份主要思想	测试数据	实验环境	降耗效果	发表年份
On energy management, load balancing and replication[108]	副本放置在基于链式分解的环中	Wisconsin Benchmark Query 3 和 file scan on a WB table	由 1000 个节点构成的存储系统	在负载均衡和能效性方面获得平衡	2010
On the energy (in)efficiency of Hadoop clusters[26]	数据备份在覆盖子集以保证数据的可用性	Webdata_sort 和 webdata_scan benchmark 测试数据集	基于 Hadoop 系统的环境	18 个节点处于 disabled 状态可节省 44%的能耗	2010

续表

标题	备份主要思想	测试数据	实验环境	降耗效果	发表年份
Using replication for energy conservation in RAID systems[109]	不同的 RAID 组备份不同比例的数据	Cello 99 实际的路径数据(trace data)	DiskSim 模拟器	高达 60%的能耗节省，优于现有的节能算法	2010
Sierra: Practical power-proportionality for data center storage[110]	随机分布的能耗感知的副本进行聚类存储	Hotmail 的 I/O traces	Sierra 机制的完整原型系统	牺牲极少的性能代价换取显著的能耗节省	2011
云环境下能量高效的副本管理及任务调度技术研究[41]	将数据备份在连续编号递增的节点中	WordCount Sort TeraSort Benchmark 测试数据集	自我构建的 Hadoop 集群系统	在 WordCount and Sort 负载的情况下备份的能耗模型优于 Hadoop 内核模型	2011
Designing a power-aware replication strategy for storage clusters[111]	将访问频率高的节点放在活动节点，访问频率低的节点放在低功耗模式的节点中	基于 Zipf 分布的文件访问模式生成测试负载	由 16 个存储节点和 1 个元数据服务器组成的模拟器	在保证性能的前提下显著地降低能耗	2013
高效集群存储系统副本放置算法研究[42]	文件副本以超集合的放置进行组织，以保证能耗升降档机制的顺利实施	从 Youku 和 ACM 中收集到 Zipf-like 文件的访问	自我构建的大型集群存储系统	同样的 I/O 吞吐量下节省 50%的能耗开销	2013
A three-phase energy-saving strategy for cloud storage systems[112]	在云存储系统中保存最少的副本个数	合成负载生成器	CloudSim 模拟器	达到 40%的降耗效果	2014
MORM: A multi-objective optimized replication management strategy for cloud storage cluster[113]	利用人工免疫算法优化数据的备份因子和副本的布局	合成负载生成器	CloudSim 模拟器	在负载均衡和性能方面优于 Hadoop 默认的副本管理机制	2014
Shadow replication: An energy-aware, fault-tolerant computational model for green cloud computing[114]	基于利润最大化模型确定最佳的任务速度，以在节省能耗的同时最大化系统利润	三种 benchmark 应用(商业、智能、生物信息学(Bioinformatics))	自我设计的评估框架	因能耗节省带来了高达 30%的利润提升	2014
基于用户访问特征的云存储副本动态管理节能策略[115]	将睡眠节点中的数据在紧急数据节点中临时备份	合成负载生成器	自我搭建的 Hadoop 集群系统	关闭 29%～42%数据节点可以节省 31%的能耗开销	2014
Energy-efficient data replication in cloud computing datacenters[116]	利用 RM 副本机制将数据尽可能在靠近消费者的节点中进行备份	根据指数分布访问模式合成的负载生成器	GreenCloud 模拟器	能够在能效和性能取得平衡	2015

续表

标题	备份主要思想	测试数据	实验环境	降耗效果	发表年份
GreenCHT: A power-proportional replication scheme for consistent Hashing based key value storage system[90]	数据备份在不同的虚拟层,根据系统的负载状态开启或关闭相应的虚拟层	12 种从微软 Cambridge 服务器中收集的企业数据	Sheepdog 牧羊犬	功耗节省在 35%~61%范围	2015
EAFR: An energy-efficient adaptive file replication system in data-intensive clusters[117]	综合考虑能耗和性能的前提下,由文件的热度来决定副本的个数	从 HPC Cluster of Clemson University's Palmetto 收集到的数据访问路径	由 300 台服务器组成的 Scattered 集群系统	300 台服务器组成的集群系统每天节省了 150kW·h 的能耗	2017
云环境下的高效多副本管理研究[118]	以超集合的方式组织文件和副本,以支持能耗升降档机制的实施	根据文件生命周期特性生成负载测试数据	CloudSim 模拟器	节省 16%的能耗开销	2015

2.4.4　能耗感知的数据管理策略综述的总结及观察结果

从上述对能耗感知的数据管理策略相关文献的综述情况看,通过数据管理方式降低存储系统中的能耗具有可能性,为云存储系统中的能耗提供了更多的降耗空间,对现有的节能技术——资源分配、负载聚合、虚拟机调度、虚拟机迁移、虚拟机聚合和负载特征提取分类等是一种重要的补充。上述我们将能耗感知的数据管理策略分为能耗感知的数据分类策略、数据布局方法和数据备份技术三个方面。除此之外,我们还有以下的一些发现和观察结果。

(1) 观察结果一:能耗感知的数据管理策略的研究更多地聚焦在数据备份技术中。如前所述,能耗感知的数据管理策略包括能耗感知的数据分类策略、能耗感知的数据布局策略以及能耗感知的副本管理策略。从谷歌学术、百度学术、ACM 数据库、IEEE 数据库,以及 CNKI 数据库等搜索和收集的文献篇数上看,能耗感知的副本管理策略受到了更多的关注。能耗感知的数据分类策略、数据布局方法和数据备份技术的文章数量分布情况如图 2.4 所示。能耗感知的三种数据管理策略中,数据分类(Data Classification)策略占 27%;数据布局(Data Layout)方法与数据分类大致相当,占 29%;剩下的就是占主导地位的能耗感知的数据备份(Data Replication)策略,具有 44%的比例。因此,这也从另一个侧面说明了数据备份技术是降低存储系统能耗的一种最重要的数据管理手段,特别是在能耗配比的研究方向上。

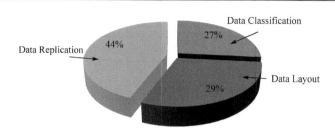

图 2.4　能耗感知的数据管理的文章数量分布情况

(2) 观察结果二：利用某种数据管理手段降低存储系统中的能耗的技术受到广泛的关注并得到深入的研究，技术趋于成熟。如图 2.5 所示，自 2008 年云计算的概念提出以来，能耗感知的数据管理策略也受到了研究学者的关注，这种关注在 2015 年达到了峰值。我们通过各种渠道、不同的关键字的搜索，发现：在近三年(2016 年、2017 年、2018 年)没有能耗感知的数据管理策略的相关文献发表。因此，我们认为能耗感知的数据管理技术已经相对成熟，进一步的挖掘其降耗空间，需要有更新的方法引入。2008～2015 年三种能耗感知的数据管理策略相关文献的发表数量，以及它们的汇总(Total)情况如图 2.5 所示。

图 2.5　三种能耗感知的数据管理策略相关文献的发表数量

(3) 观察结果三：评估能耗感知的数据管理策略的能效性采用的测试数据类型主要有四大类。评估通过数据管理的手段是否能够降耗，达到的降耗效果如何，采用的测试数据集是一种重要的影响因素。从上述的综述和分类情况来看，存储系统中能耗感知的数据管理策略中采用的测试数据集主要分类四个类别：根据访问模式(Access Pattern)生成负载，根据实际的 I/O 路径生成负载，实际的 I/O 路径以及 benchmarks。所有相关文献中使用的这四种不同的测试数据集的分布情况如图 2.6 所示，其中根据文件的访问模式实现负载生成器(Workload Generator)并生成负载(Synthetic Workload)的方法使用最为广泛，有 17 篇相关文献中采用了该方式进行测试数据的生成。

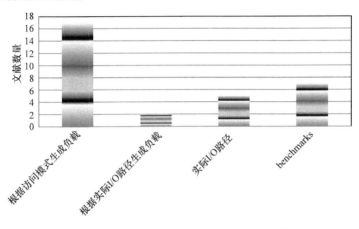

图 2.6　四种测试数据集类别的文献数量分布情况

　　(4) 观察结果四：评估能耗感知的数据管理策略的能效性采用的测试环境的
类型主要有四大类。为了评估面向云存储系统的能耗感知的数据管理策略的能效
性，构建测试环境或系统是一种重要的方法，从上述所综述的文献来看，能耗感
知的数据管理策略中利用的测试环境也主要有四种类型：原型系统(Prototype
System)、模拟器或模拟器扩展(Simulator or Simulator Extension)系统、自我构建的
云计算环境(Self-Constructed Cloud Environment)，或者采用知名的云计算环境
(Famous Cloud Environments)，如 Amazon、Google、百度等云环境。不同类型的
测试环境被采用的情况分布如图 2.7 所示，其中模拟器或模拟器的扩展版本被采
用得最为广泛，在我们的综述性文章中有 14 篇采用了该方式进行评估。

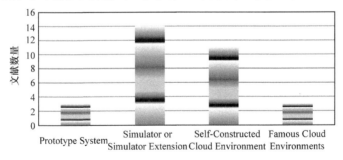

图 2.7　利用不同的评估环境的文献数量的分布情况

2.5　本 章 小 结

　　本章对云计算相关环境中的能效技术的国内外研究现状进行了全面的综述，

首先对云计算系统中的降耗技术进行了从大到小的分类概览。因云计算系统中能耗的研究受到了极为广泛的关注，不仅有很多的学者专注于利用某一技术提高云计算系统中的能效性，还有不少学者从不同的侧面、角度对现有的能效技术进行了综述。我们另辟蹊径，在目前已有的研究综述的基础上进一步进行综述、总结、归纳和分类。将现有的研究综述从五个方面进行分类综述：面向整个云计算系统不同角度的能效技术综述、云计算系统特定层面或特定组部件的降耗技术综述、云计算系统中各种降耗技术的综述、云计算系统特定能效技术的综述以及其他的能效技术综述。同时，在调研目前已有的云计算系统中能效技术的研究综述时发现，从能耗感知的数据管理策略的角度进行综述的文章缺失，因此，本章全面综述了云存储环境中能耗感知的数据管理策略的研究，从三个大类和多个小类上进行总结、归纳和分类。同时还从总结中指出了云计算系统中能效技术还可能存在的研究空间及未来的发展方向。本书后续的研究就是在现有调研的基础上展开的。

第3章 基于数据访问特性的聚类存储方法

面向云存储系统的层次递进式的高能效技术研究的第一层次就是数据的分类，将具有不同访问特性的数据聚类存储在不同的区域，采用磁盘转速的动态管理技术，在不同的区域实施不同的能耗和性能方案。从上述的对云存储系统现有数据分类策略的综述分析可以发现：合理的数据分类策略能够在性能和能耗之间取得良好的平衡，并具有可观的降耗效果。然而，现有的数据分类策略对数据的访问特征提取不足，大多数的数据分类策略单纯地从数据的访问频率或访问热度上将数据分为冷热数据，并将其分别放置在冷热区域，热区域实施高转速高能耗的模式以响应数据的高频访问，保证系统的性能。冷区域实施低转速低能耗的模式，以响应数据的低频访问，保证数据可用性的前提下，降低系统的能耗。而该机制能够降低能耗的一个底层原因是不同的文件在访问热度上存在显著的差异，这种显著的差异通常称为帕累托特性，该特性由"财富"掌握在少数"富有者"手里的规律决定。然而存储系统中数据的访问特性是多维的，并且在时间和空间上呈现不同的特性，现有的能耗感知的数据分类策略仅利用数据的帕累托特性进行分类存储，对数据访问的潮汐特性和周期性特性未有涉及。因此，若能进一步挖掘数据在时间序列上的访问特性，让其在空间进行聚类存储，以便能够在不同存储区域粒度上实施不同的性能和能耗模式，将进一步压缩存储系统的降耗空间，提高存储系统的能效性。

本章首先从百度搜索指数中对不同词语的搜索指数呈现的季节性特性和以周为单位的潮汐特性进行深度挖掘，提取数据访问呈现的不同模式和特性；然后阐述和分析现有的数据聚类方法，并据此对本章采用的数据的聚类方法及其对应的聚类标准的选择提供依据；最后设计和实现基于 K-means 的能耗感知的数据聚类存储方法(K-ear)，并通过数学分析和模拟实验的方法分析与验证该策略的能效性。

3.1 数据访问的特性

大型网络存储系统中，数据具有空间和时间的特性。从时间或个体上来看，同一数据在不同的时间阶段具有生命周期特性、潮汐特性和季节性特性；而从空间或全体上看，数据的访问频率或访问热度在空间上分布不均衡，不同的数据具有不同的热度，并具有显著的差异，这种显著的差异称为帕累托特性，该特性由"财富"掌握在少数"富有者"手中的不平衡定律决定，通常情况下 80% 的访问集中在 20% 的文件中，可以用 Zipf 或泛化的 Zipf-like 函数表达[121]。后续的章节中，从不同渠道中获取特定数据访问记录图，展现其生命周期特性、潮汐特性以及季节性特性，为后续的能耗感知的数据分类策略提供思想铺垫和现象依据。

3.1.1　数据的生命周期特性

数据的生命周期特性是指数据访问热度随日期的单向变化而体现出发展、成长、成熟、衰退的过程。日期的变化也伴随文件访问热度的变化，例如，2010 年 1 月 21 日电影《阿凡达》的视频文件日点播次数相当可观，而三年过后，即 2013 年 1 月 21 日该电影文件的日点播次数已经明显回落。另外，我们还在百度搜索指数中提取了云计算的发展以及未来相关的词语(网格计算、虚拟化技术、云计算、云存储和边缘技术)的近 10 年的搜索指数。从词语的发源和技术的兴起时间上，可以明显看出访问热度的不同。网格技术源于 2000 年左右，2011～2018 年已经基本走完其生命历程，因此百度的搜索指数在 200 左右，如图 3.1 所示。网格技术之后 2006 年左右出现了虚拟化技术，在 2011～2018 年其生命力强于网格技术，搜索指数在 400 左右，并存在突发性搜索指数升高的现象，如图 3.2 所示。而云计算技术兴起于 2010 年左右，搜索指数在 4000 左右，其生命力远旺盛于其前身网格技术和虚拟化技术，如图 3.3 所示。而与云计算密切相关的云存储一词的搜索指数趋势与其类似，平均在 800 左右，如图 3.4 所示。另外，2017 年云计算的下一代互联网技术边缘计算初出茅庐，搜索指数呈直线上升趋势，到 2018 年搜索指数超过 600，如图 3.5 所示。

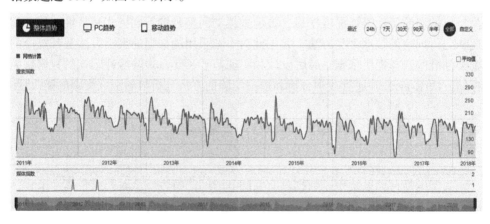

图 3.1　网格计算一词 2011～2018 年的搜索指数变化曲线图

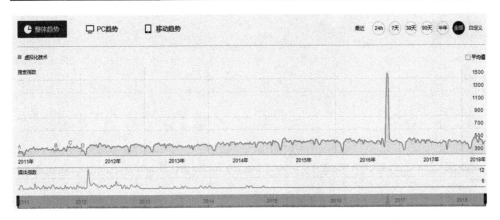

图 3.2　虚拟化技术一词 2011~2018 年的搜索指数变化曲线图

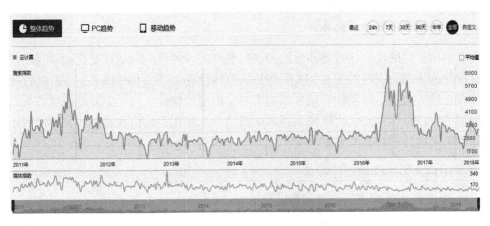

图 3.3　云计算一词 2011~2018 年的搜索指数变化曲线图

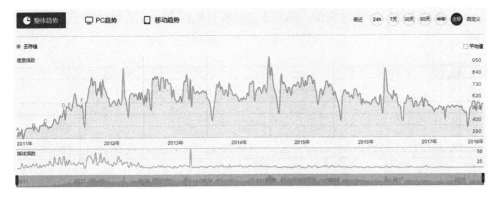

图 3.4　云存储一词 2011~2018 年的搜索指数变化曲线图

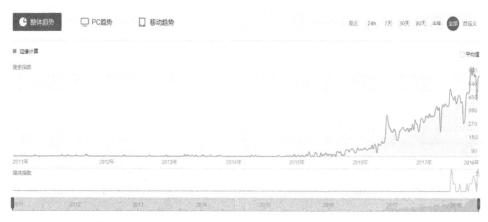

图 3.5 边缘计算一词 2011～2018 年的搜索指数变化曲线图

3.1.2 数据访问的潮汐特性

数据访问的潮汐特性是指数据的访问热度随着钟点的周期性变化而体现出的有规律的波动,该特性主要和人类作息的节律性有关[42]。具体而言,潮汐特性还体现在以天为单位的潮汐特性和以周为单位的潮汐特性。为了更好地说明数据访问的潮汐特性,我们从百度搜索指数中提取与工作相关词语和娱乐相关词语在不同的时间阶段的搜索指数曲线变化。

1. 以天为单位的潮汐特性

1) 工作相关词语的搜索指数变化情况

从图 3.6 和图 3.7 可以看出,与工作相关的词语在工作时段(8:00～12:00AM,2:00～6:00PM)的访问热度较高,而在 9:00～10:00AM 左右会达到访问热度的高峰。而非工作时段的访问热度较低,从晚上 20:00 开始回落,在凌晨 1:00～3:00 到达谷底。

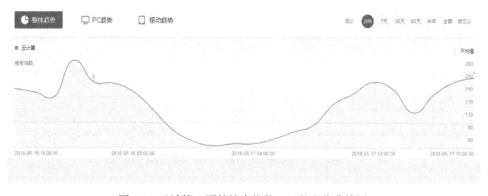

图 3.6 云计算一词的搜索指数一天的变化曲线图

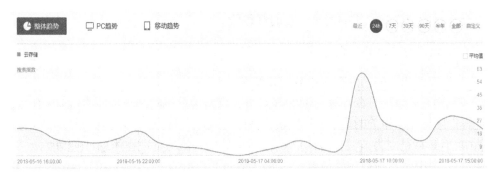

图 3.7　云存储一词的搜索指数一天的变化曲线图

2) 娱乐相关词语的搜索指数变化情况

如图 3.8 和图 3.9 所示，与娱乐相关的"电影""游戏"的搜索指数，在下午 5:00 以后逐渐升高，通常在晚上 8:00 左右达到峰值。谷底与人类的作息时间相关，也在凌晨 1:00～3:00 达到谷底。

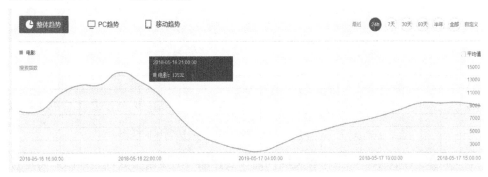

图 3.8　电影一词的搜索指数一天的变化曲线图

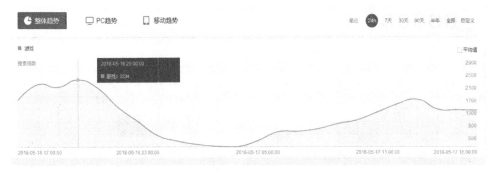

图 3.9　游戏一词的搜索指数一天的变化曲线图

由上述的搜索指数可以看出，以天为周期，数据的访问具有潮汐特性，与人类的作息时间有关，同时潮汐特性还与数据本身的性质有关。数据本身的性质和人类作息的节奏共同影响搜索指数的峰谷值。

2. 以周为单位的周期特性

1) 工作相关词语的搜索指数变化情况

如图 3.10 所示,云计算一词的搜索指数以周为单位的潮汐特性明显,由于"云计算"是与工作相关的词语,其搜索指数的峰值(A～H 点)均在工作日期间达到峰值(除了 E 点是因为节假日串休)。而搜索指数的谷值均呈现在休息日(星期六或星期日)。图中搜索指数的峰值点的时间分别如下:A 点:2017-12-07,星期四;B 点:2017-12-18,星期一;C 点:2018-01-09,星期二;D 点:2018-02-06,星期二;E 点:2018-02-11,星期日(春节串休);F 点:2018-02-20,星期二;G 点:2018-03-05,星期一;H 点:2018-03-14,星期三。

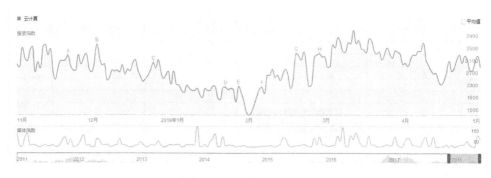

图 3.10　云计算一词的搜索指数的周期变化曲线图

如图 3.11 所示,与工作相关的词语"云存储"的搜索指数也呈现以周为单位的潮汐特性。访问的峰值都在工作日,访问的谷值都在休息日,除了 2018-02-15(星期四,农历除夕)因为春节串休的原因出现了非周末的谷值。

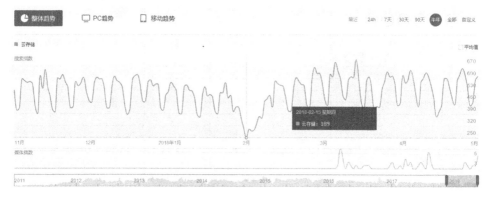

图 3.11　云存储一词的搜索指数的周期变化曲线图

另外，我们还搜索了与计算机工作密切相关的词语 C、Java、Python、TensorFlow、Keras 近半年的搜索指数变化图，如图 3.12 所示。

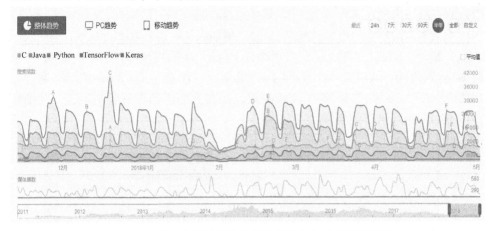

图 3.12　几种工作词语的搜索指数曲线变化对比图(见彩图)

从图 3.12 可以很明显地看出与工作相关的词语 C、Java、Python、TensorFlow、Keras 的峰值和谷值的重合度很高，峰值基本无一例外地出现在工作日，谷值无一例外地出现在休息日。

2) 娱乐相关词语的搜索指数变化情况

如图 3.13 所示，"电影"的搜索指数呈现以周为单位的潮汐特性。由于电影是与娱乐相关的词语，搜索指数的峰值均出现在休息日，以周六居多。而搜索指数的谷值均出现在工作日。图中的峰值点(A～I 点)的具体时间分别如下。A 点：2017-11-25，星期六；B 点：2017-12-02，星期六；C 点：2017-12-09，星期六；D 点：2017-12-16，星期六；E 点：2017-12-23，星期六；F 点：2017-12-30，星期六；G 点：2018-01-20，星期六；H 点：2018-04-01，星期日；I 点：2018-04-14，星期六。

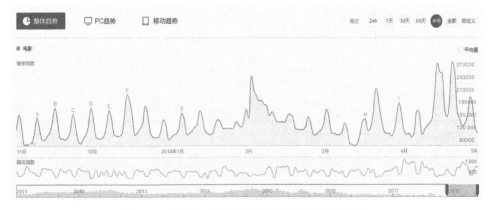

图 3.13　电影一词的搜索指数的周期变化曲线图

如图 3.14 所示,"游戏"的搜索指数呈现以周为单位的潮汐特性。由于游戏是与娱乐相关的词语,搜索指数的峰值均出现在休息日,以星期六居多。而搜索指数的谷值均出现在工作日。图中的峰值点(A~H 点)的具体时间分别如下:A 点:2017-11-25,星期六;B 点:2017-12-02,星期六;C 点:2017-12-09,星期六;D 点:2017-12-16,星期六;E 点:2017-12-23,星期六;F 点:2018-04-05,星期四(清明假期);G 点:2018-04-14,星期六;H 点:2018-05-05,星期六;2018-02-02 ~2018-02-24 处于比较高点,是因为寒假和春节假期重合,其中在2018-02-16(正月初二)达到高点。

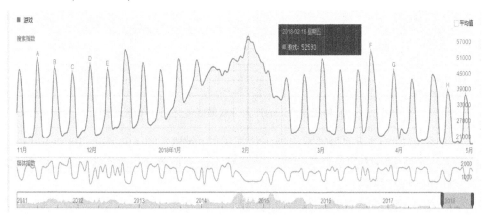

图 3.14　游戏一词的搜索指数的周期变化曲线图

同时我们还对比了电视剧、电影、游戏这三个与娱乐相关的关键词的搜索指数,如图 3.15 所示,这三个词的半年内的峰谷值的周期性变化重合度很高,基本上峰值出现在休息日,谷值出现在工作日。

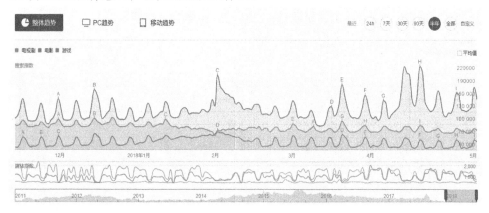

图 3.15　与娱乐数据相关的词语的搜索指数周期性变化曲线图(见彩图)

3.1.3　数据的季节性特性

数据除了具有潮汐特性之外,还具有季节性特性,与季节的周期性变化有关。特别是与季节性相关的物品、衣服、时令水果等。2018-5-10～2018-5-16 在淘宝指数中可以发现夏季衣服和冬季衣服在搜索指数上存在巨大的差距。

如图 3.16 和图 3.17 所示,在该夏季时令,与夏季相关的服饰"连衣裙"的搜索指数达 112573,而在同样的时间段里,与冬季相关的服饰"皮草"的搜索指数仅为 3217,相差 33 倍之多。因此有些数据访问的季节性特征明显。而这种季节性特性也显著地体现在百度搜索指数上。

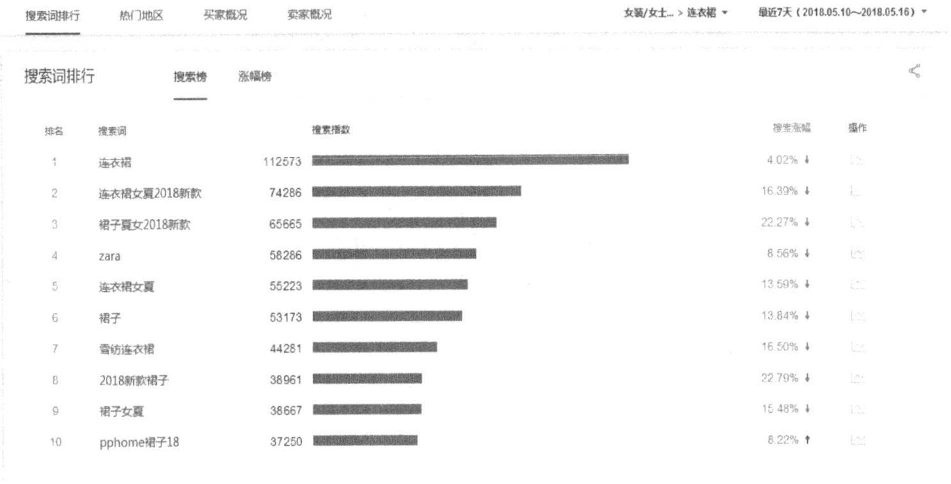

图 3.16　2018-05-10～2018-05-16 连衣裙的相关词语的搜索量情况

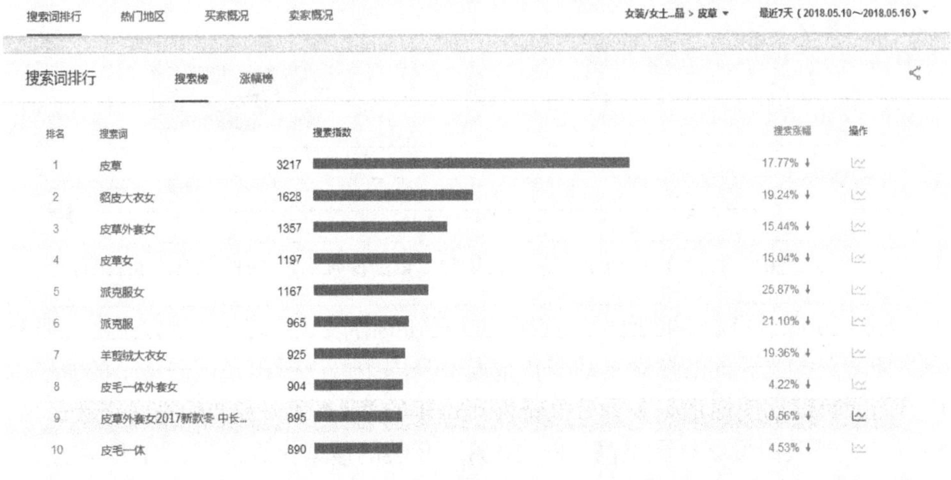

图 3.17　2018-05-10～2018-05-16 皮草的相关词语的搜索量情况

如图 3.18 所示，在百度搜索指数所能囊括的范围里，短裙和皮草两种季节性明显的关键词的搜索指数随着季节的变化，搜索指数呈交替性变化明显。

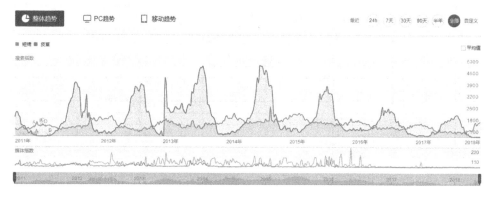

图 3.18 2011～2018 年短裙和皮草的百度搜索指数的变化情况(见彩图)

如图 3.19 所示，我们截取了短裙和皮草近半年的搜索指数变化曲线，同样的搜索指数随季节性变化明显。皮草的搜索指数在 2017 年 11 月至次年 3 月明显高于短裙的搜索指数。而从 2018 年 3 月起至今，短裙的搜索指数明显高于皮草的搜索指数，并随着夏季的临近，差距呈上升趋势。而图 3.20 更明显地体现了有些数据的季节性访问热度的特征。

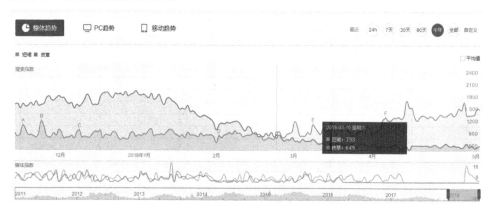

图 3.19 2017 年 12 月～2018 年 5 月短裙和皮草的搜索指数变化曲线图(见彩图)

图 3.20 显示目前百度搜索指数所能搜索到的春装、夏装、秋装以及冬装具有季节性特点的关键词的搜索指数变化情况。从图中可以看出，不同季节的服装的搜索指数热度周期性地呈现季节性特性：每年的 2～4 月，春装的搜索指数最高；5～7 月，夏装的搜索指数最高；8～10 月，秋装的搜索指数最高；11 月～次年 1 月冬装的搜索指数最高。

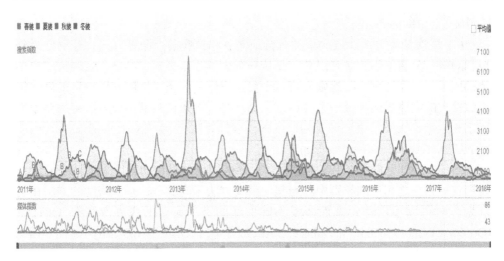

图 3.20 2011～2018 年不同季节服装的搜索指数变化曲线图(见彩图)

3.1.4 小结

从 3.1.1～3.1.3 节的阐述可知，数据的访问具有不同的特性，并呈现不同的规律。数据访问具有帕累托特性、生命周期特性、潮汐特性和季节性特性等。因此如何将具有相似访问特性的数据在存储系统节点中进行聚类存储，在不同的时间阶段，对不同的存储类别实施不同的能耗模式和性能模式，对降低存储系统的能耗具有重要的作用。对数据进行聚类存储需要利用相应的分类方法。后续节在阐述现有聚类方法的基础上，针对现有数据分类方法的不足，根据数据的季节性特性和以周为单位的潮汐特性，提出基于 K-means 的能耗感知的聚类存储方法 K-ear，在分区的层面和粒度上降低云存储系统中的能耗(第一层面的降耗研究)。

3.2 聚类分析方法

3.2.1 聚类分析概述

聚类分析是指根据"物以类聚"的道理，对样本或指标进行分类的一种多元统计方法[122]。聚类分析在机器学习领域属于一种无监督的学习，在没有标注数据的情况下，将数据分成不同的类别，同一类别具有很大的相似性，而不同类别之间具有显著的差异。根据聚类方法的不同分为以下几种类别[123-126]。

(1) 基于划分的方法。划分方法的基本思想是给定 n 个对象的样本，将这些对象划分成 K 个类别。K 个类别需要满足：每个类别至少包含一个样本；每个样本必须属于一个类别，且只属于一个类别。典型的划分方法有：K 均值法(K-means)、

K 中心点法(K-medoids)。

(2) 层次聚类方法。层次聚类有自顶向下和自底向上两种方式，分别称为分裂和凝聚。分裂聚类，顾名思义，是从一个大类逐步裂变成小类，直到每一个小类都属于某一个类别。凝聚则先将每个对象看作一个类，然后利用一定的算法将相似性大的类逐步聚类成一个类，直至循环终止的条件被满足或者所有的对象都属于一个类，聚类结束。计算相似度的代表性算法有 DIANA(Divisive Analysis) 和 AGENS(Aglomerative Nesting)。

(3) 基于密度的方法。基本思想是只要区域内的对象的密度大于某个阈值，就把它加到与之相近的类别中。与其他聚类方法不同的是，基于密度的方法在类别划分时可以不依赖距离而聚成不同形状的类。典型的代表方法有 OPTICS (Ordering Point to Identify the Cluster Structure)算法和DBSCAN(Density-Based Spatial Clustering of Applications with Noise)算法。

(4) 基于网格的方法。首先将样本空间划分成有限个单元的网格结构，以单个单元结构作为处理对象。典型的算法有 WAVE-CLUSTER 算法、CLIQUE 算法和 STING 算法。

(5) 基于模型的方法。给每个聚类假定一个模型，然后寻找能够很好地满足这个模型的数据集。

聚类方法的选择主要根据数据的类型、聚类的目的等因素。由于 K-means 聚类方法对于事先确定的类别个数的聚类问题具有很好的效果，同时还具有实现简单的优势，广泛使用于大规模的数据聚类中。而本书所涉及的数据分类的类别可以事先确定，又属于大数据范畴。据此，我们选择 K-means 聚类方法实现能耗感知的数据分类策略。

3.2.2 相似性度量

聚类的一个标准是样本的相似性，而样本的相似性的度量主要有两种指标：相似系数和距离。相似系数的取值范围一般为[1,−1]，两个样本相似性越高，相似系数的绝对值越大，相似性越低，相似系数的绝对值越小。距离则测量样本与样本之间的空间距离，将距离近的归为同类，距离远的归为不同类。设有 n 个样本，每个样本测得 p 项指标，即每个样本具有 p 维向量，则样本空间 X 可以用矩阵表示如下：

$$X = \begin{bmatrix} x_{11} & x_{12} & \cdots & x_{1p} \\ x_{21} & x_{22} & \cdots & x_{2p} \\ \vdots & \vdots & & \vdots \\ x_{n1} & x_{n2} & \cdots & x_{np} \end{bmatrix} \tag{3.1}$$

1. 相似系数的计算公式

相似系数的计算公式主要有相关系数、指数相似系数和余弦夹角等，具体的计算公式如式(3.2)~式(3.4)所示。

(1) 相关系数：

$$r_{ij} = \frac{\sum_{k=1}^{n}(x_{ki} - \overline{x}_i)(x_{kj} - \overline{x}_j)}{\sqrt{\sum_{k=1}^{n}(x_{ki} - \overline{x}_i)^2 \sum_{k=1}^{n}(x_{kj} - \overline{x}_j)^2}}, \quad i,j = 1,2,\cdots,n \tag{3.2}$$

式中，$\overline{x}_i$ 表示样本 x_i 的平均值。

当两个样本向量相同，即 $i = j$ 时，表示两个样本的自相关系数 $r_{ij} = 1$；当 $i \neq j$ 时，相关系数 r_{ij} 的取值为 -1~1。相关系数的绝对值越接近 1，表示两个样本之间的相关性越强，否则表示两个样本之间的相关性越弱。

(2) 指数相似系数。

设 $S_1, S_2, \cdots, S_p$ 表示向量 $x_1, x_2, \cdots, x_p$ 的样本标准差。则变量 x_i 与变量 x_j 之间的指数相似系数为

$$r_{ij}(c) = \frac{1}{p}\sum_{k=1}^{p} e^{-\frac{3}{4}\frac{(x_{ik} - x_{jk})^2}{S_k^2}}, \quad i,j = 1,2,\cdots,n \tag{3.3}$$

指数相似系数利用样本的标准差标准化各个向量的相似系数，因此其不受向量量纲的影响。

(3) 余弦夹角：

$$\text{Cos}\,\alpha_{ij} = \frac{\sum_{k=1}^{n} x_{ki} x_{kj}}{\left[\left(\sum_{k=1}^{n} x_{ki}^2\right)\left(\sum_{k=1}^{n} x_{kj}^2\right)\right]^{\frac{1}{2}}}, \quad i,j = 1,2,\cdots,n \tag{3.4}$$

余弦夹角是 i、j 两个样本向量在原点的夹角 α_{ij} 的余弦。当 $i = j$ 时，夹角为 $0°$。其余弦值为 1，说明两个样本极相似，当 i 与 j 两个样本向量正交时，夹角为 $90°$。其余弦值为 0，说明两个样本不相关。余弦夹角在文本语义分析、词向量计算中得到最为广泛的应用。

2. 距离的计算

点与点之间的距离度量方法有闵可夫斯基距离(Minkowski Distance)，也称闵氏距离，以及由此引申出的绝对距离、欧氏距离(Euclidean distance)和切比雪夫距离(Chebyshev Distance)。另外，还有针对欧氏距离改进的标准化欧氏距离(Standardized Euclidean Distance)、马氏距离(Mahalanobis Distance)，以及兰氏距离、

斜交空间距离和曼哈顿距离(Manhattan Distance)等。它们的计算公式分别如下。

(1) 闵可夫斯基距离[127]:

$$d_{ij} = \left[\sum_{k=1}^{p} \left(x_{ik} - x_{jk} \right)^q \right]^{\frac{1}{q}}, \quad i, j = 1, 2, \cdots, n \tag{3.5}$$

式中，q 是一个自然数。

(2) 绝对距离，也称 Block 距离，计算公式为

$$d_{ij}(1) = \sum_{k=1}^{p} \left| x_{ik} - x_{jk} \right|, \quad i, j = 1, 2, \cdots, n \tag{3.6}$$

绝对距离是一种最简单的距离计算方式，是闵氏距离 $q = 1$ 的特例，又称曼哈顿距离和出租车距离。

(3) 欧氏距离[128]:

$$d_{ij}(2) = \left[\sum_{k=1}^{p} \left(x_{ik} - x_{jk} \right)^2 \right]^{\frac{1}{2}}, \quad i, j = 1, 2, \cdots, n \tag{3.7}$$

欧氏距离也称欧几里得距离，是闵氏距离 $q = 2$ 的特例，是实际应用中使用最为广泛的一种距离的计算方法。然而就大部分统计问题而言，利用欧氏距离进行计算，结果通常并不理想，因为欧氏距离中默认每个坐标的贡献是相同的。当各个分量为不同性质的量时，"距离"与指标的单位有关。欧氏距离将样本的不同属性(即样本的各个维度)之间的差别等同看待，该性质通常并不能满足实际的聚类要求。因此改进的方法是对坐标加权，使变化较大的坐标具有较大的权重，变化较小的坐标有较小的权重。其中标准化欧氏距离就是欧氏距离的一种改进方式。

(4) 标准化欧氏距离[129]。

标准化欧氏距离的基本思路是：当样本的各个维度或分量的指标或单位不同时，将样本的每个分量都标准化到相等的均值和方差。

标准化后的值=(标准化前的值–分量的均值)/分量的标准差

因此，标准化欧氏距离的计算公式为

$$d_{ij}(2) = \left[\sum_{k=1}^{p} \left(\frac{x_{ik} - x_{jk}}{s_k} \right)^2 \right]^{\frac{1}{2}}, \quad i, j = 1, 2, \cdots, n \tag{3.8}$$

式中，s_k 为样本第 k 维度的方差，若将 $\frac{1}{s_k}$ 看作权重，则标准化欧氏距离可以看作一种加权的欧氏距离，将样本分量的不同特性考虑在内。

(5) 切比雪夫距离[130]。

式(3.5)中当 $q = \infty$ 时，两个样本之间的距离又称为切比雪夫距离，具体的计算公式为

$$d_{ij}(\infty) = \max_{1 \leqslant k \leqslant p} |x_{ik} - x_{jk}|, \quad i, j = 1, 2, \cdots, n \tag{3.9}$$

(6) 兰氏距离[131]。

兰氏距离是由 Lance 和 Williams 最早提出来的，故称为兰氏距离。当全部数据大于零，即 $x_{ij} > 0$ 时，第 i 个样本和第 j 个样本之间的兰氏距离定义为

$$d_{ij}(L) = \sum_{k=1}^{p} \frac{|x_{ik} - x_{jk}|}{x_{ik} - x_{jk}}, \quad i, j = 1, 2, \cdots, n \tag{3.10}$$

兰氏距离是一个无量纲的量，克服了闵氏距离与样本各个维度的量纲指标相关的缺点，受奇异值的影响较小，适合计算具有高奇异值的样本数据。然后兰氏距离和闵氏距离一样，在计算距离的时候假定各个样本之间是相互独立无关的，没有考虑样本之间的相关性。而在实际应用中，样本之间往往存在一定的相关性。在计算样本之间相似性时，若需要考虑样本之间的相关性，可以采用马氏距离和斜交空间距离。

(7) 马氏距离[132]：

$$d_{ij}(M) = \left[(x_i - x_j)^{\mathrm{T}} S^{-1} (x_i - x_j)\right]^{\frac{1}{2}}, \quad i, j = 1, 2, \cdots, n \tag{3.11}$$

式中，S^{-1} 为协方差矩阵的逆矩阵。S 的计算公式为

$$S = \frac{1}{n-1} \sum_{k=1}^{n} (x_{ki} - \bar{x}_i)(x_{kj} - \bar{x}_j), \quad i, j = 1, 2, \cdots, p \tag{3.12}$$

马氏距离也是针对欧氏距离的维度等同对待所带来的分类不精确的一种改进方式。

(8) 斜交空间距离。

斜交空间距离利用正交空间距离来计算样本之间的距离，将样本之间的相关性考虑在内。第 i 个样本和第 j 个样本之间的斜交空间距离定义为

$$d_{ij}^* = \left[\frac{1}{m^2} \sum_{k=1}^{n} \sum_{l=1}^{n} (x_{ik} - x_{jk})(x_{il} - x_{jl}) r_{kl}\right]^{\frac{1}{2}}, \quad i, j = 1, 2, \cdots, n \tag{3.13}$$

式中，r_{kl} 是样本 x_k 和样本 x_l 之间的相关系数。当 p 个样本之间互不相关时，$d_{ij}^* = d_{ij}(2) / p$，即斜交空间距离退化为欧氏距离(除相差一个常倍数)。

综上所述，计算样本之间的相似性的距离有多种方式，它们之间既有区别又

有着千丝万缕的联系。依据上述对各种计算距离的方式特点的分析，结合数据的特点，同时从计算效率的角度出发，数据的季节性分类和潮汐性分类的数据量纲相同，我们选择应用最为广泛、计算效率较高的欧氏距离，计算两个样本之间的相似性。

3.3 基于 K-means 的能耗感知的数据聚类存储方法(K-ear)

本节详细讨论基于 K-means 的能耗感知的聚类存储方法，从数据集的描述及其特性提取，分类的结果展示，算法的描述以及算法的分析、测试等方面阐述提出的 K-ear 方法对降低大型存储系统的能耗的可行性。

3.3.1 分类数据集的描述

为了展示数据的潮汐特性和周期性特性，以便为能耗感知的聚类存储提供现象依据。我们从百度搜索指数中以主观印象的方式提取 70 个目标词语，其中 20 个与工作相关的词语，20 个与娱乐相关的词语，20 个与季节相关的词语以及 10 个其他词语。

1. 数据的潮汐特性

定义 3.1 (数据的潮汐特性)以周作为一个潮汐周期,工作日(星期一～星期四)为数据访问的潮点，休息日(星期六或星期日)为数据访问的汐点，星期五作为潮汐交替日以特例的方式处理。

具体到数据潮汐特性的数值表示，则每周用两个维度来表示(峰值和谷值)，数据的访问峰值(具体的示例中是搜索指数峰值)出现在工作日(星期一～星期四)用数值 1 表示，出现在休息日(星期六或星期日)用数值 2 表示，星期五作为休息日和工作日的交替点，单独用数值 3 表示。数据访问的谷值出现在工作日(星期一～星期四)用数值–1 表示，出现在休息日(星期六或星期日)用数值–2 表示，星期五作为休息日和工作日的交替点,单独用数值–3 表示。针对设定的 70 个词语，收集近一年(2017 年 1 月～2017 年 12 月)百度搜索指数的潮汐特性。一年有 52 周，每周用两个维度表示。因此一个词语的潮汐特性用 104 个维度来表达。

2. 数据访问的季节性周期特征

定义 3.2 (数据访问的季节性周期特征)数据在某一季节的搜索指数占主导的地位并呈周期性的季节性变化。

　　因数据来源是百度搜索指数，而百度搜索以中文搜索为主，其季节性的周期变化以中国的季节性变化为主，同时结合数据预搜索指数的情况，将各个季节定义如下：春季(2~4 月)，夏季(5~7 月)，秋季(8~10 月)，冬季(11 月~次年 1 月)。具体到数据的季节性特征的数值表达上，用某一季节的搜索指数总和除以整年的搜索指数总和等于该季节搜索指数占比。每年用四个维度来表示：春季搜索指数占比、夏季搜索指数占比、秋季搜索指数占比、冬季搜索指数占比。为了尽可能地提高数据的季节性特性的抽取精度，采集从 2015 年 2 月~2018 年 1 月近三年的搜索指数，每一年用 4 个维度值来表示，因此 70 个词语的季节性特性用 12 个维度表示其季节性特征。

　　综上所述，对选取的 70 个词语，每个词语用 104 个维度描述其潮汐特性和用 12 个维度描述其季节性周期变化特征，总计每个数据具有 116 个维度。

　　数据的描述用表 3.1 表示如下。

表 3.1　数据的潮汐特性和季节性特性各个向量信息表示

向量名称	标识	向量说明
数据编号	x_i	第 i 个词语，十进制整数，i 从 0 开始编号，每增加一个词语，自动增 1，具体实现用数据的行下标表示
搜索指数的周峰值期	$p_{i,j}$	第 i 个词语第 j 周的峰值期，j 的取值范围(1~52)是一年 52 周的数据提取，$p_{i,j}$ 是离散值，取值的范围是{1, 2, 3}
搜索指数的周谷值期	$v_{i,j}$	第 i 个词语第 j 周的谷值期，j 的取值范围(1~52)是一年 52 周的数据提取，$v_{i,j}$ 是离散值，取值的范围是{-1, -2, -3}
搜索指数的春季占比	$s_{i,k}$	第 i 个词语第 k 年的春季占比，k 的取值范围(1~3)是提取近 3 年的数据，$s_{i,k}$ 是连续值，取值的范围是[0,1]
搜索指数的夏季占比	$m_{i,k}$	第 i 个词语第 k 年的夏季占比，k 的取值范围(1~3)是提取近 3 年的数据，$m_{i,k}$ 是连续值，取值的范围是[0,1]
搜索指数的秋季占比	$a_{i,k}$	第 i 个词语第 k 年的秋季占比，k 的取值范围(1~3)是提取近 3 年的数据，$a_{i,k}$ 是连续值，$a_{i,k}$ 取值的范围是[0,1]
搜索指数的冬季占比	$w_{i,k}$	第 i 个词语第 k 年的冬季占比，k 的取值范围(1~3)是提取近 3 年的数据，$w_{i,k}$ 是连续值，取值的范围是[0,1]

3. 选取的测试数据集

　　因每一个词语的维数很多(116 个维度)，需要手工收集的数据量很大。在百度搜索指数进行预搜索，预观察，选取具有代表性的词语作为测试和验证数据潮汐特性与季节性特性的词语，总计 70 个，并将其分为 4 类。选取的测试数据集及其描述如表 3.2 所示。

表 3.2　选取的测试数据集及其描述

类型	对应的词语
工作相关的词语(20 个)	大数据；云计算；云存储；区块链；无人驾驶；人工智能；深度学习；机器学习；模式识别；算法设计与分析；程序设计；C；Java；Python；MATLAB；TensorFlow；Keras；图像处理；矩阵相乘；数值分析
娱乐相关的词语(20 个)	电影；电视剧；游戏；音乐；戏剧；话剧；王者荣耀；英雄联盟；KTV；QQ；淘宝；购物；娱乐八卦；明星；范冰冰；唐嫣；真人秀；综艺；访谈；动漫
季节性相关的词语(20 个)	春装；夏装；秋装；冬装；连衣裙；棉服；皮草；秋衣；短裙；凉鞋；西瓜；枇杷；杨梅；银杏；梅花；樱花；红叶；冰棍；火锅；小龙虾
其他词语(10 个)	三亚；战狼；旅游；港澳游；泰国游；新疆；夏威夷；美食；美篇；绝地求生

4. 测试数据集中每个词语各个维度的矩阵表示

$$X = \begin{bmatrix} x_1 \\ x_2 \\ \vdots \\ x_i \\ \vdots \\ x_{70} \end{bmatrix} = \begin{bmatrix} \text{大数据} \\ \text{云计算} \\ \vdots \\ \text{绝地求生} \end{bmatrix}$$

因每个 x_i 的维度太多，为了更好地表达和书写，将它们拆分为潮汐特性维度和季节特性维度 $X = \mathrm{CX} + \mathrm{SE}$：

$$x_i = \mathrm{cx}_i + \mathrm{se}_i \tag{3.14}$$

$$\mathrm{cx}_i = \begin{bmatrix} p_{i,1} & v_{i,1} & p_{i,2} & v_{i,2} & \cdots & p_{i,52} & v_{i,52} \end{bmatrix} \tag{3.15}$$

因此

$$\mathrm{CX} = \begin{bmatrix} p_{1,1} & v_{1,1} & p_{1,2} & v_{1,2} & \cdots & p_{1,52} & v_{1,52} \\ p_{2,1} & v_{2,1} & p_{2,2} & v_{2,2} & \cdots & p_{2,52} & v_{2,52} \\ \vdots & \vdots & \vdots & \vdots & & \vdots & \vdots \\ p_{i,1} & v_{i,1} & p_{i,2} & v_{i,2} & \cdots & p_{i,52} & v_{i,52} \\ \vdots & \vdots & \vdots & \vdots & & \vdots & \vdots \\ p_{70,1} & v_{70,1} & p_{70,2} & v_{70,2} & \cdots & p_{70,52} & v_{70,52} \end{bmatrix} \tag{3.16}$$

$$\mathrm{se}_i = \begin{bmatrix} s_{i,1} & m_{i,1} & a_{i,1} & w_{i,1} & \cdots & s_{i,3} & m_{i,3} & a_{i,3} & w_{i,3} \end{bmatrix} \tag{3.17}$$

因此

$$
SE = \begin{bmatrix}
s_{1,1} & m_{1,1} & a_{1,1} & w_{1,1} & \cdots & s_{1,3} & m_{1,3} & a_{1,3} & w_{1,3} \\
s_{2,1} & m_{2,1} & a_{2,1} & w_{2,1} & \cdots & s_{2,3} & m_{2,3} & a_{2,3} & w_{2,3} \\
\vdots & \vdots & \vdots & \vdots & & \vdots & \vdots & \vdots & \vdots \\
s_{i,1} & m_{i,1} & a_{i,1} & w_{i,1} & \cdots & s_{i,3} & m_{i,3} & a_{i,3} & w_{i,3} \\
\vdots & \vdots & \vdots & \vdots & & \vdots & \vdots & \vdots & \vdots \\
s_{70,1} & m_{70,1} & a_{70,1} & w_{70,1} & \cdots & s_{70,3} & m_{70,3} & a_{70,3} & w_{70,3}
\end{bmatrix}
\tag{3.18}
$$

5. 部分目标词语的潮汐特性及其相应维度值的提取和分析

选定目标词语的百度搜索指数是我们的研究目标,从百度公开的指数中提取了目标词语的各个维度的值。为了更好地分析影响数据的潮汐特性和季节特性的因素,我们在这里对部分目标词语的潮汐特性进行详细的分析。

图 3.21 是 2017 年 1 月~2017 年 12 月与工作相关词语——大数据、云计算、云存储、区块链和无人驾驶在百度搜索指数网站中显示的搜索指数变化图。从直观的感觉上,它们的搜索指数的峰谷值的周期变化特征相似,无人驾驶的搜索指数在 2017 年 3 月 26 日,即图中紫色线条的 B 点,出现的一个奇异点,无人驾驶的搜索指数在当天远超平时的峰值点,达到 42666。

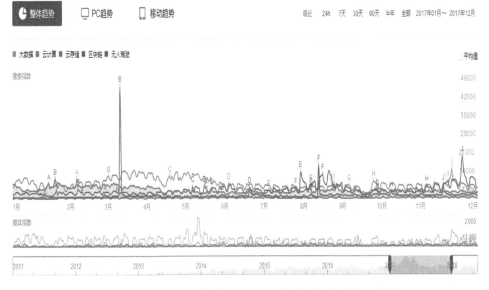

图 3.21　与工作相关词语的 2017 年的搜索指数曲线图(见彩图)

为了进一步挖掘目标词语的潮汐特性,利用人工的方法从百度搜索指数中一

一寻找 2017 年每一周的搜索指数的峰谷值。具体的数据如下。2017 年周的定义
为第一周是 2017 年 1 月 2 日~2017 年 1 月 8 日，以此类推，第 52 周是 2017 年
12 月 25 日~2017 年 12 月 31 日。为了更好地表达每周对应的两个峰谷值出现的
时间点。我们用 1：~52：来表示周次，但是在实际处理时，不对该数据进行处
理。如前所述，每周若峰值出现在工作日或潮点(星期一~星期四)，则用数值 1
表示；出现在休息日或汐点(星期六或星期日)则用数值 2 表示；出现在潮汐交替
日(星期五)则用数值 3 表示。每一周若谷值出现在工作日或潮点(星期一~星期
四)，则用数值–1 表示，出现在休息日或汐点(星期六或星期日)则用数值–2 表示，
出现在潮汐交替日(星期五)则用数值–3 表示。另外，经查验 2017 年的法定假日主
要涉及的周次有第 1 周(元旦)，第 4、5 周(春节)，第 14 周(清明节)，第 18 周(五
一劳动节)，第 22 周(端午节)，第 40 周(国庆节、中秋节)。2017 年"大数据"关
键词的搜索指数曲线图如图 3.22 所示。

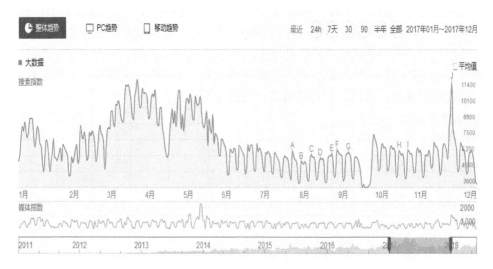

图 3.22　2017 年"大数据"关键词的搜索指数曲线图

　　提取图 3.22 中每一周的峰谷值出现的时间点，根据预设的规则，"大数据"
关键词的搜索指数的潮汐特性的表达如下(法定假日涉及的周次用加粗字体表
明，灰色字体表示出现异常周次的数据)：

　　CX 大数据 1={**1**：3，–2，2：1，–2，3：1，–2，**4**：2，–1，**5**：2，–1，6：1，
–2，7：1，–2，8：1，–2，9：1，–2，10：1，–2，11：1，–2，12：1，–2，13：
1，–2，**14**：1，–1，15：1，–2，16：1，–2，17：1，–2，**18**：1，–1，19：1，
–2，20：1，–2，21：1，–2，**22**：1，–1，23：1，–2，24：1，–2，25：1，–2，

26：1，−2，27：1，−2，28：1，−2，29：1，−2，30：1，−2，31：1，−2，32：1，−2，33：1，−2，34：1，−2，35：1，−2，36：1，−2，37：1，−2，38：1，−2，39：1，−2，**40**：**2**，**−1**，41：1，−2，42：1，−2，43：1，−2，44：1，−2，45：1，−2，46：1，−2，47：1，−2，48：1，−2，49：**2**，**−3**，50：1，−2，51：1，−2，52：1，−2}

　　"大数据"的潮汐特性分析。从提取的大数据一词的潮汐特性的每个维度的值可以看出，与工作相关的"大数据"在百度中的搜索指数以周为单位的潮汐特性明显，除了法定假日之外，搜索指数的峰值基本上都出现在工作日(星期一～星期五)，即每周第一维度的值为1；搜索指数的谷值基本上都出现在休息日(星期六或星期日)，即每周的第二维度的值为−2，除了因受法定假日串休影响的第1、4、5、14、18、22、40周。另外，在第49周(2017年12月4日～2017年12月10日)，大数据的搜索指数峰值出现在休息日(2017年12月10星期日)，而搜索的谷值出现在星期五(2017年12月8日，星期五)。该异常是由于2017年12月8日下午，习近平在中共中央政治局第二次集体学习时强调，审时度势精心谋划超前布局力争主动，实施国家大数据战略加快建设数字中国。因此，"大数据"这个与工作相关的词语在非工作日引起了广泛的关注，在2017年12月10日达到该周的搜索峰值(即第49周第一维度的值为2)，而由于原本应该是谷值的休息日变成峰值，把星期五这个潮汐交替日变成了谷值(即第49周第二维度的值为−3)。

　　2017年"云计算"关键词的搜索指数曲线图如图3.23所示。

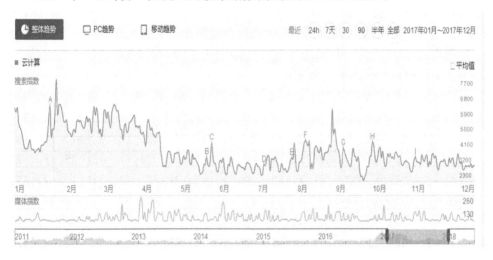

图 3.23　2017 年"云计算"关键词的搜索指数曲线图

　　提取图 3.23 中每一周的峰谷值出现的时间点，根据预设的规则，"云计算"搜索指数的潮汐特性的表达如下：

CX 云计算 2={**1**：1，–2，2：3，–2，3：2，–1，**4**：2，–1，**5**：3，–1，6：1，–2，7：2，–1，8：1，–2，9：2，–3，10：1，–2，11：1，–2，12：1，–2，13：1，–2，**14**：1，–1，15：1，–2，16：1，–2，17：1，–2，**18**：1，–1，19：1，–2，20：1，–2，21：1，–2，**22**：3，–1，23：1，–2，24：1，–2，25：1，–2，26：1，–2，27：1，–2，28：1，–2，29：3，–2，30：1，–2，31：1，–2，32：1，–2，33：1，–2，34：1，–2，35：1，–2，36：1，–2，37：1，–2，38：1，–2，39：1，–2，**40**：2，–1，41：1，–2，42：1，–2，43：1，–2，44：1，–2，45：1，–2，46：1，–2，47：1，–3，48：1，–2，49：2，–3，50：1，–2，51：1，–3，52：1，–3}

"云计算"的潮汐特性分析。如上数据所示，"云计算"的搜索指数基本符合与工作相关词语的潮汐特性。排除法定假日影响，峰值出现在工作日或潮汐交替日(星期五)，谷值出现在休息日(星期六或星期日)。除此之外，在第 3 周、第 7 周和第 9 周出现与预期不符的峰谷值数据。第 3 周没有法定假日，但是峰值出现在休息日(2)，谷值出现在工作日(–1)，经进一步数据的抽取，发现"云计算"关键词的搜索指数在第 3 周波动极小，谷值出现在 2017 年 1 月 17 日星期二，搜索指数为 3134，峰值出现在 2017 年 1 月 22 日星期日，搜索指数为 3571。两者相差很小，因此该周的峰谷值数据意义不大，另外有可能的因素是受到春节假期调休的影响。第 7 周的数据较为异常，出现峰值和谷值颠倒的现象，谷值出现在星期三(2 月 15 日)，峰值出现在星期日(2 月 19 日)，并且与第 8 周星期一的搜索指数相差极小，分别为 5135 和 5063。

2017 年"云存储"关键词的搜索指数曲线图如图 3.24 所示。

提取图 3.24 中每一周的峰谷值出现的时间点，根据预设的规则，"云存储"搜索指数的潮汐特性的表达如下：

CX 云存储 3={**1**：1，–2，2：1，–2，3：1，–2，**4**：1，–3，**5**：2，–1，6：3，–2，7：1，–2，8：1，–2，9：1，–2，10：1，–2，11：1，–2，12：1，–2，13：1，–2，**14**：1，–1，15：1，–2，16：1，–2，17：1，–2，**18**：1，–1，19：1，–2，20：1，–2，21：1，–2，**22**：1，–1，23：1，–2，24：1，–2，25：1，–2，26：1，–2，27：1，–2，28：1，–2，29：1，–2，30：1，–2，31：1，–2，32：1，–2，33：3，–2，34：1，–2，35：1，–2，36：1，–2，37：1，–2，38：1，–2，39：1，–2，**40**：2，–1，41：1，–2，42：1，–2，43：1，–2，44：1，–2，45：1，–2，46：1，–2，47：1，–2，48：1，–2，49：1，–2，50：1，–2，51：1，–2，52：1，–2}

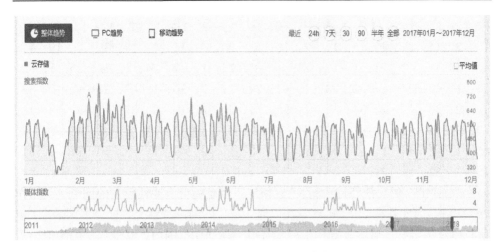

图 3.24   2017 年"云存储"关键词的搜索指数曲线图

"云存储"的潮汐特性分析。从上述抽取的周峰谷值数据可知"云存储"相对于"云计算"的专业属性更强,因此其潮汐特性体现得更加明显,除了法定假日以及法定假日后的个别周次的峰谷值不在预期范围内,其他周次的峰值出现在工作日(除了第 33 周峰值出现在潮汐交替日之外),谷值全部出现在休息日。

2017 年"区块链"关键词的搜索指数曲线图如图 3.25 所示。

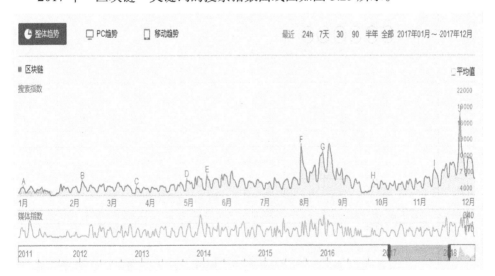

图 3.25   2017 年"区块链"关键词的搜索指数曲线图

提取图 3.25 中每一周的峰谷值出现的时间点,根据预设的规则,"区块链"搜索指数的潮汐特性的表达如下:

CX $_{区块链 4}$={**1**: 1, −1, **2**: 1, −2, **3**: 3, −2, **4**: 1, −2, **5**: 2, −1, **6**: 1,

−2，7：1，−2，8：1，−2，9：1，−2，10：1，−2，11：1，−2，12：1，−2，13：1，−2，**14**：1，−1，15：1，−2，16：1，−2，17：1，−2，**18**：3，−1，19：1，−2，20：1，−2，21：1，−2，**22**：1，−1，23：1，−2，24：1，−2，25：1，−2，26：1，−2，27：1，−2，28：1，−2，29：1，−2，30：1，−2，31：1，−2，32：1，−2，33：1，−2，34：1，−2，35：1，−2，36：1，−2，37：1，−2，38：1，−2，39：1，−2，**40**：2，−1，41：1，−2，42：3，−2，43：1，−2，44：1，−2，45：1，−2，46：1，−2，47：1，−2，48：1，−2，49：1，−2，50：1，−2，51：1，−2，52：1，−2}

"区块链"的潮汐特性分析。"区块链"也是一个专业性较强的词语，与工作密切相关，因此其在 2017 年整年在以周为单位的潮汐特性上特征显著。除了法定假日以及法定假日后的个别周次的峰谷值不在预期范围内，其他周次的峰值出现在工作日(除了第 3 周和第 42 周峰值出现在潮汐交替日之外)，谷值全部出现在休息日。

2017 年"无人驾驶"关键词的搜索指数曲线图如图 3.26 所示。

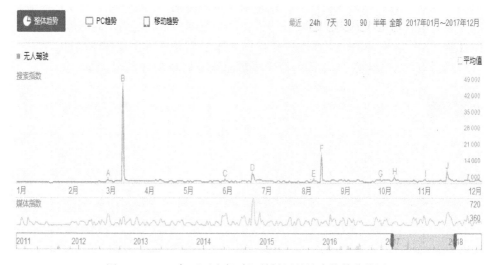

图 3.26　2017 年"无人驾驶"关键词的搜索指数曲线图

提取图 3.26 中每一周的峰谷值出现的时间点，根据预设的规则，"无人驾驶"搜索指数的潮汐特性的表达如下：

CX 无人驾驶5={**1**：1，−2，2：1，−2，3：3，−2，**4**：1，−3，**5**：2，−1，6：1，−2，7：1，−2，8：1，−2，9：1，−2，10：1，−2，11：1，−2，12：2，−2，13：1，−2，**14**：1，−2，15：1，−2，16：1，−2，17：1，−2，**18**：1，−1，19：1，−2，20：1，−2，21：1，−2，**22**：1，−1，23：1，−2，24：1，−2，25：1，−2，26：1，−2，27：1，−1，28：1，−2，29：1，−2，30：1，−2，31：1，−2，32：

1，−2，33：1，−2，34：1，−2，35：1，−2，36：1，−2，37：1，−2，38：1，
−2，39：1，−2，**40：2，−1**，41：1，−2，42：1，−2，43：1，−2，44：1，−2，
45：1，−2，46：**3，−2**，47：1，−2，48：1，−2，49：1，−2，50：1，−2，51：
1，−2，52：1，−2}

　　"无人驾驶"的搜索指数潮汐特性分析。从上述抽取的"无人驾驶"的周峰谷
值数据显示："无人驾驶"的潮汐特性也比较明显，除法定假日影响外，峰值基本
上出现在工作日或潮汐交替日，谷值基本上出现在休息日。第 12 周(3 月 20 日～
3 月 26 日)出现非常异常的值。该与工作相关的词语在休息日达到峰值，并且是
一种爆发式的增长，此前"无人驾驶"的搜索指数周平均值在 700 以下，而在 3
月 26 日星期日的休息日里其搜索指数竟高达 42666，是正常值的 60 余倍。出现
该异常的原因是：2017 年 3 月 26 日百度宣布与金龙汽车合作的无人驾驶的小巴
车将量产，这一消息引起社会的广泛关注，故而造成"无人驾驶"搜索指数的爆
发式增长。还有一个异常点是第 27 周(2017 年 7 月 3 日～2017 年 7 月 9 日)，不
仅搜索指数的谷值出现在工作日，同时在 2017 年 7 月 5 日(星期三)也出现了突发
式的增长，当天的搜索指数达到 4391，高于同期平均值 5 倍左右。而当天有百
度创始人李彦宏乘坐无人驾驶汽车在北京五环路上行驶的新闻报道，这是造成
突发性峰值的主要原因。

　　上述是当前的热门词语的 2017 年的搜索指数变化情况，以及其潮汐特性的抽
取数据及其分析。另有关"人工智能""深度学习""机器学习""模式识别""算
法设计与分析""程序设计"等关键词的搜索指数的潮汐特性的提取不一一累述，
详细数据见附录。同时，对主流的程序设计语言的搜索指数也进行潮汐特性的分
析，如图 3.27 所示。

　　图 3.27 显示的是几大主流程序设计语言以及面向机器学习的语言 2017 年的
搜索指数变化情况。从直观的观察可以发现：该计算机特定专业领域的词语的
搜索指数的峰谷值高度统一，峰值无一例外地出现在工作日，谷值无一例外地
出现在休息日，或者休息日与工作日的交替日。具体而言，它们的潮汐特性值
提取如下：

　　CX_{C12}={**1：1，−1**，2：1，−2，3：1，−2，**4：1，−2**，**5：2，−1**，6：1，−2，
7：**1，−1**，8：1，−2，9：1，−2，10：1，−2，11：1，−2，12：1，−2，13：
1，−2，**14：1，−1**，15：1，−2，16：1，−2，17：1，−2，**18：3，−1**，19：1，−2，
20：1，−2，21：**1，−1**，**22：2，−1**，23：1，−2，24：1，−2，25：1，−2，26：
1，−2，27：1，−2，28：1，−2，29：1，−2，30：1，−2，31：1，−2，32：1，
−2，33：1，−2，34：1，−2，35：1，−2，36：1，−2，37：1，−2，38：1，−2，
39：1，−2，**40：2，−1**，41：1，−2，42：**3，−2**，43：1，−2，44：1，−2，45：

1，–2，46：1，–2，47：1，–2，48：1，–2，49：1，–2，50：1，–2，51：1，–2，52：1，–2}

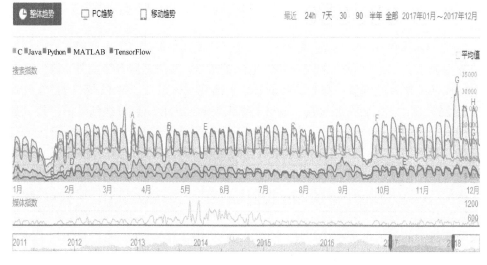

图 3.27　几大主流的程序设计语言 2017 年的搜索指数曲线变化图(见彩图)

"C"搜索指数的潮汐特性分析。从上述的峰谷值数据可以看出"C"的搜索指数的潮汐特性明显，除了法定节假日所波及的周次的周峰谷值不符合预期外，其他周期的峰谷值都满足工作词语的潮汐特性：搜索指数的峰值出现在工作日或潮汐交替日，搜索指数的谷值出现在休息日，除了 21 周出现例外，该周的谷值出现在工作日而不是休息日，但是进一步的数据提取发现，谷值的点 5 月 23 日星期二的搜索指数为 8261，而 5 月 28 日星期日的搜索指数为 8344，两者相差甚小。因此该周次的峰谷值也接近预期。

CX_{Java13}={**1**：**1，–1**，2：1，–2，3：1，–2，**4**：**1，–3**，**5**：**2，–1**，6：1，–2，7：1，–2，8：1，–2，9：1，–2，10：1，–2，11：1，–2，12：1，–2，13：1，–2，**14**：**1，–1**，15：1，–2，16：1，–2，17：1，–2，**18**：**1，–1**，19：1，–2，20：1，–2，21：1，–2，**22**：**2，–1**，23：1，–2，24：1，–2，25：1，–2，26：1，–2，27：1，–2，28：1，–2，29：1，–2，30：1，–2，31：1，–2，32：1，–2，33：1，–2，34：1，–2，35：1，–2，36：1，–2，37：1，–2，38：1，–2，39：1，–2，**40**：**2，–1**，41：1，–2，42：1，–2，43：1，–2，44：1，–2，45：1，–2，46：1，–2，47：1，–2，48：1，–2，49：1，–2，50：1，–2，51：1，–2，52：1，–2}

"Java"搜索指数的潮汐特性分析。从上述抽取"Java"的周峰谷值的数据可以看出，"Java"这个与工作密切相关的词语，其以周为单位的潮汐特性异常明显，除了节假日所波及的潮汐变化的周次的峰值和谷值不是分别出现在工作日和休息日外，其他所有的周次无一例外地符合工作词语的潮汐特性：搜索指数峰值出现在工作日(周次的第一维度的值为 1)，搜索指数谷值出现在休息日(周次的第二维度的值为−2)。

$CX_{Python14}$={**1**：**1**，**−1**，2：1，−2，3：1，−2，**4**：**1**，**−3**，**5**：**2**，**−1**，6：1，−2，7：1，−2，8：1，−2，9：1，−2，10：1，−2，11：1，−2，12：1，−2，13：1，−2，**14**：**1**，**−1**，15：1，−2，16：1，−2，17：1，−2，**18**：**1**，**−1**，19：1，−2，20：1，−2，21：1，−2，**22**：**2**，**−1**，23：1，−2，24：1，−2，25：1，−2，26：1，−2，27：1，−2，28：1，−2，29：1，−2，30：1，−2，31：1，−2，32：1，−2，33：1，−2，34：1，−2，35：1，−2，36：1，−2，37：1，−2，38：1，−2，39：1，−2，**40**：**2**，**−1**，41：1，−2，42：1，−2，43：1，−2，44：1，−2，45：1，−2，46：1，−2，47：1，−2，48：1，−2，49：1，−2，50：1，−2，51：1，−2，52：1，−2}

"Python"搜索指数的潮汐特性分析。从上述抽取"Python"的周峰谷值的数据可以看出，"Python"这个与工作密切相关的词语，其以周为单位的潮汐特性异常明显，除了节假日所波及的潮汐变化的周次的峰值和谷值不是分别出现在工作日和休息日外，其他所有的周次无一例外地符合工作词语的潮汐特性：搜索指数峰值出现在工作日(每周次的第一维度的值为1)，搜索指数谷值出现在休息日(每周次的第二维度的值为−2)。可以看出"Python"与"Java"的周潮汐特性完全一致。

$CX_{MATLAB15}$={**1**：**1**，**−1**，2：1，−2，3：1，−2，**4**：**1**，**−3**，**5**：**2**，**−1**，6：1，−2，7：**3**，**−2**，8：1，−2，9：1，−2，10：1，−2，11：1，−2，12：1，−2，13：1，−2，**14**：**1**，**−1**，15：1，−2，16：1，−2，17：1，−2，**18**：**1**，**−1**，19：1，−2，20：1，−2，21：1，−2，**22**：**2**，**−1**，23：1，−2，24：1，−2，25：1，−2，26：1，−2，27：1，−2，28：1，−2，29：1，−2，30：1，−2，31：1，−2，32：1，−2，33：1，−2，34：1，−2，35：1，−2，36：1，−2，37：1，−2，38：1，−2，39：1，−2，**40**：**2**，**−1**，41：1，−2，42：1，−2，43：1，−2，44：1，−2，45：1，−2，46：1，−2，47：1，−2，48：1，−2，49：1，−2，50：1，−2，51：1，−2，52：1，−2}

"MATLAB"搜索指数的潮汐特性分析。从上述抽取"MATLAB"的周峰谷值的数据可以看出，"MATLAB"这个与工作密切相关的词语，其以周为单位的潮汐特性异常明显，除了节假日所波及的潮汐变化的周次的峰值和谷值不是分别出现在工作日和休息日外，其他所有的周次无一例外地符合工作词语的潮汐特性：搜索指数峰值出现在工作日或潮汐交替日(每周次的第一维度的值为1，只有第7周次的峰值出现在潮汐交替日的星期五)，搜索指数谷值出现在休息日(每周次的第二维度的值为−2)。

$CX_{TensorFlow16}$={**1**: **1**, **−1**, 2: 1, −2, 3: 1, −2, **4**: **1**, **−3**, **5**: **1**, **−1**, 6: 1, −2, 7: 1, −2, 8: 1, −2, 9: 1, −2, 10: 1, −2, 11: 1, −2, 12: 1, −2, 13: 1, −2, **14**: **1**, **−1**, 15: 1, −2, 16: 1, −2, 17: 1, −2, **18**: **1**, **−1**, 19: 1, −2, 20: 1, −2, 21: 1, −2, **22**: **2**, **−1**, 23: 1, −2, 24: 1, −2, 25: 1, −2, 26: 1, −2, 27: 1, −2, 28: 1, −2, 29: 1, −2, 30: 1, −2, 31: 1, −2, 32: 1, −2, 33: 1, −2, 34: 1, −2, 35: 1, −2, 36: 1, −2, 37: 1, −2, 38: 1, −2, 39: 1, −2, **40**: **2**, **−1**, 41: 1, −2, 42: 1, −2, 43: 1, −2, 44: 1, −2, 45: 1, −2, 46: 1, −2, 47: 1, −2, 48: 1, −2, 49: 1, −2, 50: 1, −2, 51: 1, −2, 52: 1, −2}

"TensorFlow"搜索指数的潮汐特性分析。从上述抽取"TensorFlow"的周峰谷值的数据可以看出，"TensorFlow"这个与工作密切相关的词语，其以周为单位的潮汐特性异常明显，除了节假日所波及的潮汐变化的周次的峰值和谷值不是分别出现在工作日和休息日外，其他所有的周次无一例外地符合工作词语的潮汐特性：搜索指数峰值出现在工作日(每周次的第一维度的值为1)，搜索指数谷值出现在休息日(每周次的第二维度的值为−2)。

类似地，与工作相关的词语(图像处理、矩阵相乘、数值分析)的搜索指数也呈现以周为单位的潮汐特性，如图3.28所示。它们具体的潮汐特征的提取见附录。

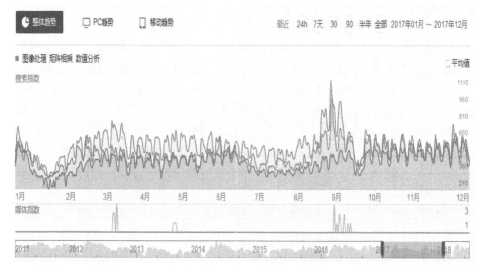

图3.28　2017年三个专业词语搜索指数的曲线变化图(见彩图)

综合上述的数据提取及其分析可以发现：与工作相关的词语具有显著的以周为单位的潮汐特性，除了潮汐日受到法定节假日串休的影响外，基本上搜索指数的峰值出现在工作日或潮汐交替日，而谷值出现在休息日。

后续我们进一步提取与娱乐相关的词语的潮汐特性维度值。

2017 年"电影"搜索指数的曲线变化图如图 3.29 所示，其潮汐特性提取如下：

CX $_{电影\ 21}$={**1**：2，-1，2：2，-1，3：2，-1，**4**：**2，-3**，**5**：**1，-2**，6：**3**，**-2**，7：2，-1，8：2，-1，9：2，-1，10：2，-1，11：2，-1，12：2，-1，13：2，-1，**14**：**1，-1**，15：2，-1，16：2，-1，17：2，-1，**18**：2，-1，19：2，-1，20：2，-1，21：2，-1，**22**：**1，-1**，23：2，-1，24：2，-1，25：2，-1，26：2，-1，27：2，-1，28：2，-1，29：2，-1，30：**2，-2**，31：2，-1，32：2，-1，33：1，-2，34：2，-1，35：2，-1，36：2，-1，37：2，-1，38：2，-1，39：2，-1，**40**：**1，-2**，41：2，-1，42：2，-1，43：2，-1，44：2，-1，45：2，-1，46：2，-1，47：2，-1，48：2，-1，49：2，-1，50：2，-1，51：2，-1，52：2，-1}

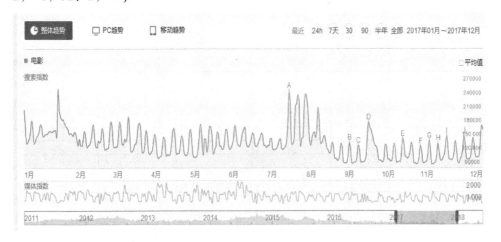

图 3.29　2017 年"电影"搜索指数的曲线变化图

"电影"搜索指数的潮汐特性分析。从上述抽取的以周为单位的潮汐特性的维度可以发现，"电影"是与娱乐密切相关的词语，其潮汐特性也非常明显，并且与工作相关的词语的潮汐特性呈明显的相对状态。除了法定假日外，其他周次的搜索指数的峰值出现在休息日或者潮汐交替日(每周次的第一维度的值为2，除了第6周的第一维度值为3且出现在星期五外)，搜索指数的谷值出现在工作日(每周次的第二维度的值为-1)。

2017 年"电视剧"搜索指数的曲线变化图如图 3.30 所示，其潮汐特性提取如下：

CX $_{电视剧\ 22}$={**1**：2，-1，2：2，-1，3：**1，-3**，**4**：**3，-2**，**5**：2，-1，6：**1**，

−2，7：2，−1，8：2，−1，9：2，−1，10：2，−1，11：2，−1，12：2，−1，13：2，−1，**14**：2，−1，15：2，−1，16：2，−1，17：2，−1，**18**：2，−1，19：2，−1，20：2，−1，21：2，−1，**22**：2，−1，23：2，−1，24：2，−1，25：2，−1，26：2，−1，27：2，−1，28：2，−1，29：1，−1，30：1，−1，31：2，−1，32：2，−1，33：1，−2，34：2，−1，35：2，−1，36：2，−1，37：2，−1，38：2，−1，39：2，−1，**40**：1，−2，41：1，−2，42：1，−1，43：2，−1，44：2，−1，45：2，−1，46：2，−1，47：2，−1，48：2，−1，49：2，−1，50：2，−1，51：2，−1，52：2，−1}

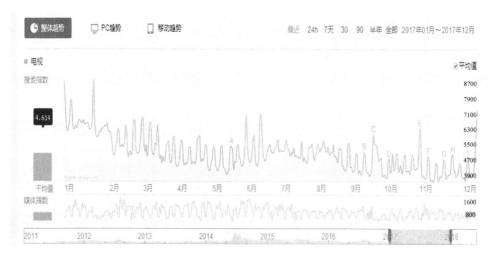

图 3.30　2017 年"电视剧"搜索指数的曲线变化图

　　"电视剧"搜索指数的潮汐特性分析：从上述抽取的以周为单位的潮汐特性可以发现，"电视剧"的以周为单位的潮汐特性没有"电影"的潮汐特性强，出现的未符合预期峰谷值的周次相较于"电影"来说更多，除法定假日串休影响到的潮汐外，在第 3、6、29、30、41、42 等周次出现了异常点，有不少的搜索峰值出现在工作日。但是总体而言，其潮汐特性也非常明显，大部分的搜索峰值出现在休息日或潮汐交替日，搜索谷值出现在工作日。

　　2017 年"游戏"搜索指数的曲线变化图如图 3.31 所示，其潮汐特性提取如下：

　　CX $_{游戏23}$={**1**：1，−1，2：2，−1，3：2，−1，**4**：1，−2，**5**：1，−2，6：2，−1，7：2，−1，8：2，−1，9：2，−1，10：2，−1，11：2，−1，12：2，−1，13：2，−1，**14**：1，−1，15：2，−1，16：2，−1，17：2，−1，**18**：2，−1，19：2，−1，20：2，−1，21：2，−1，**22**：2，−1，23：2，−1，24：2，−1，25：2，−1，26：2，−1，27：2，−1，28：2，−1，29：2，−1，30：2，−1，31：2，−1，32：2，−1，33：2，−1，34：1，−2，35：1，−2，36：2，−1，37：2，−1，38：2，

−1, 39: 2, −1, **40**: 1, −2, 41: 2, −1, 42: 2, −1, 43: 2, −1, 44: 2, −1, 45: 2, −1, 46: 2, −1, 47: 2, −1, 48: 2, −1, 49: 2, −1, 50: 2, −1, 51: 2, −1, 52: 2, −1}

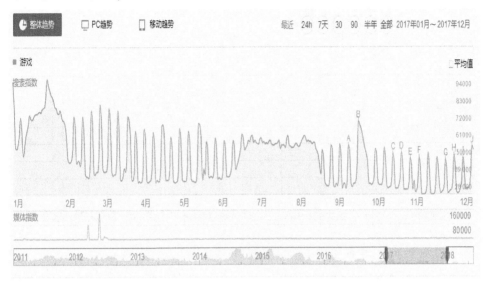

图 3.31　2017 年"游戏"搜索指数的曲线变化图

　　"游戏"搜索指数的潮汐特性分析。从上述抽取的以周为单位的潮汐特性的维度可以发现，与娱乐密切相关的"游戏"的潮汐特性非常明显，除了法定节假日影响的周次的潮汐特性不在预期范围内，其他周次的潮汐特性基本在预期范围内：搜索的峰值出现在休息日，即汐点，而搜索的谷值出现在工作日，即潮点。同时发现游戏的很大受众是学生群体，假期(2017 年 7 月 5 日～2017 年 8 月 27 日)这段时间内"游戏"的搜索指数均维持在比较高位，谷值均在 50000 以上，相较于平时的谷值将近多出了两倍。因该段时间的峰谷值相差并不明显，所以在第 34 周和第 35 周临近开学日这两个周次的潮汐特性未在预期范围内。

　　2017 年"音乐"搜索指数的曲线变化图如图 3.32 所示,其潮汐特性提取如下：

　　$CX_{音乐24}$={**1**: 2, −1, 2: 1, −2, 3: 1, −2, **4**: 1, −2, **5**: 2, −1, 6: 1, −2, 7: 2, −1, 8: 2, −1, 9: 2, −1, 10: 2, −1, 11: 2, −1, 12: 2, −1, 13: 2, −1, **14**: 2, −1, 15: 2, −1, 16: 2, −1, 17: 2, −1, **18**: 2, −1, 19: 2, −1, 20: 2, −1, 21: 2, −1, **22**: 2, −1, 23: 2, −1, 24: 2, −1, 25: 2, −1, 26: 2, −1, 27: 1, −1, 28: 1, −2, 29: 1, −2, 30: 1, −2, 31: 1, −2, 32: 2, −1, 33: 3, −1, 34: 1, −2, 35: 2, −1, 36: 2, −1, 37: 2, −1, 38: 2, −1, 39: 2, −1, **40**: 1, −1, 41: 2, −1, 42: 2, −1, 43: 2, −1, 44: 2, −1,

45：2，−1，46：3，−1，47：2，−1，48：2，−1，49：2，−1，50：2，−1，51：2，−1，52：2，−1}

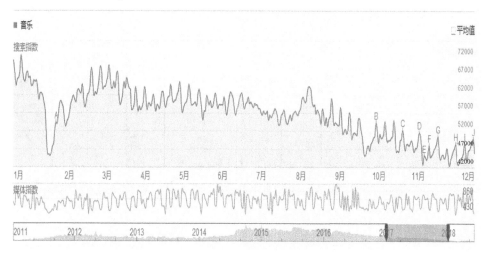

图 3.32　2017 年"音乐"搜索指数的曲线变化图

"音乐"搜索指数的潮汐特性分析。从上述提取的音乐一词的每周次的潮汐特性维度值可以发现，"音乐"的受众用户很大一部分是学生，因此"音乐"搜索指数的峰谷值除了受到正常潮汐特性的影响外，还受到学生寒暑假的潮汐特性的影响，表现为在 2017 年 2～3 月，以及 2017 年 7～8 月所波及的周次的潮汐特性未在正常的预期范围内。除此之外，"音乐"的娱乐潮汐特性依然表现突出：大多数的周次的搜索指数峰值出现在休息日或潮汐交替日，搜索指数的谷值出现在工作日。

2017 年"戏剧"搜索指数的曲线变化图如图 3.33 所示，其潮汐特性提取如下：

CX 戏剧 25={1：1，−1，2：1，−1，3：1，−2，4：2，−1，5：3，−1，6：2，−1，7：2，−1，8：1，−3，9：1，−1，10：2，−1，11：2，−3，12：1，−2，13：1，−2，14：2，−3，15：1，−3，16：1，−2，17：1，−3，18：1，−3，19：1，−2，20：1，−2，21：1，−2，22：1，−2，23：1，−2，24：1，−2，25：1，−3，26：1，−1，27：1，−2，28：2，−1，29：1，−2，30：1，−2，31：1，−2，32：3，−1，33：3，−1，34：1，−3，35：1，−3，36：1，−3，37：2，−3，38：1，−2，39：1，−2，40：2，−1，41：1，−2，42：2，−3，43：1，−2，44：1，−3，45：1，−3，46：2，−3，47：1，−3，48：1，−3，49：2，−3，50：2，−3，51：1，−3，52：1，−3}

图 3.33 2017 年 "戏剧" 搜索指数的曲线变化图

"戏剧" 搜索指数的潮汐特性分析。从上述抽取的 "戏剧" 的潮汐特性的维度值发现，戏剧是与工作和娱乐相关的词语，因此其以周为单位的潮汐特性并不明显。搜索指数的峰值和谷值均不固定地出现在工作日或休息日。另外，有一个非常显著的特点：谷值大多出现在潮汐交替日(星期五)，全年有 21 周的搜索指数谷值出现在潮汐交替日(周次的第二维度值为−3)。

2017 年 "话剧" 搜索指数的曲线变化图如图 3.34 所示,其潮汐特性提取如下：

$CX_{话剧\,26}$={**1**: 1, −2, 2: 1, −2, 3: 1, −3, **4**: 1, −3, **5**: 2, −1, 6: 3, −1, 7: 3, −1, 8: 1, −2, 9: 1, −2, 10: 1, −1, 11: 1, −2, 12: 1, −2, 13: 1, −2, **14**: 1, −2, 15: 1, −2, 16: 1, −2, 17: 3, −2, **18**: 1, −1, 19: 1, −2, 20: 1, −2, 21: 1, −2, **22**: 1, −1, 23: 1, −2, 24: 1, −2, 25: 1, −2, 26: 3, −2, 27: 3, −1, 28: 3, −2, 29: 1, −2, 30: 1, −2, 31: 3, −1, 32: 3, −1, 33: 3, −2, 34: 3, −2, 35: 1, −2, 36: 3, −1, 37: 1, −2, 38: 3, −2, 39: 1, −2, **40**: 1, −2, 41: 1, −2, 42: 1, −2, 43: 1, −2, 44: 1, −2, 45: 1, −2, 46: 1, −2, 47: 1, −2, 48: 1, −2, 49: 1, −2, 50: 1, −2, 51: 1, −2, 52: 1, −2}

"话剧" 搜索指数的潮汐特性分析。虽然从抽取的搜索指数特征值发现，"话剧" 的搜索指数潮汐特性与工作相关的词语的潮汐特性更接近，但是从其全年的搜索指数的曲线变化图可以看出，"话剧" 每天的搜索指数波动较小，因此其潮汐特性指标的指导价值较低。同时还发现，相比于与工作或娱乐强相关的词语，"话剧" 的搜索指数的峰值更多地出现在潮汐交替日(星期五)：总计有 12 周的第一维

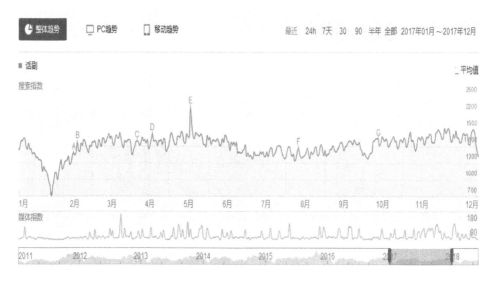

图 3.34　2017 年"话剧"搜索指数的曲线变化图

度值为 3，如带底纹字体所示。

2017 年"王者荣耀"搜索指数的曲线变化图如图 3.35 所示，其潮汐特性提取如下：

$CX_{王者荣耀27}$={**1**: 2，−1，2: 1，−1，3: 1，−1，**4**: 3，−1，**5**: 1，−2，6: 2，−1，7: 2，−1，8: 2，−1，9: 2，−1，10: 2，−1，11: 2，−1，12: 2，−1，13: 2，−1，**14**: 1，−1，15: 2，−1，16: 2，−1，17: 2，−1，**18**: 2，−1，19: 2，−1，20: 2，−1，21: 2，−1，**22**: 1，−1，23: 2，−1，24: 2，−1，25: 1，−1，26: 2，−1，27: 2，−1，28: 1，−3，29: 1，−2，30: 3，−1，31: 2，−1，32: 1，−2，33: 2，−1，34: 1，−2，35: 1，−1，36: 2，−1，37: 2，−1，38: 2，−1，39: 2，−1，**40**: 1，−2，41: 2，−1，42: 2，−1，43: 2，−1，44: 2，−1，45: 2，−1，46: 2，−1，47: 2，−1，48: 2，−1，49: 2，−1，50: 2，−1，51: 2，−1，52: 2，−1}

"王者荣耀"搜索指数的潮汐特性分析。从上述抽取的"王者荣耀"搜索指数的潮汐特性的维度值可以发现："王者荣耀"的潮汐特性与"游戏"的潮汐特性非常相似，搜索指数的峰值大多出现在休息日，搜索指数的谷值出现工作日。因"王者荣耀"的受众大部分是学生群体，非预期点除了出现在法定节假日外，寒暑假期间的周次也出现不少异常点，而且从其搜索指数的曲线变化图可以发现，整个暑假期间的峰谷值之间的波动值远小于正常学期范围内的波动值。另外，还有一个有趣的发现：相较于其他与娱乐相关的词语，"王者荣耀"的搜索指数的峰值基本上出现在星期六而不是星期日，这样非常符合学生群体的潮汐特性。同时，从搜索指数的曲线变化图发现 2017 年 7 月 18 日的峰值点不是出现

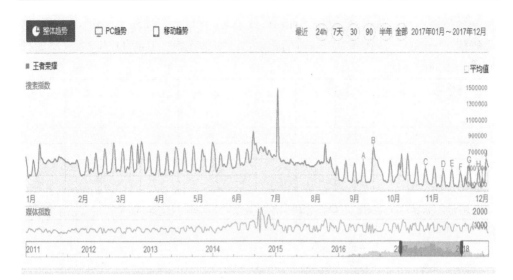

图 3.35　2017 年"王者荣耀"搜索指数的曲线变化图

在休息日，而是出现在工作日(星期二)，并且该值(1398131)是正常平均值的两倍多，属于突发式的增长。进一步搜索发现，因此前"王者荣耀"游戏未对未成年人进行区别对待，使得部分未成年学生沉迷游戏，受到社会人士的广泛抨击。腾讯公司于 2017 年 7 月 18 日对其进行全面升级，并出现宕机的情况，引发更多的讨论和关注，造成了其搜索指数的突发式增长。

2017 年"淘宝"搜索指数的曲线变化图如图 3.36 所示，其潮汐特性提取如下：

$CX_{淘宝 31}=${**1**: 1，−1，2: 1，−2，3: 1，−2，**4**: 1，−2，**5**: 2，−1，6: 1，−2，7: 1，−2，8: 1，−2，9: 1，−2，10: 1，−2，11: 1，−2，12: 1，−2，13: 1，−2，**14**: 1，−1，15: 1，−2，16: 1，−2，17: 1，−2，**18**: 1，−1，19: 1，−2，20: 1，−2，21: 1，−2，**22**: 2，−1，23: 1，−2，24: 1，−2，25: 1，−2，26: 1，−2，27: 1，−2，28: 1，−2，29: 1，−2，30: 1，−2，31: 1，−2，32: 1，−2，33: 1，−1，34: 1，−2，35: 1，−2，36: 1，−2，37: 3，−2，38: 1，−2，39: 1，−2，**40**: 2，−1，41: 1，−2，42: 1，−2，43: 1，−2，44: 1，−2，45: 2，−2，46: 1，−2，47: 1，−2，48: 1，−2，49: 1，−2，50: 1，−2，51: 1，−2，52: 1，−2}

"淘宝"搜索指数的潮汐特征分析。从上述提取的"淘宝"搜索指数的潮汐特征维度值发现，"淘宝"不是我们预想的与娱乐相关的词语，而是一个与工作相关的词语，并且属于强相关，基本上所有周次的搜索指数的峰值均出现在工作日或潮汐交替日，而搜索指数的谷值均出现在休息日，除了在法定节假日影响了人们的潮汐规律以及近年来由淘宝发起的双十一购物狂欢节的影响外(第 45 周次的峰值和谷值均出现在休息日，其中 2017 年 11 月 11 日星期六的搜索指数达到全年最高峰值 1200304，是其他周次峰值的两倍多，但是狂欢过后的 11 月 12 日星期日则成为该周的谷值)。

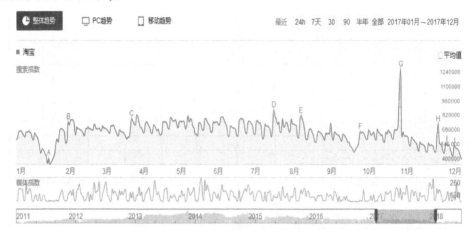

图 3.36 2017 年"淘宝"搜索指数的曲线变化图

类似地，"购物"的搜索指数也不在我们预期的与娱乐相关的词语中，是与"淘宝"的搜索指数非常类似，是与工作强相关的词语：大多数周次的搜索指数峰值均出现在工作日或潮汐交替日，而搜索指数的谷值则出现在休息日或潮汐交替日。也与"淘宝"的搜索指数类似，"购物"的搜索指数在 2017 年 11 月 11 日双十一购物狂欢节达到全年的搜索指数峰值 3246，也为其他周次平均峰值的两倍多。具体的潮汐特征的维度值提取如下：

$CX_{购物32}$={**1**: 1, −1, 2: 1, −2, 3: 1, −2, **4**: 1, −3, **5**: 2, −1, 6: 1, −2, 7: 1, −2, 8: 1, −2, 9: 1, −2, 10: 1, −1, 11: 2, −1, 12: 2, −1, 13: 1, −1, **14**: 1, −2, 15: 1, −1, 16: 1, −2, 17: 1, −2, **18**: 3, −1, 19: 1, −1, 20: 1, −2, 21: 1, −2, **22**: 1, −1, 23: 1, −2, 24: 1, −2, 25: 1, −2, 26: 1, −2, 27: 1, −2, 28: 1, −2, 29: 1, −2, 30: 1, −2, 31: 1, −2, 32: 1, −2, 33: 1, −2, 34: 1, −2, 35: 1, −2, 36: 1, −2, 37: 1, −2, 38: 1, −2, 39: 1, −2, **40**: 2, −1, 41: 1, −2, 42: 1, −1, 43: 1, −2, 44: 1, −1, 45: 2, −1, 46: 1, −2, 47: 1, −2, 48: 1, −2, 49: 1, −2, 50: 1, −2, 51: 1, −2, 52: 3, −2}

2017 年"范冰冰"搜索指数的曲线变化图如图 3.37 所示，其潮汐特性提取如下：

$CX_{范冰冰35}$={**1**: 2, −1, 2: 2, −1, 3: 1, −1, **4**: 2, −1, **5**: 1, −2, 6: 1, −2, 7: 2, −1, 8: 2, −1, 9: 2, −1, 10: 2, −1, 11: 2, −1, 12: 2, −1, 13: 2, −1, **14**: 2, −1, 15: 2, −1, 16: 2, −1, 17: 2, −1, **18**: 2, −1, 19: 2,

−1, 20: 2, −1, 21: 2, −1, **22**: 2, −1, 23: 2, −3, 24: 2, −1, 25: 2, −1,
26: 2, −1, 27: **3**, −1, 28: 1, −1, 29: 1, −1, 30: 1, −1, 31: 2, −1, 32:
3, −1, 33: 2, −1, 34: 1, −3, 35: 1, −3, 36: 2, −1, 37: 2, −1, 38: 1,
−1, 39: 2, −1, **40**: 1, −2, 41: 2, −1, 42: 2, −1, 43: 2, −1, 44: 2, −1,
45: 2, −1, 46: 2, −1, 47: 2, −1, 48: 2, −1, 49: 2, −1, 50: 2, −1, 51:
1, −1, 52: 2, −1}

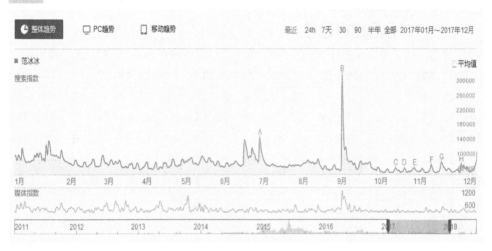

图 3.37　2017 年"范冰冰"搜索指数的曲线变化图

"范冰冰"搜索指数的潮汐特性分析。从上述提取的潮汐特征的维度值可知，
"范冰冰"还是一个与娱乐强相关的词语，除了法定假日和暑假波及的一些周
次出现较多的非娱乐性维度值外，大部分周次的搜索指数的峰值出现在休息日，
而谷值出现在工作日。另外，从图 3.37 中的曲线变化可以发现 2017 年 9 月 16
日星期六，范冰冰生日当天出现了全年的搜索峰值 298298，是正常搜索峰值
的四倍之多。

类似的情况也出现在另一个明星"唐嫣"的搜索指数上。具体的潮汐维度
值如下：

CX 唐嫣 36={**1**: 1, −1, 2: 2, −1, 3: 1, −1, **4**: 2, −3, **5**: 1, −1, 6: 3,
−1, 7: 2, −1, 8: 2, −1, 9: 2, −1, 10: 2, −1, 11: 2, −1, 12: 2, −1, 13:
2, −1, **14**: 2, −1, 15: 2, −1, 16: 2, −1, 17: 2, −1, **18**: 2, −1, 19: 2,
−1, 20: 2, −1, 21: 2, −1, **22**: 2, −1, 23: 2, −1, 24: 2, −1, 25: 2, −1,
26: 2, −1, 27: 2, −1, 28: 1, −1, 29: 1, −2, 30: 2, −1, 31: 1, −2, 32:
1, −1, 33: 2, −1, 34: 1, −2, 35: 1, −3, 36: 2, −1, 37: 1, −3, 38: 2,
−1, 39: 2, −3, **40**: 2, −1, 41: 1, −1, 42: 2, −1, 43: 2, −1, 44: 2, −1,

45：2，−1，46：2，−1，47：2，−1，48：2，−1，49：1，−1，50：2，−1，51：2，−1，52：2，−1}

如图 3.38 所示，"综艺"搜索指数以周为单位的朝夕特性也非常显著。除了法定节假日引起的潮汐特性的变化外，其他周次的搜索指数的峰值基本出现在休息日，而谷值均出现在工作日，唯一例外的是第 29 周次(2017 年 7 月 17 日～2017 年 7 月 23 日)的峰谷值均出现的工作日，而该周次在暑假期间，也可解释。其具体的搜索指数的潮汐特性的维度值如下：

CX $_{综艺 38}$={1：2，−1，2：2，−1，3：2，−1，4：1，−3，5：2，−1，6：2，−1，7：2，−1，8：2，−1，9：2，−1，10：2，−1，11：2，−1，12：2，−1，13：2，−1，14：1，−1，15：2，−1，16：2，−1，17：2，−1，18：2，−1，19：2，−1，20：2，−1，21：2，−1，22：1，−1，23：2，−1，24：2，−1，25：2，−1，26：2，−1，27：2，−1，28：2，−1，29：1，−1，30：2，−1，31：2，−1，32：2，−1，33：2，−1，34：2，−1，35：2，−1，36：2，−1，37：2，−1，38：2，−1，39：2，−1，40：1，−1，41：2，−1，42：2，−1，43：2，−1，44：2，−1，45：2，−1，46：2，−1，47：2，−1，48：2，−1，49：2，−1，50：2，−1，51：2，−1，52：2，−1}

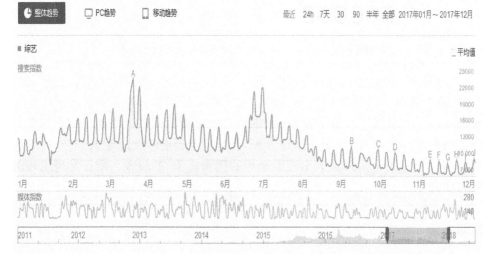

图 3.38　2017 年"综艺"搜索指数的曲线变化图

未在前面提及的有关其他与娱乐相关的关键词的搜索指数潮汐特性见附录。

另外，如图 3.20 所示，其数据不仅具有潮汐特性，还具有季节性特性。从分类的角度出发，我们也对与季节相关的关键词中的百度搜索指数的潮汐特性进行提取，选取的关键词包括春装、夏装、秋装、冬装、连衣裙、棉服、皮草、秋衣、短裙、凉鞋、西瓜、枇杷、杨梅、银杏、梅花、樱花、红叶、冰棍、火锅和小龙虾。它们的具体的潮汐特性值也见附录。

同时，还有一些潮汐特性不明显，又不具季节性特性的数据，我们也选取了一部分数据。具体包括三亚、战狼、旅游、港澳游、泰国游、新疆、夏威夷、美食、美篇和绝地求生。它们的潮汐特性的具体维度值也见附录。

对上述词语的潮汐特性的维度提取以及分析可以发现：不同的词具有不同的潮汐特性，与工作相关的数据的搜索指数峰值通常出现在工作日而与娱乐相关的数据的搜索指数峰值通常出现在休息日。因此根据数据的潮汐特性进行数据的分类存储，在不同的时间区间里实施不同的能耗和性能模型，以便在满足用户 QoS 要求的前提下进行降耗具有可行性。另外还发现，突发性、重要性的事件往往伴随着搜索峰值的爆发性增长，因此若能对一些重要事件进行监控和预测，对面向降耗的数据分类具有重要的作用。

6. 目标词语的季节性特性及其相应维度值的提取和分析

如前所述，有些关键词的搜索指数的呈现明显的季节性特性，除了图 3.20 给出的春装、夏装、秋装和冬装的搜索指数变化图，我们还对近三年(2015 年 2 月～2018 年 1 月)春季搜索指数占比、夏季搜索指数占比、秋季搜索指数占比和冬季搜索指数占比进行提取和计算。表 3.3 显示的是与季节相关的 20 个关键词语不同季节的搜索指数占比。附录中表 A 列出了包含该 20 个关键词语的 70 个关键词语的不同年份不同季节的搜索指数占比。

表 3.3 中加粗字体标识的是该关键词在相应年份中的季节搜索指数占比的最大值，同时为了进一步表示数据的季节性特性，我们用灰底对每一个关键词的搜索指数占比的次大值进行标识。观察可得：除了短裙、银杏、梅花和红叶的最大值和次大值之间的差距较小外，其他关键词的搜索指数的季节性特性明显，即某一季节的搜索指数占比明显高于其他季节的搜索指数占比。而我们从图 3.39～图 3.42 可以发现"短裙""银杏""梅花""红叶"在 2015 年 2 月～2018 年 1 月的搜索指数变化图中，也出现似季节性特性：某几个月份的搜索指数值明显高于其他几个月份的搜索指数。进一步观察，发现引起该具有季节性特性的数据在设定的季节性搜索指数占比未呈现明显季节性特性的原因在于"此季节性非彼季节性"。由于定义的季节对应的月份固定(春季为 2～4 月，夏季为 5～7 月，秋季为 8～10 月，冬季为 11 月～次年 1 月)，该季节的设定，一方面考虑了中国的季节性变化特性；另一方面从搜索的角度来说，服装的季节性搜索特性最为显著，最为普遍，而服装的季节性搜索通常还具有一定的提前量。然而该季节性特性并不具有完全的普遍性和适应性，有些词语的搜索指数的季节性特性与划定的季节性有偏差，因此会出现具有图似的季节性特性而没有数据提取的季节性特性的问题。解决该问题的办法之一是可以针对不同领域的数据，重新定义相应的季节，进而实现季节性的数据分区存储，以达到降耗的目的。

表 3.3 20个与季节相关的关键词语的季节搜索指数占比

	2015年2月~2016年1月 四个季节的搜索指数占比				2016年2月~2017年1月 四个季节的搜索指数占比				2017年2月~2018年1月 四个季节的搜索指数占比			
	春季	夏季	秋季	冬季	春季	夏季	秋季	冬季	春季	夏季	秋季	冬季
春装	0.565594	0.195338	0.106168	0.132900	0.581490	0.185947	0.093945	0.138618	0.518373	0.150874	0.182606	0.148148
夏装	0.425694	0.390345	0.111730	0.072230	0.324597	0.396240	0.145041	0.134121	0.297893	0.377767	0.180183	0.144157
秋装	0.134887	0.185257	0.496578	0.183278	0.193861	0.175401	0.408479	0.222259	0.248030	0.141000	0.454926	0.156043
冬装	0.169851	0.177403	0.253207	0.399539	0.150687	0.129090	0.192177	0.528045	0.282392	0.126618	0.203617	0.387373
连衣裙	0.218806	0.414827	0.217973	0.148394	0.167029	0.372135	0.208335	0.252500	0.302637	0.491731	0.117859	0.087773
棉服	0.190575	0.135985	0.244031	0.429409	0.120464	0.095852	0.245574	0.538111	0.198390	0.104226	0.187741	0.509643
皮草	0.229314	0.127205	0.210905	0.432576	0.215981	0.175219	0.233962	0.374838	0.235165	0.137457	0.224498	0.402880
秋衣	0.213805	0.129899	0.427464	0.228832	0.232464	0.169084	0.376179	0.222274	0.265989	0.138252	0.338275	0.257484
短裤	0.262418	0.293686	0.230793	0.213104	0.264071	0.293397	0.229414	0.213118	0.262013	0.308421	0.228540	0.201025
凉鞋	0.250989	0.428657	0.183687	0.136667	0.282932	0.388562	0.176382	0.152125	0.268414	0.470168	0.161526	0.099893
西瓜	0.182207	0.335404	0.225842	0.256547	0.256186	0.333562	0.204733	0.205519	0.214753	0.397721	0.225050	0.162476
枇杷	0.317427	0.363297	0.126623	0.192653	0.319553	0.332702	0.152252	0.195493	0.343858	0.443497	0.083850	0.128794
杨梅	0.177201	0.591783	0.116644	0.114371	0.162161	0.631353	0.103243	0.103243	0.125043	0.709496	0.075545	0.089915
银杏	0.201816	0.216192	0.284928	0.297064	0.217213	0.215823	0.275550	0.291415	0.177481	0.176700	0.297243	0.348576
梅花	0.307752	0.177994	0.201001	0.313253	0.282047	0.166919	0.214691	0.336343	0.327775	0.184912	0.206371	0.280942
樱花	0.533037	0.162054	0.140957	0.163053	0.538599	0.161315	0.142863	0.157223	0.503934	0.172282	0.167564	0.156220
红叶	0.22112	0.207567	0.331886	0.239428	0.178577	0.176407	0.326425	0.318591	0.243931	0.201346	0.311754	0.242970
冰棍	0.22850	0.393099	0.198947	0.179454	0.212888	0.415513	0.205060	0.166539	0.208170	0.426185	0.199394	0.166251
火锅	0.191595	0.187047	0.282357	0.339001	0.217967	0.198861	0.258885	0.324287	0.199061	0.199563	0.274639	0.326737
小龙虾	0.149136	0.568441	0.195655	0.086768	0.215717	0.480461	0.201057	0.102765	0.201407	0.560284	0.161839	0.076470

如图 3.39 所示,"短裙"的搜索指数还是呈现一定的季节性特性,但是特征并不显著,尽管其访问的高峰均在夏季。

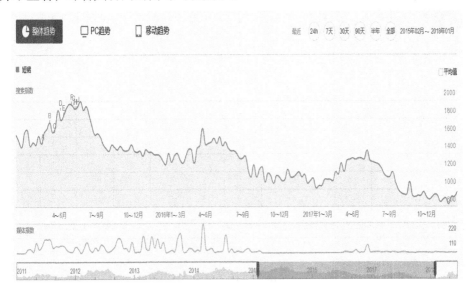

图 3.39 2015 年 2 月~2018 年 1 月 "短裙" 搜索指数的曲线变化图

如图 3.40 所示,"银杏"的搜索指数具有明显的图似季节性特性,然而其访问的高峰主要集中在 10~12 月这三个月份,与我们定义的冬季(11 月~次年 1 月)出现一定的偏差,因此在统计的数据中其季节性特性并不显著。

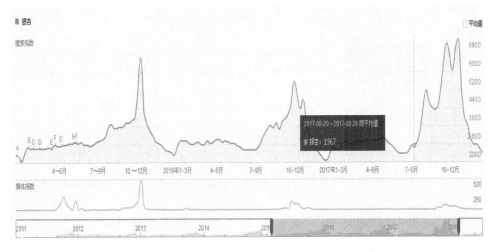

图 3.40 2015 年 2 月~2018 年 1 月 "银杏" 搜索指数的曲线变化图

如图 3.41 所示,"梅花"的搜索指数具有较为明显的季节性特性,然而其访问的高峰集中在1～4月，与我们定义的春季相应月份具有一定偏差，因此在统计的数据中其季节性特性并不显著。

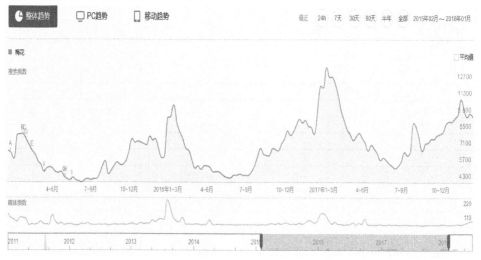

图3.41 2015年2月～2018年1月"梅花"搜索指数的曲线变化图

如图3.42所示，"红叶"的搜索指数具有明显的季节性特性，然而其访问的高峰集中在9～12月，与我们定义的秋季相应月份具有一定偏差，因此在统计的数据中其季节性特性并不显著。

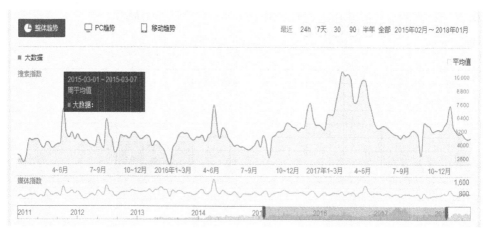

图3.42 2015年2月～2018年1月"红叶"搜索指数的曲线变化图

综合上述数据及其分析可知：有些数据的季节性特性明显，在某一个季节的搜索指数明显高于其他季节的搜索指数，因此根据数据的季节性特性进行分类存储，能够在更长的时间跨度上实施不同能耗和性能的模式，取得更大的降耗效果。

同时值得注意的是，数据的季节性特性与季节的定义具有很大的相关性，因此如何针对不同的应用和词语领域以及不同的时区的季节性变化，设计和定义不同的季节对面向降耗的数据分类策略具有重要的作用。

3.3.2　数据的预处理

数据的预处理是数据分类的重要组成部分，原始的数据受到多种因素的影响，会极大地影响分类的结果。数据的预处理主要包括数据的清洗、数据集成、数据变换和数据规约等。本书的数据，是从百度公开的搜索指数中的曲线图中利用手工的方法进行记录和提取的。因此，数据的预处理也基本在手工的记录阶段中完成。主要做了数据变换的预处理工作。数据变换是指对数据进行规范化的处理，将数据转换成适当的形式，以便我们后续的分类所用。

1. 数据的潮汐特性的数据变换预处理

如前所示，百度搜索指数可以对每一年每一天的搜索指数进行查询，因对数据以周为单位的潮汐特性的分析，无须提取每一天搜索指数的具体值，只需要知道搜索指数的周峰值和周谷值。为了更好地根据数据的潮汐特性进行数据的分类，在手动提取数据的同时实施数据变换的工作：对 2017 年每一周峰谷值出现的时间跨度进行相应的转换，峰值出现在工作日(星期一～星期四)用数值 1 表示，峰值出现在休息日(星期六或星期日)用数值 2 表示，峰值出现在潮汐交替日(星期五)用数值 3 表示；相应地，谷值出现在工作日(星期一～星期四)用数值–1 表示，谷值出现在休息日(星期六或星期日)用数值–2 表示，谷值出现在潮汐交替日(星期五)用数值–3 表示。

2. 数据的季节性特性的数据变换预处理

同样，在进行数据季节性特性提取时，由于近三年的百度搜索指数能够提取每周次的平均搜索指数，基于季节的定义，我们对 2015 年 2 月～2018 年 1 月近三年的数据进行提取。周次的分布情况如下。第一年：2015 年 2 月 1 日～2016 年 1 月 31 日(1～53 周)，第一年春季(1～14 周)，夏季(15～27 周)，秋季(28～40 周)，冬季(41～53 周)。第二年：2016 年 2 月 1 日～2017 年 1 月 31 日，第二年春季(54～66 周)，夏季(67～79 周)，秋季(80～92 周)，冬季(93～105 周)。第三年：2017 年 2 月 1 日～2018 年 1 月 31 日，第三年春季(106～118 周)，夏季(119～131 周)，秋季(132～144 周)，冬季(145～157 周)。为了更好地提取数据的季节性特性，我们指定词语提取 12 个维度值，每一年份分别提取春季搜索指数占比、夏季搜索指数占比、秋季搜索指数占比和冬季搜索指数占比。

2015 年 2 月～2018 年 1 月"大数据"周平均搜索指数的曲线变化图如图 3.43 所示。存在的对应关系如表 3.4 所示。

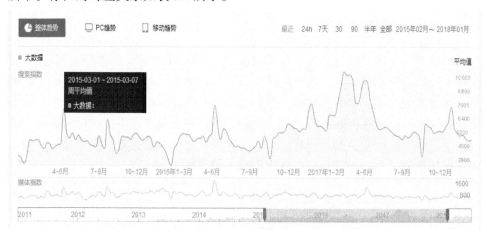

图 3.43　2015 年 2 月～2018 年 1 月"大数据"周平均搜索指数的曲线变化图

表 3.4　"大数据"搜索指数的季节占比

词语	2015 年 2 月～2016 年 1 月 四个季节搜索指数占比				2016 年 2 月～2017 年 1 月 四个季节搜索指数占比				2017 年 2 月～2018 年 1 月 四个季节搜索指数占比			
	春季	夏季	秋季	冬季	春季	夏季	秋季	冬季	春季	夏季	秋季	冬季
大数据	0.227015	0.270377	0.256339	0.246269	0.224325	0.249221	0.211871	0.314583	0.328910	0.269860	0.192465	0.208764

3.3.3　数据的分类实现及其结果

因数据的季节性特性的时间跨度大于以周为单位的潮汐特性的时间跨度，在实施聚类存储时，应先根据数据的季节性特性进行分类，在此基础上再根据数据的潮汐特性进一步分类。

1. 基于季节性特性的数据分类及其分析

由于绝地求生一词在 2015～2017 年没有数据，因此依据搜索指数占比的计算方式，该词的部分变量处于缺失状态，实验过程中，我们通过对该缺失值不同的处理方式(补零、差值、删除、用已有年份的数据进行替代等)发现所得到的效果并没有原始的数据好。因此，本书采用的是最原始的数据。利用 SPSS 统计工具，将 70 个词语近三年每个季节的搜索占比作为 12 个变量输入(图 3.44)，实施 K-means 的快速分类。

词语	第一年春季搜索指数占比	第一年夏季搜索指数占比	第一年秋季搜索指数占比	第一年冬季搜索指数占比	第二年春季搜索指数占比	第二年夏季搜索指数占比	第二年秋季搜索指数占比	第二年冬季搜索指数占比	第三年春季搜索指数占比	第三年夏季搜索指数占比	第三年秋季搜索指数占比	第三年冬季搜索指数占比
大数据	0.227015	0.270377	0.256339	0.246269	0.224325	0.249221	0.211871	0.314583	0.328910	0.269860	0.192465	0.208764
云计算	0.250017	0.260808	0.258720	0.240454	0.181134	0.194872	0.221970	0.402025	0.373257	0.198730	0.237011	0.191002
云存储	0.255316	0.263428	0.247115	0.234142	0.261732	0.243314	0.260250	0.234705	0.269086	0.255687	0.236000	0.240227
区块链	0.144237	0.133934	0.133934	0.587894	0.141287	0.300048	0.286242	0.272424	0.099821	0.137208	0.175809	0.586362
无人驾驶	0.324656	0.205843	0.152751	0.316750	0.307307	0.332206	0.221806	0.138680	0.272264	0.206933	0.260964	0.259839
人工智能	0.239976	0.257560	0.232263	0.270201	0.302602	0.235961	0.191777	0.269660	0.202195	0.231073	0.263073	0.303969
深度学习	0.233458	0.232046	0.240011	0.294485	0.245598	0.213134	0.249873	0.291395	0.230478	0.237721	0.257856	0.273045
机器学习	0.226676	0.227677	0.261272	0.284375	0.236827	0.235222	0.256195	0.271955	0.234067	0.241004	0.261270	0.263669
模式识别	0.253814	0.245440	0.261663	0.232384	0.245125	0.257901	0.234590	0.264603	0.240503	0.252961	0.241933
算法设计与分析	0.250204	0.262064	0.243743	0.243988	0.257872	0.239891	0.246645	0.255592	0.251758	0.267471	0.233215	0.247556
程序设计	0.266830	0.258306	0.249186	0.225679	0.247573	0.253656	0.256633	0.242138	0.260008	0.263248	0.234655	0.242089
C	0.257949	0.261771	0.239716	0.240564	0.263200	0.296539	0.242775	0.207487	0.270803	0.277527	0.239999	0.211671
Java	0.248936	0.267308	0.250622	0.233134	0.264125	0.270591	0.249740	0.215544	0.276330	0.266815	0.232643	0.224212
Python	0.222357	0.247979	0.256809	0.272955	0.237298	0.245352	0.259603	0.257746	0.210168	0.229002	0.241428	0.319401
MATLAB	0.261306	0.253040	0.257965	0.227689	0.284152	0.240265	0.249705	0.225878	0.266689	0.242431	0.243373	0.237507
TensorFlow	0.000000	0.000000	0.006183	0.993817	0.138466	0.223312	0.274205	0.363782	0.218265	0.228493	0.247798	0.305444
Keras	0.010713	0.177877	0.337818	0.473592	0.181327	0.214798	0.252969	0.350905	0.203364	0.235668	0.257869	0.303099
图像处理	0.237978	0.252548	0.269936	0.239539	0.258153	0.264554	0.262783	0.214510	0.261651	0.246988	0.255391	0.235970
矩阵相乘	0.231651	0.254421	0.242309	0.271619	0.220222	0.244059	0.252223	0.280402	0.222456	0.236168	0.241761	0.299615
数值分析	0.219204	0.210081	0.295917	0.274798	0.218320	0.211664	0.297527	0.272490	0.222895	0.209131	0.295546	0.272428
电影	0.303043	0.252071	0.225547	0.219339	0.276252	0.250583	0.229582	0.243583	0.269355	0.273403	0.245066	0.212176
电视剧	0.256798	0.257122	0.242057	0.244022	0.281930	0.267086	0.232141	0.218843	0.280176	0.291806	0.245268	0.182730
游戏	0.332782	0.268003	0.215213	0.184002	0.290615	0.252833	0.215063	0.241499	0.284424	0.280188	0.245234	0.190154
音乐	0.261618	0.247429	0.245802	0.245151	0.305042	0.270229	0.226478	0.198251	0.282822	0.270129	0.244741	0.202309
戏剧	0.274174	0.248274	0.234768	0.242783	0.292127	0.259940	0.218777	0.229156	0.280043	0.249383	0.235510	0.235067
话剧	0.224318	0.242221	0.279707	0.253753	0.251318	0.243211	0.248836	0.256635	0.250684	0.249143	0.241526	0.258647
王者荣耀	0.000000	0.000000	0.076922	0.923078	0.142779	0.232839	0.271280	0.353103	0.276181	0.320671	0.227242	0.175907
英雄联盟	0.260586	0.254711	0.268542	0.216161	0.268961	0.234030	0.272357	0.224662	0.302995	0.274711	0.275372	0.147462
KTV	0.280009	0.268757	0.234317	0.216917	0.253671	0.264161	0.232274	0.249894	0.240678	0.267803	0.249509	0.242011
QQ	0.295391	0.278912	0.222936	0.202761	0.283442	0.267272	0.229935	0.219351	0.284877	0.284047	0.234637	0.196439
淘宝	0.254176	0.277645	0.243476	0.224702	0.266094	0.259251	0.253675	0.220980	0.268401	0.236456	0.245598	0.201436
购物	0.224681	0.325530	0.248043	0.201746	0.266204	0.256705	0.241999	0.235092	0.282965	0.248734	0.234658	0.233643
娱乐八卦	0.249851	0.316710	0.225842	0.208156	0.253318	0.254013	0.260990	0.231679	0.278028	0.261645	0.243716	0.216611
明星	0.278251	0.260308	0.249551	0.211890	0.266666	0.268427	0.240265	0.224642	0.229451	0.288274	0.257234	0.226580
范冰冰	0.265023	0.361624	0.198780	0.174574	0.251461	0.304999	0.245619	0.197921	0.255044	0.284534	0.245732	0.214690
唐嫣	0.288187	0.303262	0.195921	0.212630	0.194880	0.194880	0.191095	0.419144	0.388829	0.258430	0.181991	0.170750
真人秀	0.217455	0.275646	0.248690	0.258208	0.336571	0.275865	0.206328	0.181236	0.282983	0.269430	0.243020	0.204567
综艺	0.134785	0.269028	0.309779	0.286408	0.314333	0.286047	0.208022	0.191559	0.332153	0.313415	0.203878	0.150554
访谈	0.315264	0.240090	0.221736	0.222910	0.247590	0.242272	0.258400	0.251738	0.260317	0.242476	0.246181	0.251026
动漫	0.241512	0.281507	0.249757	0.227225	0.280235	0.283740	0.230458	0.205568	0.276661	0.299066	0.235738	0.188635
春装	0.565594	0.195338	0.106168	0.132900	0.581490	0.185947	0.093945	0.138618	0.518373	0.150874	0.182606	0.148148
夏装	0.425694	0.390345	0.111730	0.072230	0.324597	0.396240	0.145041	0.134121	0.297893	0.377767	0.180183	0.144157
秋装	0.134887	0.185257	0.496678	0.183278	0.193861	0.175401	0.408479	0.222259	0.248030	0.141000	0.454926	0.156043
冬装	0.169851	0.177403	0.253207	0.399539	0.150687	0.129090	0.192177	0.528045	0.283392	0.126618	0.203617	0.387373
连衣裙	0.218806	0.414827	0.217973	0.148394	0.167029	0.372135	0.208335	0.252500	0.302637	0.491731	0.117869	0.087773
棉服	0.190575	0.135985	0.244031	0.429409	0.120464	0.095852	0.245574	0.538111	0.198390	0.104226	0.187741	0.509643
皮草	0.229314	0.127205	0.210905	0.432576	0.215981	0.175219	0.233962	0.374838	0.235165	0.137457	0.224498	0.402880
秋衣	0.213805	0.129899	0.427464	0.228832	0.232464	0.169084	0.376179	0.222274	0.265989	0.138252	0.338275	0.257484
短裙	0.262418	0.293686	0.230793	0.213104	0.264071	0.293397	0.229414	0.213118	0.262013	0.283401	0.228540	0.201025
棉鞋	0.250989	0.428657	0.183687	0.136667	0.282932	0.388562	0.176362	0.152125	0.268414	0.470168	0.161526	0.099893
西瓜	0.182207	0.335404	0.225842	0.256547	0.256186	0.333562	0.204733	0.205519	0.214753	0.397721	0.225050	0.162476
枇杷	0.317427	0.363297	0.126623	0.192653	0.319553	0.332702	0.152252	0.195493	0.343858	0.443497	0.083850	0.128794
杨梅	0.177201	0.591783	0.116644	0.114371	0.162161	0.631363	0.103243	0.103243	0.125043	0.709456	0.075545	0.089915
银杏	0.201816	0.216192	0.284928	0.297064	0.217213	0.215823	0.275550	0.291415	0.177481	0.176700	0.297243	0.348576
梅花	0.307752	0.177994	0.201001	0.313253	0.282047	0.166919	0.214691	0.336343	0.327775	0.184912	0.206371	0.280942
樱花	0.539337	0.162054	0.140957	0.163053	0.539599	0.161315	0.142863	0.157223	0.503934	0.172282	0.167564	0.156220
红叶	0.221120	0.207567	0.331886	0.239428	0.178577	0.176407	0.326425	0.318591	0.243931	0.201346	0.311754	0.242970
冰棍	0.228500	0.393099	0.198947	0.179454	0.212888	0.415513	0.205060	0.166539	0.208170	0.426185	0.199394	0.166251
火锅	0.191595	0.187047	0.282357	0.339001	0.217967	0.198861	0.258885	0.324287	0.199061	0.199563	0.274639	0.326737
小龙虾	0.149136	0.568441	0.195655	0.086768	0.215717	0.466840	0.201057	0.102765	0.224620	0.161839	0.161839	0.076470
三亚	0.281881	0.235428	0.188088	0.294603	0.270127	0.240154	0.207605	0.282114	0.306457	0.251894	0.205665	0.235984
战狼	0.510433	0.370459	0.080366	0.036743	0.269444	0.240278	0.230556	0.259722	0.090276	0.353555	0.451851	0.104318
旅游	0.283235	0.319669	0.241990	0.155106	0.261488	0.281179	0.253461	0.203872	0.256026	0.248978	0.248978	0.196742
港澳游	0.189920	0.289023	0.305314	0.215742	0.273916	0.282389	0.247661	0.196034	0.240431	0.320465	0.238201	0.200903
泰国游	0.287336	0.265441	0.210134	0.237090	0.289160	0.269324	0.225947	0.216569	0.251140	0.291083	0.238473	0.219304
新疆	0.211091	0.277417	0.285261	0.226231	0.220280	0.269923	0.269085	0.240713	0.237723	0.270024	0.272024	0.220247
夏威夷	0.250034	0.273436	0.233235	0.243194	0.241501	0.268340	0.227177	0.262982	0.235796	0.273769	0.248001	0.242434
美食	0.246477	0.280747	0.248690	0.224086	0.249855	0.265767	0.251156	0.233222	0.246234	0.262067	0.245156	0.246543
美颜	0.000000	0.000000	0.374109	0.625891	0.125812	0.236877	0.303275	0.334036	0.223934	0.258615	0.264868	0.252585
绝地求生									0.011043	0.073154	0.420289	0.495514

图 3.44　季节性原始数据在 SPSS 软件中的表示

　　基于 K-means 的聚类方法的聚类效果的好坏，与预设的聚类的次数具有很大的关系，聚类个数设定过小，容易产生将不是同一类的数据归为一类，无法为后续能耗模式的实施提供有意义的指导。聚类个数设定过大，类别过多，对于存储系统的分类存储带来过大的管理开销。因此如何设定合适的聚类个数，即 K 的值，对面向降耗的数据分类策略具有重要的意义。而 K 值的设定除了需要一定先验知识外，还与分类的领域、分类的目的相关。同时合适的 K 值的选取也在程序中不同调整和分析的过程中确定。

　　季节性数据分类的目的是根据数据的季节性特性将具有相同季节性特性的数据聚合存储。根据季节的定义，每年有四个季节，将具有任何一个季节性特征的数据均归为一类，共有四类，因此 K 值至少设为 4。另外，因有大量的数据并不具备季节性特性，需要将其归为另外一类。出于上述的分析，在实验的过程中，分别选取 4~7 个类别，并分析其对测试数据的分类效果，以便对后续更大量的数据的分类在 K 的选择上起到指导的作用。

　　表 3.5 是将聚类的个数设定为 4 时，基于 K-means 聚类方法的分类效果。为了更好地展示和分析分类的效果，表 3.6 对不同类别对应的词进行汇总。

表 3.5　K=4 时基于 K-means 的不同季节搜索指数占比的分类结果(一)

案例号	词语	聚类	距离	案例号	词语	聚类	距离
1	大数据	4	0.124	15	MATLAB	4	0.060
2	云计算	4	0.215	16	TensorFlow	1	0.276
3	云存储	4	0.044	17	Keras	4	0.372
4	区块链	1	0.366	18	图像处理	4	0.059
5	无人驾驶	4	0.227	19	矩阵相乘	4	0.086
6	人工智能	4	0.119	20	数值分析	4	0.125
7	深度学习	4	0.081	21	电影	4	0.088
8	机器学习	4	0.063	22	电视剧	4	0.097
9	模式识别	4	0.038	23	游戏	4	0.144
10	算法设计与分析	4	0.033	24	音乐	4	0.104
11	程序设计	4	0.047	25	戏剧	4	0.075
12	C	4	0.090	26	话剧	4	0.043
13	Java	4	0.069	27	王者荣耀	1	0.301
14	Python	4	0.103	28	英雄联盟	4	0.126

续表

案例号	词语	聚类	距离	案例号	词语	聚类	距离
29	KTV	4	0.066	50	凉鞋	3	0.079
30	QQ	4	0.119	51	西瓜	4	0.235
31	淘宝	4	0.080	52	枇杷	3	0.222
32	购物	4	0.101	53	杨梅	3	0.384
33	娱乐八卦	4	0.095	54	银杏	4	0.189
34	明星	4	0.086	55	梅花	4	0.205
35	范冰冰	4	0.175	56	樱花	2	0.051
36	唐嫣	4	0.263	57	红叶	4	0.186
37	真人秀	4	0.142	58	冰棍	3	0.150
38	综艺	4	0.221	59	火锅	4	0.193
39	访谈	4	0.085	60	小龙虾	3	0.208
40	动漫	4	0.114	61	三亚	4	0.120
41	春装	2	0.051	62	战狼	4	0.507
42	夏装	3	0.262	63	旅游	4	0.156
43	秋装	4	0.421	64	港澳游	4	0.148
44	冬装	4	0.413	65	泰国游	4	0.103
45	连衣裙	3	0.169	66	新疆	4	0.088
46	棉服	4	0.515	67	夏威夷	4	0.055
47	皮草	4	0.331	68	美食	4	0.057
48	秋衣	4	0.303	69	美篇	1	0.312
49	短裙	4	0.121	70	绝地求生	1	0.286

表 3.6　*K*=4 时基于 K-means 的不同季节搜索指数占比的分类结果(二)

类别	所属类别的词语
类别 1	区块链；TensorFlow；王者荣耀；美篇；绝地求生
类别 2	春装；樱花
类别 3	夏装；连衣裙；凉鞋；枇杷；杨梅；冰棍；小龙虾
类别 4	大数据；云计算；云存储；无人驾驶；人工智能；深度学习；机器学习；模式识别；算法设计与分析；程序设计；C；Java；Python；MATLAB；Keras；图像处理；矩阵相乘；数值分析；电影；电视剧；游戏；音乐；戏剧；话剧；英雄联盟；KTV；QQ；淘宝；购物；娱乐八卦；明星；范冰冰；唐嫣；真人秀；综艺；访谈；动漫；秋装；冬装；棉服；皮草；秋衣；短裙；西瓜；银杏；梅花；红叶；火锅；三亚；战狼；旅游；港澳游；泰国游；新疆；夏威夷；美食

分类结果分析如下。

如表 3.5 和表 3.6 所示，基于 K-means 的不同季节搜索指数占比的分类具有一定的效果，将近一两年新出现的词语归为一类，即区块链、TensorFlow、王者荣耀、美篇、绝地求生为类别 1；将有春季特征的春装和樱花归为类别 2，将具有夏季特征的夏装、连衣裙、凉鞋、枇杷、杨梅、冰棍、小龙虾归为类别 3；剩余词语设定为类别 4，如大数据、云计算、云存储、无人驾驶、人工智能、深度学习、机器学习、模式识别、算法设计与分析、程序设计、C、Java、Python、MATLAB、Keras、图像处理、矩阵相乘、数值分析、电影、电视剧、游戏、音乐、戏剧、话剧、英雄联盟、KTV、QQ、淘宝、购物、娱乐八卦、明星、范冰冰、唐嫣、真人秀、综艺、访谈、动漫、秋装、冬装、棉服、皮草、秋衣、短裙、西瓜、银杏、梅花、红叶、火锅、三亚、战狼、旅游、港澳游、泰国游、新疆、夏威夷、美食。然而因为类别个数过小，不能将具有秋季特征和冬季特征的词区分开来，将秋装、冬装、棉服、皮草、秋衣、红叶、银杏和其他不具备季节性特性的词语归为同一类，这显然违背了本书面向降耗的数据分类策略的意图。因此，对于本书的目的而言，4 个分类不足以将季节性的数据区分开。表 3.7 是将分类的个数 K 设定为 5，执行基于 K-means 的分类方法后得到的分类结果。同样地，为了更好地展示分类的效果，表 3.8 将每个类别所包括的词语进行汇总。

表 3.7　K=5 时基于 K-means 的不同季节搜索指数占比的分类结果(一)

案例号	词语	聚类	距离	案例号	词语	聚类	距离
1	大数据	2	0.126	14	Python	2	0.136
2	云计算	2	0.233	15	MATLAB	2	0.052
3	云存储	2	0.037	16	TensorFlow	3	0.099
4	区块链	4	0.408	17	Keras	4	0.203
5	无人驾驶	2	0.215	18	图像处理	2	0.062
6	人工智能	2	0.136	19	矩阵相乘	2	0.120
7	深度学习	2	0.121	20	数值分析	2	0.167
8	机器学习	2	0.106	21	电影	2	0.056
9	模式识别	2	0.052	22	电视剧	2	0.062
10	算法设计与分析	2	0.040	23	游戏	2	0.108
11	程序设计	2	0.037	24	音乐	2	0.074
12	C	2	0.058	25	戏剧	2	0.054
13	Java	2	0.041	26	话剧	2	0.079

续表

案例号	词语	聚类	距离	案例号	词语	聚类	距离
27	王者荣耀	3	0.099	49	短裙	2	0.078
28	英雄联盟	2	0.108	50	凉鞋	1	0.079
29	KTV	2	0.044	51	西瓜	2	0.209
30	QQ	2	0.074	52	枇杷	1	0.222
31	淘宝	2	0.043	53	杨梅	1	0.384
32	购物	2	0.082	54	银杏	4	0.143
33	娱乐八卦	2	0.066	55	梅花	2	0.226
34	明星	2	0.058	56	樱花	5	0.051
35	范冰冰	2	0.138	57	红叶	4	0.221
36	唐嫣	2	0.262	58	冰棍	1	0.150
37	真人秀	2	0.118	59	火锅	4	0.102
38	综艺	2	0.210	60	小龙虾	1	0.208
39	访谈	2	0.081	61	三亚	2	0.119
40	动漫	2	0.076	62	战狼	2	0.482
41	春装	5	0.051	63	旅游	2	0.118
42	夏装	1	0.262	64	港澳游	2	0.131
43	秋装	4	0.424	65	泰国游	2	0.065
44	冬装	4	0.259	66	新疆	2	0.095
45	连衣裙	1	0.169	67	夏威夷	2	0.050
46	棉服	4	0.309	68	美食	2	0.044
47	皮草	4	0.175	69	美篇	4	0.370
48	秋衣	4	0.294	70	绝地求生	4	0.285

表 3.8　*K*=5 时基于 K-means 的不同季节搜索指数占比的分类结果(二)

类别	所属类别的词语
类别 1	夏装；连衣裙；凉鞋；枇杷；杨梅；冰棍；小龙虾
类别 2	大数据；云计算；云存储；无人驾驶；人工智能；深度学习；机器学习；模式识别；算法设计与分析；程序设计；C；Java；Python；MATLAB；图像处理；矩阵相乘；数值分析；电影；电视剧；游戏；音乐；戏剧；话剧；英雄联盟；KTV；QQ；淘宝；购物；娱乐八卦；明星；范冰冰；唐嫣；真人秀；综艺；访谈；动漫；短裙；西瓜；梅花；三亚；战狼；旅游；港澳游；泰国游；新疆；夏威夷；美食
类别 3	TensorFlow；王者荣耀

续表

类别	所属类别的词语
类别4	区块链；Keras；秋装；冬装；棉服；皮草；秋衣；银杏；红叶；火锅；美篇；绝地求生
类别5	樱花；春装

分类结果分析如下。

如表 3.7 和表 3.8 所示，基于 K-means 方法将 70 个词语分成五类，其中将具有夏季特性归为类别 1，具有春季特性归为类别 5，近两年来新的词语 TensorFlow 和王者荣耀归为类别 3，以及其他不具明显季节特征的词语归为类别 2。值得注意的是类别 4，其将近一年来出现的词语在统计数据上具有冬季特征的区块链、Keras、美篇、绝地求生和其他具有秋季与冬季节特征的词语归为同类。当 K 值设为 5 时，K-means 方法同样不能将具有冬季和秋季特征的词语区分开来。因此进一步，我们将 K 值设为 6，得到的分类结果表 3.9 和表 3.10 所示。

表 3.9　K=6 时基于 K-means 的不同季节搜索指数占比的分类结果(一)

案例号	词语	聚类	距离	案例号	词语	聚类	距离
1	大数据	2	0.127	18	图像处理	2	0.046
2	云计算	2	0.220	19	矩阵相乘	2	0.098
3	云存储	2	0.036	20	数值分析	2	0.128
4	区块链	4	0.308	21	电影	2	0.086
5	无人驾驶	2	0.225	22	电视剧	2	0.089
6	人工智能	2	0.128	23	游戏	6	0.116
7	深度学习	2	0.093	24	音乐	2	0.094
8	机器学习	2	0.072	25	戏剧	2	0.070
9	模式识别	2	0.025	26	话剧	2	0.044
10	算法设计与分析	2	0.039	27	王者荣耀	1	0.099
11	程序设计	2	0.044	28	英雄联盟	2	0.115
12	C	2	0.083	29	KTV	2	0.069
13	Java	2	0.059	30	QQ	6	0.110
14	Python	2	0.111	31	淘宝	2	0.072
15	MATLAB	2	0.048	32	购物	2	0.097
16	TensorFlow	1	0.099	33	娱乐八卦	2	0.091
17	Keras	4	0.216	34	明星	2	0.082

案例号	词语	聚类	距离	案例号	词语	聚类	距离
35	范冰冰	6	0.105	53	杨梅	3	0.323
36	唐嫣	2	0.269	54	银杏	2	0.196
37	真人秀	2	0.133	55	梅花	2	0.211
38	综艺	2	0.213	56	樱花	5	0.051
39	访谈	2	0.087	57	红叶	2	0.188
40	动漫	2	0.105	58	冰棍	3	0.177
41	春装	5	0.051	59	火锅	2	0.202
42	夏装	6	0.240	60	小龙虾	3	0.140
43	秋装	2	0.413	61	三亚	2	0.126
44	冬装	4	0.228	62	战狼	6	0.386
45	连衣裙	3	0.185	63	旅游	6	0.098
46	棉服	4	0.230	64	港澳游	2	0.140
47	皮草	4	0.161	65	泰国游	2	0.101
48	秋衣	2	0.296	66	新疆	2	0.084
49	短裙	6	0.108	67	夏威夷	2	0.065
50	凉鞋	3	0.146	68	美食	2	0.055
51	西瓜	6	0.190	69	美篇	4	0.337
52	枇杷	6	0.238	70	绝地求生	4	0.265

表 3.10　K=6 时基于 K-means 的不同季节搜索指数占比的分类结果(二)

类别	所属类别的词语
类别 1	TensorFlow；王者荣耀
类别 2	大数据；云计算；云存储；无人驾驶；人工智能；深度学习；机器学习；模式识别；算法设计与分析；程序设计；C；Java；Python；MATLAB；图像处理；矩阵相乘；数值分析；电影；电视剧；音乐；戏剧；话剧；英雄联盟；KTV；淘宝；购物；娱乐八卦；明星；唐嫣；真人秀；综艺；访谈；动漫；梅花；三亚；港澳游；泰国游；新疆；夏威夷；美食；秋装；秋衣；火锅；红叶；银杏
类别 3	连衣裙；凉鞋；杨梅；冰棍；小龙虾
类别 4	区块链；Keras；冬装；棉服；皮草；美篇；绝地求生
类别 5	樱花；春装
类别 6	游戏；QQ；范冰冰；夏装；短裙；西瓜；枇杷；战狼；旅游

分类结果分析如下。

如表 3.9 和表 3.10 所示，基于 K-means 方法将 70 个词语分六类，已经可以将具有冬季特性和秋季特性的词语分成不同的类(分别对应为类别 2 和类别 5)。然而却将一些近年来出现的新词区块链、Keras、美篇和绝地求生等与具有冬季特性的词语归为同一类。而把具有游戏、QQ、范冰冰、战狼和旅游的词语归为具有夏季特性的一类。另外还存在把具有冬季特性的词语火锅和具有秋季特性的词语秋装、秋衣、红叶和银杏等归为一类的情况。从这个角度出发，K 设置成 6 的分类效果并不如将 70 个词语分成 5 类的效果好。进一步地将 K 设置成 7 取得分类结果如表 3.11 和表 3.12 所示，分析可发现，过多的分类，造成的分类效果更差。

表 3.11　K=7 时基于 K-means 的不同季节搜索指数占比的分类结果(一)

案例号	词语	聚类	距离	案例号	词语	聚类	距离
1	大数据	2	0.122	21	电影	2	0.069
2	云计算	2	0.227	22	电视剧	2	0.073
3	云存储	2	0.030	23	游戏	2	0.124
4	区块链	4	0.308	24	音乐	2	0.081
5	无人驾驶	2	0.218	25	戏剧	2	0.057
6	人工智能	2	0.129	26	话剧	2	0.061
7	深度学习	2	0.107	27	王者荣耀	7	0.099
8	机器学习	2	0.090	28	英雄联盟	2	0.114
9	模式识别	2	0.040	29	KTV	2	0.052
10	算法设计与分析	2	0.030	30	QQ	2	0.092
11	程序设计	2	0.034	31	淘宝	2	0.055
12	C	2	0.065	32	购物	2	0.085
13	Java	2	0.044	33	娱乐八卦	2	0.075
14	Python	2	0.121	34	明星	2	0.068
15	MATLAB	2	0.049	35	范冰冰	2	0.152
16	TensorFlow	7	0.099	36	唐嫣	2	0.263
17	Keras	4	0.216	37	真人秀	2	0.122
18	图像处理	2	0.053	38	综艺	2	0.208
19	矩阵相乘	2	0.106	39	访谈	2	0.083
20	数值分析	2	0.152	40	动漫	2	0.087

续表

案例号	词语	聚类	距离	案例号	词语	聚类	距离
41	春装	5	0.051	56	樱花	5	0.051
42	夏装	3	0.212	57	红叶	2	0.211
43	秋装	6	0.104	58	冰棍	1	0.159
44	冬装	4	0.228	59	火锅	2	0.221
45	连衣裙	1	0.163	60	小龙虾	1	0.180
46	棉服	4	0.230	61	三亚	2	0.117
47	皮草	4	0.161	62	战狼	3	0.212
48	秋衣	6	0.104	63	旅游	2	0.132
49	短裙	2	0.093	64	港澳游	2	0.133
50	凉鞋	1	0.106	65	泰国游	2	0.079
51	西瓜	2	0.216	66	新疆	2	0.089
52	枇杷	1	0.250	67	夏威夷	2	0.049
53	杨梅	1	0.358	68	美食	2	0.043
54	银杏	2	0.215	69	美篇	4	0.337
55	梅花	2	0.218	70	绝地求生	4	0.265

表 3.12　K=7 时基于 K-means 的不同季节搜索指数占比的分类结果(二)

类别	所属类别的词语
类别 1	连衣裙；凉鞋；枇杷；杨梅；冰棍；小龙虾
类别 2	大数据；云计算；云存储；无人驾驶；人工智能；深度学习；机器学习；模式识别；算法设计与分析；程序设计；C；Java；Python；MATLAB；图像处理；矩阵相乘；数值分析；电影；电视剧；游戏；音乐；戏剧；话剧；英雄联盟；KTV；QQ；淘宝；购物；娱乐八卦；明星；范冰冰；唐嫣；真人秀；综艺；访谈；动漫；短裙；西瓜；银杏；梅花；红叶；火锅；三亚；旅游；港澳游；泰国游；新疆；夏威夷；美食
类别 3	夏装；战狼
类别 4	区块链；Keras；冬装；棉服；皮草；美篇；绝地求生
类别 5	春装；樱花
类别 6	秋装；秋衣
类别 7	TensorFlow；王者荣耀

分类结果分析如下。

如表 3.11 和表 3.12 所示,基于 K-means 方法将 70 个词语分成七类,将具备不同季节特性的词语区分开来,但是将具有夏季特性的词语分布在不同的类别中

(类别 1、类别 2 和类别 3 中均具有夏季特性的词语)。

从上面的分析中可以发现，在利用 K-means 对课题所选的 70 个词语进行分类时，将类别划分成 5 类最为合适，也符合面向降耗的数据分类策略的意图。然后由于该分类的策略，不能将秋季和冬季特性的词语区分出来，因此在具体实施时对应词语在冬季和秋季实施相同的能耗模式。为了进一步在更小的粒度上实施不同的能耗模式，对不同季节能耗模式的词语进一步分析其潮汐特性。以周为单位，根据词语的不同潮汐特性，实施 2～3 种不同的能耗模式，进一步压缩存储系统的降耗空间。

另外为了更好地说明 K-means 在季节性分类数据中的实用性，我们还在 SPSS 环境下测试了基于层次聚类，也称系统聚类方法的聚类效果。具体的实验结果如表 3.13 和图 3.45 以及表 3.14 所示。

表 3.13　基于层次聚类的不同季节搜索指数占比的分类结果展示方式一(聚类个数为 4～7)

案例	7 群集	6 群集	5 群集	4 群集	案例	7 群集	6 群集	5 群集	4 群集
1：大数据	1	1	1	1	20：数值分析	1	1	1	1
2：云计算	1	1	1	1	21：电影	1	1	1	1
3：云存储	1	1	1	1	22：电视剧	1	1	1	1
4：区块链	2	2	2	1	23：游戏	1	1	1	1
5：无人驾驶	1	1	1	1	24：音乐	1	1	1	1
6：人工智能	1	1	1	1	25：戏剧	1	1	1	1
7：深度学习	1	1	1	1	26：话剧	1	1	1	1
8：机器学习	1	1	1	1	27：王者荣耀	3	3	3	2
9：模式识别	1	1	1	1	28：英雄联盟	1	1	1	1
10：算法设计与分析	1	1	1	1	29：KTV	1	1	1	1
11：程序设计	1	1	1	1	30：QQ	1	1	1	1
12：C	1	1	1	1	31：淘宝	1	1	1	1
13：Java	1	1	1	1	32：购物	1	1	1	1
14：Python	1	1	1	1	33：娱乐八卦	1	1	1	1
15：MATLAB	1	1	1	1	34：明星	1	1	1	1
16：TensorFlow	3	3	3	2	35：范冰冰	1	1	1	1
17：Keras	4	2	2	1	36：唐嫣	1	1	1	1
18：图像处理	1	1	1	1	37：真人秀	1	1	1	1
19：矩阵相乘	1	1	1	1	38：综艺	1	1	1	1

案例	7 群集	6 群集	5 群集	4 群集	案例	7 群集	6 群集	5 群集	4 群集
39：访谈	1	1	1	1	55：梅花	1	1	1	1
40：动漫	1	1	1	1	56：樱花	5	4	4	3
41：春装	5	4	4	3	57：红叶	1	1	1	1
42：夏装	1	1	1	1	58：冰棍	1	1	1	1
43：秋装	1	1	1	1	59：火锅	1	1	1	1
44：冬装	2	2	2	1	60：小龙虾	6	5	5	4
45：连衣裙	1	1	1	1	61：三亚	1	1	1	1
46：棉服	2	2	2	1	62：战狼	7	6	1	1
47：皮草	2	2	2	1	63：旅游	1	1	1	1
48：秋衣	1	1	1	1	64：港澳游	1	1	1	1
49：短裙	1	1	1	1	65：泰国游	1	1	1	1
50：凉鞋	1	1	1	1	66：新疆	1	1	1	1
51：西瓜	1	1	1	1	67：夏威夷	1	1	1	1
52：枇杷	1	1	1	1	68：美食	1	1	1	1
53：杨梅	6	5	5	4	69：美篇	4	2	2	1
54：银杏	1	1	1	1					

从聚类结果可知，即便将聚类的类别个数设置为 7，基于层次聚类的方法还是没有将具有夏季特性、秋季特性和冬季特性的词语区分开来，即夏装、秋装、连衣裙、秋衣、短裙、凉鞋、西瓜、枇杷、银杏、梅花、红叶、冰棍和火锅。

2. 基于潮汐特性的数据分类及其分析

基于数据的季节性特性的分类目的是在大的时间跨度上实施不同的能耗模式，以便尽可能地延长能耗模式的切换，节省更多的能耗。然而，一方面并不是所有的数据均具有季节性特性，另一方面分类算法并不能保证把每一个季节相应的词语归为同一类。因此在同一季节，过多的词语所在的存储区域需要实施高能耗的模式以便应付更多的访问从而保证系统的整体性能。而为了在基于季节性的分区中不同的部分实施不同的能耗模式，我们进一步分析基于不同季节性分区中的词语的以周为单位的潮汐特性。进而以周为单位对不同的词语进

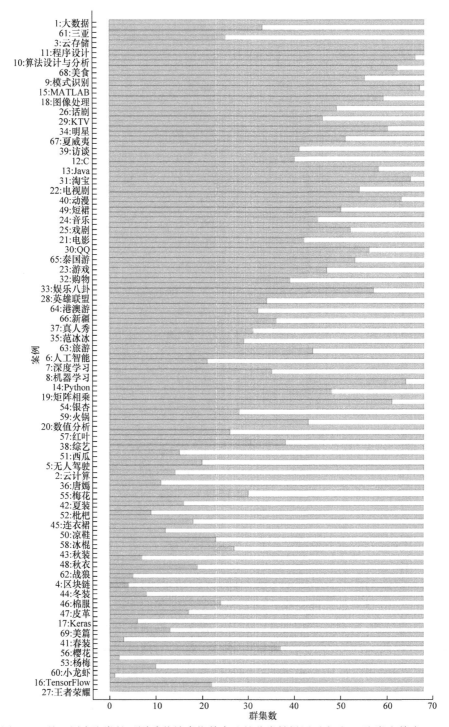

图 3.45　基于层次聚类的不同季节搜索指数占比的分类结果展示方法二(聚类个数为 4～7)

行聚类存储,在不同的存储区域实施不同的能耗模式,进一步降低系统的能耗,提高存储系统的能效。

基于上述采集到的 70 个词语的潮汐特性,我们采用 SPSS 软件实验环境,基于 K-means 的方法对 70 个词语进行聚类。以下部分是实验的结果以及相应的分析。

基于词语潮汐特性的分类,一般有以下三种情况:①访问的峰值出现在工作日,谷值出现在休息日,一般对应为与工作相关的数据;②访问的峰值出现休息日,谷值出现在工作日,一般对应为于娱乐相关的数据;③其他不具备明显潮汐特性的词语,以及一些峰值或谷值出现在潮汐交替日的词语。因此我们在实验中将 K 的值设为 3。另外根据我们前面的定义,星期五属于潮汐交替日,有时候可以将其定义为工作日,有时候也可以将其定义为休息日。因此,在后续的实验中,我们分别对将星期五定义为工作日和休息日情况下的聚类结果进行展示和相应的分析。

表 3.14 和表 3.15 是原始数据将 K 的值设为 3 的情况下的聚类结果和相应的汇总。如表 3.14 和表 3.15 所示,基于 K-means 的聚类方法所得的分类结果大致符合我们的预期,其中类别 2 为与工作相关的词语,类别 3 为与娱乐相关的词语。类别 1 则可以认为是其他类别的数据。

表 3.14　原始数据下基于 K-means 和词语潮汐特性维度值的分类结果(K=3)

类别	所属类别的词语
类别 1	话剧;连衣裙;棉服;皮草;秋衣;枇杷;杨梅;樱花;红叶;小龙虾;夏威夷;美食;美篇
类别 2	大数据;云计算;云存储;区块链;无人驾驶;人工智能;深度学习;机器学习;模式识别;算法设计与分析;程序设计;C;Java;Python;MATLAB;TensorFlow;Keras;图像处理;矩阵相乘;数值分析;戏剧;淘宝;购物;娱乐八卦;访谈;银杏;梅花;三亚;旅游;港澳游;泰国游;新疆
类别 3	电影;电视剧;游戏;音乐;王者荣耀;英雄联盟;KTV;QQ;明星;范冰冰;唐嫣;真人秀;综艺;动漫;春装;夏装;秋装;冬装;短裙;凉鞋;西瓜;冰棍;火锅;战狼;绝地求生

表 3.15　原始数据下基于 K-means 的潮汐特性的聚类结果(K=3)

案例号	词语	聚类	距离	案例号	词语	聚类	距离
1	大数据	2	3.165	6	人工智能	2	3.484
2	云计算	2	4.699	7	深度学习	2	2.764
3	云存储	2	2.939	8	机器学习	2	2.050
4	区块链	2	3.493	9	模式识别	2	2.478
5	无人驾驶	2	3.165	10	算法设计与分析	2	2.308

续表

案例号	词语	聚类	距离	案例号	词语	聚类	距离
11	程序设计	2	2.601	41	春装	3	7.008
12	C	2	3.204	42	夏装	3	6.254
13	Java	2	1.566	43	秋装	3	7.197
14	Python	2	1.566	44	冬装	3	6.138
15	MATLAB	2	2.362	45	连衣裙	1	6.867
16	TensorFlow	2	1.858	46	棉服	1	7.232
17	Keras	2	1.858	47	皮草	1	6.361
18	图像处理	2	1.988	48	秋衣	1	6.782
19	矩阵相乘	2	2.348	49	短裙	3	5.875
20	数值分析	2	2.764	50	凉鞋	3	4.886
21	电影	3	3.510	51	西瓜	3	6.708
22	电视剧	3	3.627	52	枇杷	1	6.026
23	游戏	3	3.117	53	杨梅	1	5.226
24	音乐	3	3.638	54	银杏	2	6.006
25	戏剧	2	7.028	55	梅花	2	7.863
26	话剧	1	6.516	56	樱花	1	7.494
27	王者荣耀	3	4.261	57	红叶	1	6.504
28	英雄联盟	3	4.331	58	冰棍	3	7.266
29	KTV	3	3.255	59	火锅	3	6.806
30	QQ	3	4.161	60	小龙虾	1	7.447
31	淘宝	2	2.695	61	三亚	2	4.048
32	购物	2	4.515	62	战狼	3	4.890
33	娱乐八卦	2	5.586	63	旅游	2	4.958
34	明星	3	3.627	64	港澳游	2	5.524
35	范冰冰	3	4.582	65	泰国游	2	3.085
36	唐嫣	3	4.762	66	新疆	2	5.642
37	真人秀	3	5.980	67	夏威夷	1	6.114
38	综艺	3	3.059	68	美食	1	6.270
39	访谈	2	1.908	69	美篇	1	6.737
40	动漫	3	3.162	70	绝地求生	3	6.983

将星期五定义为工作日的情况下,SPSS 环境下得到的聚类结果和相应的汇总分别见表 3.16 和表 3.17。

表 3.16　将星期五定义为工作日下基于 K-means 和词语潮汐特性维度值的分类结果(K=3)

类别	所属类别的词语
类别 1	大数据;云计算;云存储;区块链;无人驾驶;人工智能;深度学习;机器学习;模式识别;算法设计与分析;程序设计;C;Java;Python;MATLAB;TensorFlow;Keras;图像处理;矩阵相乘;数值分析;话剧;淘宝;购物;娱乐八卦;访谈;杨梅;三亚;旅游;港澳游;泰国游;新疆;美篇
类别 2	戏剧;春装;夏装;秋装;冬装;连衣裙;棉服;皮草;秋衣;枇杷;银杏;梅花;红叶;火锅;夏威夷;美食;绝地求生
类别 3	电影;电视剧;游戏;音乐;王者荣耀;英雄联盟;KTV;QQ;明星;范冰冰;唐嫣;真人秀;综艺;动漫;短裙;凉鞋;西瓜;樱花;冰棍;小龙虾;战狼

表 3.17　将星期五定义为工作日下基于 K-means 的潮汐特性的聚类结果(K=3)

案例号	词语	聚类	距离	案例号	词语	聚类	距离
1	大数据	1	1.959	19	矩阵相乘	1	1.757
2	云计算	1	3.263	20	数值分析	1	2.579
3	云存储	1	1.235	21	电影	3	2.725
4	区块链	1	1.356	22	电视剧	3	2.820
5	无人驾驶	1	1.810	23	游戏	3	2.935
6	人工智能	1	2.283	24	音乐	3	3.287
7	深度学习	1	1.810	25	戏剧	2	4.619
8	机器学习	1	1.757	26	话剧	1	3.066
9	模式识别	1	1.628	27	王者荣耀	3	2.845
10	算法设计与分析	1	2.127	28	英雄联盟	3	3.823
11	程序设计	1	1.488	29	KTV	3	2.516
12	C	1	1.894	30	QQ	3	2.853
13	Java	1	1.285	31	淘宝	1	1.911
14	Python	1	1.285	32	购物	1	3.450
15	MATLAB	1	1.285	33	娱乐八卦	1	4.065
16	TensorFlow	1	1.332	34	明星	3	2.820
17	Keras	1	1.332	35	范冰冰	3	2.681
18	图像处理	1	1.549	36	唐嫣	3	3.199

续表

案例号	词语	聚类	距离	案例号	词语	聚类	距离
37	真人秀	3	4.082	54	银杏	2	4.431
38	综艺	3	2.526	55	梅花	2	4.142
39	访谈	1	1.332	56	樱花	3	3.464
40	动漫	3	2.468	57	红叶	2	4.555
41	春装	2	4.424	58	冰棍	3	4.418
42	夏装	2	4.450	59	火锅	2	4.248
43	秋装	2	4.323	60	小龙虾	3	4.766
44	冬装	2	4.206	61	三亚	1	3.852
45	连衣裙	2	4.171	62	战狼	3	3.491
46	棉服	2	4.303	63	旅游	1	3.339
47	皮草	2	4.149	64	港澳游	1	2.766
48	秋衣	2	4.049	65	泰国游	1	1.894
49	短裙	3	3.302	66	新疆	1	3.924
50	凉鞋	3	3.498	67	夏威夷	2	5.449
51	西瓜	3	2.645	68	美食	2	3.924
52	枇杷	2	4.330	69	美篇	1	2.185
53	杨梅	1	4.713	70	绝地求生	2	4.391

　　从聚类的结果可知，类别 1 表示的是与工作相关的数据，数据访问的峰值基本出现在工作日，谷值出现在休息日；类别 3 表示的是与娱乐相关的数据，数据访问的峰值基本出现在休息日，谷值出现在工作日；而类别 2 则表示其他类型的数据，数据的访问并没有明显的以周为单位的潮汐特性。

　　对比表 3.14 和表 3.16 可知，不论将星期五定义为潮汐交替日，还是工作日，其中大数据、云计算、云存储、区块链、无人驾驶、人工智能、深度学习、机器学习、模式识别、算法设计与分析、程序设计、C、Java、Python、MATLAB、TensorFlow、Keras、图像处理、矩阵相乘、数值分析、淘宝、购物、娱乐八卦、访谈、三亚、旅游、港澳游、泰国游、新疆等词语均归为一类，该类词语具有与工作相关词语的潮汐特性。而电影、电视剧、游戏、音乐、王者荣耀、英雄联盟、KTV、QQ、明星、范冰冰、唐嫣、真人秀、综艺、动漫、短裙、凉鞋、西瓜、冰棍、战狼则同归为另外一类，该类数据具有娱乐特性，访问的峰值出现在休息日而谷值出现在工作日。

将星期五定义为休息日的情况下，SPSS 环境下得到的聚类结果和相应的汇总分别见表 3.18 和表 3.19。

表 3.18　将星期五定义为休息日下基于 K-means 和词语潮汐特性维度值的分类结果(K=3)

类别	所属类别的词语
类别 1	大数据；云计算；云存储；区块链；无人驾驶；人工智能；深度学习；机器学习；模式识别；算法设计与分析；程序设计；C；Java；Python；MATLAB；TensorFlow；Keras；图像处理；矩阵相乘；数值分析；戏剧；话剧；淘宝；购物；娱乐八卦；访谈；杨梅；三亚；旅游；港澳游；泰国游；新疆；夏威夷；美篇
类别 2	电影；电视剧；游戏；音乐；王者荣耀；英雄联盟；KTV；QQ；明星；范冰冰；唐嫣；真人秀；综艺；动漫；秋装；冬装；短裙；凉鞋；西瓜；樱花；冰棍；火锅；小龙虾；战狼；绝地求生
类别 3	春装；夏装；连衣裙；棉服；皮草；秋衣；枇杷；银杏；梅花；红叶；美食

表 3.19　将星期五定义为休息日下基于 K-means 的潮汐特性的聚类结果(K=3)

案例号	词语	聚类	距离	案例号	词语	聚类	距离
1	大数据	1	2.215	19	矩阵相乘	1	1.579
2	云计算	1	2.884	20	数值分析	1	2.381
3	云存储	1	1.837	21	电影	2	2.967
4	区块链	1	2.020	22	电视剧	2	2.919
5	无人驾驶	1	2.188	23	游戏	2	3.001
6	人工智能	1	2.594	24	音乐	2	3.131
7	深度学习	1	2.161	25	戏剧	1	4.553
8	机器学习	1	1.837	26	话剧	1	4.238
9	模式识别	1	1.885	27	王者荣耀	2	3.244
10	算法设计与分析	1	2.147	28	英雄联盟	2	3.467
11	程序设计	1	1.772	29	KTV	2	2.892
12	C	1	2.201	30	QQ	2	3.144
13	Java	1	1.359	31	淘宝	1	2.006
14	Python	1	1.359	32	购物	1	3.673
15	MATLAB	1	1.579	33	娱乐八卦	1	4.182
16	TensorFlow	1	1.560	34	明星	2	2.919
17	Keras	1	1.560	35	范冰冰	2	3.150
18	图像处理	1	1.722	36	唐嫣	2	3.600

案例号	词语	聚类	距离	案例号	词语	聚类	距离
37	真人秀	2	4.257	54	银杏	3	4.375
38	综艺	2	2.706	55	梅花	3	4.698
39	访谈	1	1.443	56	樱花	2	5.150
40	动漫	2	2.654	57	红叶	3	4.650
41	春装	3	4.737	58	冰棍	2	4.838
42	夏装	3	4.601	59	火锅	2	4.678
43	秋装	2	4.796	60	小龙虾	2	5.292
44	冬装	2	4.817	61	三亚	1	3.526
45	连衣裙	3	4.440	62	战狼	2	3.505
46	棉服	3	4.698	63	旅游	1	3.551
47	皮草	3	3.987	64	港澳游	1	3.284
48	秋衣	3	4.727	65	泰国游	1	2.161
49	短裙	2	3.683	66	新疆	1	4.032
50	凉鞋	2	3.623	67	夏威夷	1	5.193
51	西瓜	2	3.795	68	美食	3	4.241
52	枇杷	3	4.230	69	美篇	1	4.090
53	杨梅	1	4.520	70	绝地求生	2	5.258

从聚类的结果可知，类别 1 表示的是与工作相关的数据，数据访问的峰值基本出现在工作日，谷值出现在休息日；类别 2 表示的是与娱乐相关的数据，数据访问的峰值基本出现在休息日，谷值出现在工作日；而类别 3 则表示其他类型数据，数据的访问并没有明显的以周为单位的潮汐特性。

对比表 3.14 和表 3.18，可知不论将星期五定义为潮汐交替日，还是休息日，其中大数据、云计算、云存储、区块链、无人驾驶、人工智能、深度学习、机器学习、模式识别、算法设计与分析、程序设计、C、Java、Python、MATLAB、TensorFlow、Keras、图像处理、矩阵相乘、数值分析、戏剧、淘宝、购物、娱乐八卦、访谈、三亚、旅游、港澳游、泰国游、新疆等词语均归为一类，该类词语具有与工作相关词语的潮汐特性。而电影、电视剧、游戏、音乐、王者荣耀、英雄联盟、KTV、QQ、明星、范冰冰、唐嫣、真人秀、综艺、动漫、秋装、冬装、短裙、凉鞋、西瓜、冰棍、火锅、战狼、绝地求生则同归为另外一类，该类数据具有娱乐特性，访问的峰值出现在休息日而谷值出现在工作日。

基于数据的潮汐特性的分类的目的是划分出与工作相关的数据和与娱乐相关的数据，确定以周为单位，针对不同的词语在工作日和休息日分别实施不同的能耗模式。而为了尽可能地减少能耗模式的频繁切换，将具有明显潮汐特性的词语归为相应的类别，而对于潮汐特性不够明显的数据则归为其他类别，在该类别的存储区域不进行能耗模式的切换。因此将表 3.14、表 3.16、表 3.18 中与工作相关的数据和与娱乐相关的数据的交集提取出来，作为相应数据集的聚类存储，如表 3.20 所示。

表 3.20　三种数据处理手段划分出的娱乐数据和工作数据的交集

类别	所属类别的词语
与工作相关的数据	大数据；云计算；云存储；区块链；无人驾驶；人工智能；深度学习；机器学习；模式识别；算法设计与分析；程序设计；C；Java；Python；MATLAB；TensorFlow；Keras；图像处理；矩阵相乘；数值分析；淘宝；购物；娱乐八卦；访谈；三亚；旅游；港澳游；泰国游；新疆
与娱乐相关的数据	电影；电视剧；游戏；音乐；王者荣耀；英雄联盟；KTV；QQ；明星；范冰冰；唐嫣；真人秀；综艺；动漫；短裙；凉鞋；西瓜；冰棍；战狼

同时，还基于词语的潮汐特性，采用层次聚类的方法测试聚类的效果，在实验中同样将分类的目标集群设置为 3，所得到的分类结果如表 3.21 和图 3.46 所示。另外，为了更好地展示聚类的结果，将分类的结果汇总在表 3.22 中。

表 3.21　基于层次聚类和数据潮汐特性的聚类结果

案例	3 群集	案例	3 群集
1：大数据	1	13：Java	1
2：云计算	1	14：Python	1
3：云存储	1	15：MATLAB	1
4：区块链	1	16：TensorFlow	1
5：无人驾驶	1	17：Keras	1
6：人工智能	1	18：图像处理	1
7：深度学习	1	19：矩阵相乘	1
8：机器学习	1	20：数值分析	1
9：模式识别	1	21：电影	2
10：算法设计与分析	1	22：电视剧	2
11：程序设计	1	23：游戏	2
12：C	1	24：音乐	2

案例	3 群集	案例	3 群集
25：戏剧	1	48：秋衣	2
26：话剧	1	49：短裙	2
27：王者荣耀	2	50：凉鞋	2
28：英雄联盟	2	51：西瓜	2
29：KTV	2	52：枇杷	1
30：QQ	2	53：杨梅	1
31：淘宝	1	54：银杏	1
32：购物	1	55：梅花	1
33：娱乐八卦	1	56：樱花	3
34：明星	2	57：红叶	1
35：范冰冰	2	58：冰棍	2
36：唐嫣	2	59：火锅	2
37：真人秀	2	60：小龙虾	1
38：综艺	2	61：三亚	1
39：访谈	1	62：战狼	2
40：动漫	2	63：旅游	1
41：春装	2	64：港澳游	1
42：夏装	2	65：泰国游	1
43：秋装	2	66：新疆	1
44：冬装	2	67：夏威夷	1
45：连衣裙	2	68：美食	1
46：棉服	1	69：美篇	1
47：皮草	1	70：绝地求生	2

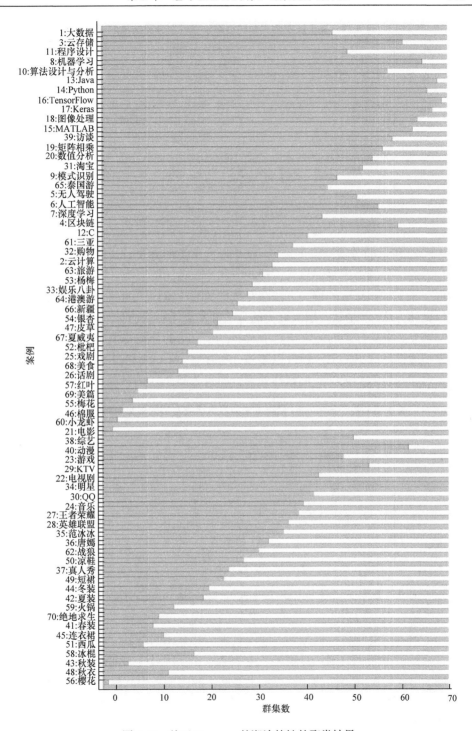

图 3.46　基于 K-means 的潮汐特性的聚类结果

表 3.22　基于层次聚类和数据潮汐特性的分类结果汇总

类别	所属类别的词语
类别 1	大数据；云计算；云存储；区块链；无人驾驶；人工智能；深度学习；机器学习；模式识别；算法设计与分析；程序设计；C；Java；Python；MATLAB；TensorFlow；Keras；图像处理；矩阵相乘；数值分析；戏剧；话剧；淘宝；购物；娱乐八卦；访谈；棉服；皮草；枇杷；杨梅；银杏；梅花；红叶；小龙虾；三亚；旅游；港澳游；泰国游；新疆；夏威夷；美食；美篇
类别 2	电影；电视剧；游戏；音乐；王者荣耀；英雄联盟；KTV；QQ；明星；范冰冰；唐嫣；真人秀；综艺；动漫；春装；夏装；秋装；冬装；连衣裙；秋衣；短裙；凉鞋；西瓜；冰棍；火锅；战狼；绝地求生
类别 3	樱花

表 3.22 所示的分类结果可发现：基于层次聚类的方法对其他没有明显潮汐特性的词语的区分能力不足，只将"樱花"归为单独的第三类。因此，从分类方法的角度，基于 K-means 的聚类方法在对数据的潮汐特性上的分类效果要优于基于层次聚类的方法。但是基于层次聚类的方法并非毫无用处，可以作为基于 K-means 方法的补充，将其分类的结果与基于 K-means 方法的分类结果通过取交集的方式更为谨慎地提取数据的潮汐特性以实施分类存储。表 3.22 和表 3.14 针对与工作相关的数据和与娱乐相关的数据归并处理，如表 3.23 所示。

表 3.23　基于 K-means 聚类方法和层次聚类方法的聚类结果的交集

类别	所属类别的词语
与工作相关的数据	大数据；云计算；云存储；区块链；无人驾驶；人工智能；深度学习；机器学习；模式识别；算法设计与分析；程序设计；C；Java；Python；MATLAB；TensorFlow；Keras；图像处理；矩阵相乘；数值分析；戏剧；淘宝；购物；娱乐八卦；访谈；银杏；梅花；三亚；旅游；港澳游；泰国游；新疆
与娱乐相关的数据	电影；电视剧；游戏；音乐；王者荣耀；英雄联盟；KTV；QQ；明星；范冰冰；唐嫣；真人秀；综艺；动漫；春装；夏装；秋装；冬装；短裙；凉鞋；西瓜；冰棍；火锅；战狼；绝地求生

综上所述，基于从百度搜索指数中采集到的 70 个不同类别、不同领域的词语的季节性特性以及以周为单位的潮汐特性的不同维度值，在 SPSS 环境中，利用 K-means 的方法能够将数据分为不同的类别。具有相同季节特性或潮汐特性的数据通常会被归为同一类别。对聚类产生的结果和其所对应的词语进行聚类存储，在不同的时间跨度和不同的存储粒度上实施不同的能耗模式以在保证系统性能或用户 QoS 要求的前提下达到降耗的效果，这是本章基于数据多维特性的数据分类策略的主要思想。

3.3.4　基于 K-means 的能耗感知的数据分类算法(K-ear)

基于 K-means 的能耗感知的数据分类算法，是在基于数据的潮汐特性和季节性特性提取算法的基础上深入展开的。因此，本小节在阐述数据的潮汐特性提取算法和数据的季节性特性提取算法的基础上对基于 K-means 的能耗感知的数据分类算法(K-ear)进行详细描述。在描述下述算法之前，对如下词语进行定义和详细描述。

(1) 代表数据集(Data Representation Set)：$D = \{d_1, d_2, \cdots, d_m\}$ 为分类基于的代表数据集，数据集的大小为 m，上述分类的示例中 $m=70$。

(2) 数据的潮汐特性(Data Tidal Characteristics)：

$$CX = \begin{bmatrix} cx_1 & cx_2 & \cdots & cx_m \end{bmatrix}^T$$

其中，$cx_i = [p_{i,1} \quad v_{i,1} \quad p_{i,2} \quad v_{i,2} \quad \cdots \quad p_{i,z} \quad v_{i,z}]$，$z$ 为样本数据所涉及的周次个数(一般来说一年有 52 周)。

数据的潮汐特性提取算法(Tidal Characteristic Extract Algorithm，TCEA)的详细描述见算法 3.1。

算法 3.1　TCEA

Input：Data Representation Set $D = \{d_1, d_2, \cdots, d_m\}$；
　　　　The number of the weeks z;

Output：Data Tidal Characteristics $CX = \begin{bmatrix} cx_1 & cx_2 & \cdots & cx_m \end{bmatrix}^T$

Begin
1: for each data $d_i \in D$ do
2: 　　Parse the image data from Baidu index page to the Search Index Number of one day: $S = \{s_1, s_2, \cdots, s_{z \times 7}\}$;
3: 　　Find the peak and the valley value of every week;
4: 　　Initialize the first week $k=1$ and the index of first week's tidal value $x=1$;
5: 　　for $j=1; j<=z \times 7; j++$
6: 　　　　Record the index of the week peak and valley value
7: 　　　　Initial value is: p_index=k;v_index=k;
8: 　　　　if ($s[j]>s[$p_index$]$) p_index=j;
9: 　　　　End if
10: 　　　　if ($s[j]<s[$v_index$]$) v_index=j;
11: 　　　　End if
12: 　　　　if(j%7==0) new week will begin, record the week tidal value
13: 　　　　　　if peak value is on the working days (from Monday to Thursday)
14: 　　　　　　　　That is (p_index−k)%7=1or 2 or 3 or 4　$cx_i[x]=1$
15: 　　　　　　End if
16: 　　　　　　if peak value is on the weekends (Saturday or Sunday)
17: 　　　　　　　　That is (p_index−k)%7=0 or 6　$cx_i[x]=2$
18: 　　　　　　End if
19: 　　　　　　if peak value is on the Friday

20:		That is (p_index–k)%7=5　$cx_i[x]=3$
21:	End if	
22:	if valley value is on the working days (from Monday to Thursday)	
23:		That is (p_index–k)%7=1or 2 or 3 or 4　$cx_i[x+1]=-1$
24:	End if	
25:	if valley value is on the weekends (Saturday or Sunday)	
26:		That is (p_index–k)%7=0 or 6　$cx_i[x+1]=-2$
27:	End if	
28:	if valley value is on the Friday	
29:		That is (p_index–k)%7=5　$cx_i[x+1]=-3$
30:	End if	
31:	End if	
32:	Reset the initial peak and valley value index of the new week $k=j+7$;	
33:	Set the index of the new week' tidal value $x=x+2$;	
34:	End for	
35: End for		
End		

(3) 数据的季节性特性(Data Seasonal Characteristic)：利用 $SE = [Se_1 \quad Se_2 \quad \cdots$ $Se_m]^T$ 描述 m 个数据的季节特性，假设采集的是数据 y 年的季节性特性，每年有四个季节的搜索指数占比维度值，因此每个数据的季节性特性可以用 $Se_i = [se_1, se_2, \cdots, se_{4\times y}]$ 表示。

数据的季节特性提取算法(Seasonal Characteristic Extract Algorithm，SCEA)的详细描述见算法 3.2。

算法 3.2　SCEA

Input：　Data Representation Set　$D = \{d_1, d_2, \cdots, d_m\}$；
　　　　　The number of the weeks y

Output：　Data Seasonal Characteristics　$SE = [Se_1 \quad Se_2 \quad \cdots \quad Se_m]^T$

Begin
1: for each data　$d_i \in D$　do
2:　　Parse the image data from Baidu index page into the Search Index Number of one week: $ZS = \{zs_1, zs_2, \cdots, zs_{y \times 52}\}$；
3:　　Calculate the sum of searching index for each season
4:　　　Initialize the sum_of_season vector to zero.
5:　　　for (j=1; j<=y×4; j++)
6:　　　　sum_of_season[j]=0
7:　　End for
8:　　j=1; from the first year
9:　　for(k=1;k<=y×52;k++)
10:　　　sum_of_season[j]+=zs[k]
11:　　　if the season ending, Thas is if (k%13==0)
12:　　　　go to the next season j++;

```
13:            End if
14:        End for
15:    Calculate the sum of searching index for each year
16:        Initialize the sum_of_year vector to zero.
17:        for (j=1; j<=y; j++)
18:          sum_of_year[j]=0
19:        End for
20:        j=1; from the first season
21:        for(k=1;k<=y×4;k++)
22:            sum_of_year[j]+=sum_of_season[k]
23:            if the year ending, Thas is if (k%4==0)
24:              go to the next season j++;
25:            End if
26:        End for
27:    Calculate the frequency of searching index for each season
28:        Initialize the frequency_of_season vector to zero
29:    for(k=1;k<=y×4;k++)
30:        se[k]=0.0;
31:    End for
32:    for(k=1;k<=y×4;k++)
33:        se[k]=sum_of_season[k]/sum_of_year[k/4+1];
34:    End for
35: End for
End
```

　　基于 K-means 的能耗感知分类算法 K-ear 的基本框架图如图 3.47 所示。面向降耗的数据分类算法的基本步骤为：首先从存储系统中提取指定数据、指定时间段中每一天的访问频次；然后根据数据的季节性特性的提取算法 SCEA 针对每一个数据构建相应的季节性特征数组，进而利用 K-means 的机器学习的算法对数据进行聚类；最后设定相应的类别，具有不同季节特性的数据存储在不同的季节性存储区域，而针对不同的季节性存储区域中的数据进一步挖掘其以周为单位的潮汐特性，并将与工作相关的数据(即以工作日为潮点，以休息日为汐点的数据)、与娱乐相关的数据(即以休息日为潮点，以工作日为汐点)以及其他没有明显潮汐特性的数据分布在不同的存储区域。该数据分类算法具有降耗能力的主要原理是：基于磁盘的具有两种转速(高速和低速)的假设，高速状态下具有高转速、快响应和高能耗的特点；而低速状态下则具有低转速、慢响应和低能耗的特点。而根据数据的季节性特性和潮汐特性进行分类存储则可以根据特定的时间段不同的数据特性，在不同的区域实施不同的能耗模式，以牺牲微略的系统性能，满足用户 QoS 要求的前提下，尽可能地减少磁盘空转所带来的能耗损失。例如，在春季的工作时段中，整个存储系统的磁盘的能耗模式为：夏季特性、秋季特性和冬季特性的存储区域因数据的访问量极小，实施低能耗模式，减少系统的空转时间。而具体到春季特性和其他特性的存储区域，则将存储与娱乐相关数据的存储区域实施低能耗模式，以减少系统空转，达到降耗的效果。

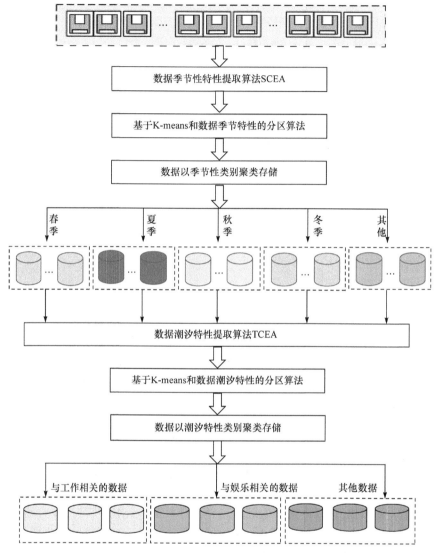

图 3.47　基于 K-means 的能耗感知分类算法 K-ear 的基本框架图

据此，基于 K-means 的能耗感知的数据分类策略 K-ear 算法的详细描述见算法 3.3。

算法 3.3　K-ear

Input：Data related characteristics: a collection of m data in the set D, and the corresponding parameters: η_s, η_m, η_a, η_w, η_o and η_{s-w}, η_{s-h}, η_{s-o}, η_{m-w}, η_{m-h}, η_{m-o}, η_{a-w}, η_{a-h}, η_{a-o}, η_{w-w}, η_{w-h}, η_{w-o}, η_{o-w}, η_{o-h}, η_{o-o}.

The exacted data characteristics: the output of the algorithm1 and algorithm 3: Data Tidal

Characteristics $\mathrm{CX} = \begin{bmatrix} \mathrm{cx}_1 \\ \mathrm{cx}_2 \\ \vdots \\ \mathrm{cx}_m \end{bmatrix}$, and the Data Seasonal Characteristics $\mathrm{SE} = \begin{bmatrix} \mathrm{Se}_1 \\ \mathrm{Se}_2 \\ \vdots \\ \mathrm{Se}_m \end{bmatrix}$

Disk related characteristics :A disk array DISK with n size , every disk with 2-speed mode.

Output:　Allocation of the data on the corresponding storage zones.

Begin

1: for each data $d_i \in D$　do

2:　Based on the Data Seasonal Characteristics $\mathrm{SE} = \begin{bmatrix} \mathrm{Se}_1 \\ \mathrm{Se}_2 \\ \vdots \\ \mathrm{Se}_m \end{bmatrix}$, and use the K-means clustering

algorithm to classify the data into five classes firstly;

3:　　if d_i has the spring characteristics (Class 1)

4:　　　place it evenly into the following storage zone $S = \{s_1, s_2, \cdots, s_{n1}\}$

　　　　(Storage Zone 1)

5:　　　based on the Data Tidal Characteristics $\mathrm{CX}_1 = \begin{bmatrix} \mathrm{cx}_{11} \\ \mathrm{cx}_{12} \\ \vdots \\ \mathrm{cx}_{1\eta_i \times m} \end{bmatrix}$, and use the K-means clustering

algorithm to classify the data into three classes;

6:　　　　If d_i has the working day characteristics (Sub_Class 1-1)

7:　　　　　place the data into the $1 \sim \eta_{s-w} \times n_1$ disks evenly；(Storage Zone 1-1)

8:　　　　End if

9:　　　　If d_i has the holiday characteristics(Sub_Class 1-2)

10:　　　　　place the data into the $\eta_{s-w} \times n_1 + 1 \sim \eta_{s-w} \times n_1 + \eta_{s-h} \times n_1$ disks evenly;

　　　　　(Storage Zone 1-2)

11:　　　　End if

12:　　　　If d_i has no working and holiday characteristics (Sub_Class 1-3)

13:　　　　　place the data into the $\eta_{s-w} \times n_1 + \eta_{s-h} \times n_1 + 1 \sim n_1$ disks evenly；(Storage Zone 1-3)

14:　　　　End if

15:　　End if

16:　if d_i has the summer characteristics (Class 2)

17:　　place it evenly into the following storage zone $M = \{m_1, m_2, \cdots, m_{n2}\}$;

　　　　(Storage Zone 2)

18:　　based on the Data Tidal Characteristics $\mathrm{CX}_2 = \begin{bmatrix} \mathrm{cx}_{21} \\ \mathrm{cx}_{22} \\ \vdots \\ \mathrm{cx}_{2\eta_m \times m} \end{bmatrix}$, and use the K-means clustering algorithm to classify the data into three classes s;

19:　　　　　If d_i has the working day characteristics (Sub_Class 2-1)

20:　　　　　　place the data into the $1 \sim \eta_{m-w} \times n_2$ disks evenly; (Storage Zone 2-1)

21:　　　　　End if

22:　　　　　If d_i has the holiday characteristics (Sub_Class 2-2)

23:　　　　　　place the data into the $\eta_{m-w} \times n_2 + 1 \sim \eta_{m-w} \times n_2 + \eta_{m-h} \times n_2$ disks evenly;

　　　　　　(Storage Zone 2-2)

24:　　　　　End if

25:　　　　　If d_i has no working and holiday characteristics (Sub_Class 2-3)

26:　　　　　　place the data into the $\eta_{m-w} \times n_2 + \eta_{m-h} \times n_2 + 1 \sim n_2$ disks evenly;

　　　　　　(Storage Zone 2-3)

27:　　　　　End if

28:　　　End if

29:　　　if d_i has the autumn characteristics (Class 3)

30:　　　　place it evenly into the following storage zone $A = \{a_1, a_2, \cdots, a_{n3}\}$;

　　　　　(Storage Zone 3)

31:　　　　based on the Data Tidal Characteristics $CX_3 = \begin{bmatrix} cx_{31} \\ cx_{32} \\ \vdots \\ cx_{3\eta_a \times m} \end{bmatrix}$, and use the K-means clustering

algorithm to classify the data into three classes;

32:　　　　　If d_i has the working day characteristics (Sub_Class 3-1)

33:　　　　　　place the data into the $1 \sim \eta_{a-w} \times n_3$ disks evenly; (Storage Zone 3-1)

34:　　　　　End if

35:　　　　　If d_i has the holiday characteristics (Sub_Class 3-2)

36:　　　　　　place the data into the $\eta_{a-w} \times n_3 + 1 \sim \eta_{a-w} \times n_3 + \eta_{s-h} \times n_3$ disks evenly;

　　　　　　(Storage Zone 3-2)

37:　　　　　End if

38:　　　　　If d_i has no working and holiday characteristics (Sub_Class 3-3)

39:　　　　　　place the data into the $\eta_{a-w} \times n_3 + \eta_{s-h} \times n_3 + 1 \sim n_3$ disks evenly;

　　　　　　(Storage Zone 3-3)

40:　　　　　End if

41:　　　End if

42:　　　if d_i has winter characteristics; (Class 4)

43:　　　　place it evenly into the following storage zone $W = \{w_1, w_2, \cdots, w_{n4}\}$ (Storage Zone 4)

44:　　　　based on the Data Tidal Characteristics $CX_4 = \begin{bmatrix} cx_{41} \\ cx_{42} \\ \vdots \\ cx_{4\eta_a \times m} \end{bmatrix}$, and use the K-means clustering algorithm to classify the data into three classes;

45:            If d_i has the working day characteristics (Sub_Class 4-1)

46:               place the data into the $1 \sim \eta_{w-w} \times n_4$ disks evenly; (Storage Zone 4-1)

47:            End if

48:            If d_i has the holiday characteristics (Sub_Class 4-2)

49:               place the data into the $\eta_{w-w} \times n_4 + 1 \sim \eta_{w-w} \times n_4 + \eta_{w-h} \times n_4$ disks evenly;

              (Storage Zone 4-2)

50:            End if

51:            If d_i has no working and holiday characteristics (Sub_Class 4-3)

52:               place the data into the $\eta_{w-w} \times n_4 + \eta_{w-h} \times n_4 + 1 \sim n_4$ disks evenly;

              (Storage Zone 4-3)

53:            End if

54:      End if

55:      if d_i has no seasonal characteristics (Class 5)

        place it evenly into the following storage zone $O = \{o_1, o_2, \cdots, o_{n5}\}$;

        (Storage Zone 5)

56:         based on the Data Tidal Characteristics $CX_5 = \begin{bmatrix} cx_{51} \\ cx_{52} \\ \vdots \\ cx_{5\eta_o \times m} \end{bmatrix}$, and use the K-means clustering

algorithm to classify the data into three classes;

57:            If d_i has the working day characteristics (Sub_Class 5-1)

58:               place the data into the $1 \sim \eta_{o-w} \times n_5$ disks evenly;

              (Storage Zone 5-1)

59:            End if

60:            If d_i has the holiday characteristics (Sub_Class 5-2)

61:               place the data into the $\eta_{o-w} \times n_5 + 1 \sim \eta_{o-w} \times n_5 + \eta_{o-h} \times n_5$ disks evenly;

              (Storage Zone 5-2)

62:            End if

63:            If d_i has no working and holiday characteristics (Sub_Class 5-3)

64:               place the data into the $\eta_{o-w} \times n_5 + \eta_{o-h} \times n_5 + 1 \sim n_5$ disks evenly;

              (Storage Zone 5-3)

65:            End if

66:      End if

67: End for

End

算法 3.3 所涉及的与数据比例相关的符号说明见表 3.24。

表 3.24 算法 3.3 所涉及的与数据比例相关的符号说明

符号	符号的含义	符号	符号的含义
η_s	具有春季特性的数据的比例	η_{s-w}	具有春季特性和具有工作日潮汐特性的数据的比例
		η_{s-h}	具有春季特性和具有休息日潮汐特性的数据的比例
		η_{s-o}	具有春季特性但无明显潮汐特性的数据的比例
η_m	具有夏季特性的数据的比例	η_{m-w}	具有夏季特性和具有工作日潮汐特性的数据的比例
		η_{m-h}	具有夏季特性和具有休息日潮汐特性的数据的比例
		η_{m-o}	具有夏季特性但无明显潮汐特性的数据的比例
η_a	具有秋季特性的数据的比例	η_{a-w}	具有秋季特性和具有工作日潮汐特性的数据的比例
		η_{a-h}	具有秋季特性和具有休息日潮汐特性的数据的比例
		η_{a-o}	具有秋季特性但无明显潮汐特性的数据的比例
η_w	具有冬季特性的数据的比例	η_{w-w}	具有冬季特性和具有工作日潮汐特性的数据的比例
		η_{w-h}	具有冬季特性和具有休息日潮汐特性的数据的比例
		η_{w-o}	具有冬季特性但无明显潮汐特性的数据的比例
η_o	无明显季节性特性的数据的比例	η_{o-w}	无明显季节性特性但具有工作日潮汐特性的数据的比例
		η_{o-h}	无明显季节性特性但具有休息日潮汐特性的数据的比例
		η_{o-o}	无明显季节性特性且无明显潮汐特性的数据的比例

上述符号满足如下关系：

$$\eta_s + \eta_m + \eta_a + \eta_w + \eta_o = 1$$
$$\eta_{s-w} + \eta_{s-h} + \eta_{s-o} = 1$$
$$\eta_{m-w} + \eta_{m-h} + \eta_{m-o} = 1$$
$$\eta_{a-w} + \eta_{a-h} + \eta_{a-o} = 1$$
$$\eta_{w-w} + \eta_{w-h} + \eta_{w-o} = 1$$
$$\eta_{o-w} + \eta_{o-h} + \eta_{o-o} = 1$$

假设存储系统中磁盘的个数为 n，磁盘的集合定义如下：

$$K = \{s_1, s_2, \cdots, s_{n1}, m_1, m_2, \cdots, m_{n2}, a_1, a_2, \cdots, a_{n3}, w_1, w_2, \cdots, w_{n4}, o_1, o_2, \cdots, o_{n5}\}$$

其中，集合 $S = \{s_1, s_2, \cdots, s_{n1}\}$，$M = \{m_1, m_2, \cdots, m_{n2}\}$，$A = \{a_1, a_2, \cdots, a_{n3}\}$，$W = \{w_1, w_2, \cdots, w_{n4}\}$，$O = \{o_1, o_2, \cdots, o_{n5}\}$ 分别表示用于存储具有春季特性、具有夏季特性、具有秋季特性、具有冬季特性和无明显季节特性的数据的磁盘集合。其中：

$$n_1 = \eta_s n，\quad n_2 = \eta_m n，\quad n_3 = \eta_a n$$

$$n_4 = \eta_w n , \quad n_5 = \eta_o n$$

每个季节特性存储区域中存储不同潮汐特性的数据的磁盘的比例见表 3.25。

表 3.25　每个季节特性存储区域中存储不同潮汐特性的数据的磁盘的比例参数表

参数	参数的含义
$\eta_{s-w} \times n_1$	存储具有春季特性和具有工作日潮汐特性的数据的磁盘个数
$\eta_{s-h} \times n_1$	存储具有春季特性和具有休息日潮汐特性的数据的磁盘个数
$\eta_{s-o} \times n_1$	存储具有春季特性但无明显潮汐特性的数据的磁盘个数
$\eta_{m-w} \times n_2$	存储具有夏季特性和具有工作日潮汐特性的数据的磁盘个数
$\eta_{m-h} \times n_2$	存储具有夏季特性和具有休息日潮汐特性的数据的磁盘个数
$\eta_{m-o} \times n_2$	存储具有夏季特性但无明显潮汐特性的数据的磁盘个数
$\eta_{a-w} \times n_3$	存储具有秋季特性和具有工作日潮汐特性的数据的磁盘个数
$\eta_{a-h} \times n_3$	存储具有秋季特性和具有休息日潮汐特性的数据的磁盘个数
$\eta_{a-o} \times n_3$	存储具有秋季特性但无明显潮汐特性的数据的磁盘个数
$\eta_{w-w} \times n_4$	存储具有冬季特性和具有工作日潮汐特性的数据的磁盘个数
$\eta_{w-h} \times n_4$	存储具有冬季特性和具有休息日潮汐特性的数据的磁盘个数
$\eta_{w-o} \times n_4$	存储具有冬季特性但无明显潮汐特性的数据的磁盘个数
$\eta_{o-w} \times n_5$	存储无明显季节性特性但具有工作日潮汐特性的数据的磁盘个数
$\eta_{o-h} \times n_5$	存储无明显季节性特性但具有休息日潮汐特性的数据的磁盘个数
$\eta_{o-o} \times n_5$	存储无明显季节性特性且无明显潮汐特性的数据的磁盘个数

1. 能耗建模中涉及的相关参数的描述

能耗感知的数据分类策略的假设前提是，存储系统中的磁盘的速度可调节，具有两种模式：高转速高能耗模式和低转速低能耗模式。假设高转速高能耗模式下传输速率为 τ^h(Mbit / s)，活动状态(active)下的单位时间的能耗为 p^h(J / s)，空闲状态下的单位时间的能耗为 i^h(J / s)。低转速低能耗模式下传输速率为 τ^l(Mbit / s)，活动状态下的单位时间的能耗为 p^l(J / s)，空闲状态下的单位时间的能耗为 i^l(J / s)。为了简单起见，假设存储系统中的磁盘的容量大小一样(磁盘的容量大小对系统的性能和能耗模型并无影响)为 c ，同时假设数据集中数据的平均大小为 s' (大数据的分布式存储中为了并行处理，通常将数据分成大小相同的数据块)。因此一个处于高性能高能耗模式下的磁盘 d_h 可以用一个四元组表示，即 $d_h = \{c, \tau^h, p^h, i^h\}$ ，而一个处于低性能低能耗模式下的磁盘 d_l 可以用一个四元组表示，即 $d_l = \{c, \tau^l, p^l, i^l\}$ 。

假设给定的数据集 $D = \{d_1, d_2, \cdots, d_m\}$ 通过 K-ear 的分类算法将数据划分为 5 个大类，15 个小类，在相应的存储区域中进行存储。每个类别对应的数据集合汇总于表 3.26 中。

表 3.26 5 个大类 15 个小类对应的数据集的描述

大类	对应的数据集	小类	对应的数据集
Class 1	$D_1 = \{d_{11}, d_{12}, \cdots, d_{1\eta_s \times m}\}$	Class 1-1	$D_{11} = \{d_{111}, d_{112}, \cdots, d_{11\eta_s \times m \times \eta_{s-h}}\}$
		Class 1-2	$D_{12} = \{d_{121}, d_{122}, \cdots, d_{12\eta_s \times m \times \eta_{s-h}}\}$
		Class 1-3	$D_{13} = \{d_{131}, d_{132}, \cdots, d_{13\eta_s \times m \times \eta_{s-o}}\}$
Class 2	$D_2 = \{d_{21}, d_{22}, \cdots, d_{2\eta_m \times m}\}$	Class 2-1	$D_{21} = \{d_{211}, d_{212}, \cdots, d_{21\eta_m \times m \times \eta_{m-w}}\}$
		Class 2-2	$D_{22} = \{d_{221}, d_{222}, \cdots, d_{22\eta_m \times m \times \eta_{m-h}}\}$
		Class 2-3	$D_{23} = \{d_{231}, d_{232}, \cdots, d_{23\eta_m \times m \times \eta_{m-o}}\}$
Class 3	$D_3 = \{d_{31}, d_{32}, \cdots, d_{3\eta_q \times m}\}$	Class 3-1	$D_{31} = \{d_{311}, d_{312}, \cdots, d_{31\eta_q \times m \times \eta_{q-w}}\}$
		Class 3-2	$D_{32} = \{d_{321}, d_{322}, \cdots, d_{32\eta_q \times m \times \eta_{q-h}}\}$
		Class 3-3	$D_{33} = \{d_{331}, d_{332}, \cdots, d_{33\eta_q \times m \times \eta_{q-o}}\}$
Class 4	$D_4 = \{d_{41}, d_{42}, \cdots, d_{4\eta_q \times m}\}$	Class 4-1	$D_{41} = \{d_{411}, d_{412}, \cdots, d_{41\eta_q \times m \times \eta_{q-w}}\}$
		Class 4-2	$D_{42} = \{d_{421}, d_{422}, \cdots, d_{42\eta_q \times m \times \eta_{q-h}}\}$
		Class 4-3	$D_{43} = \{d_{431}, d_{432}, \cdots, d_{43\eta_q \times m \times \eta_{q-o}}\}$
Class 5	$D_5 = \{d_{51}, d_{52}, \cdots, d_{5\eta_q \times m}\}$	Class 5-1	$D_{51} = \{d_{511}, d_{512}, \cdots, d_{51\eta_q \times m \times \eta_{q-w}}\}$
		Class 5-2	$D_{52} = \{d_{521}, d_{522}, \cdots, d_{52\eta_q \times m \times \eta_{q-h}}\}$
		Class 5-3	$D_{53} = \{d_{531}, d_{532}, \cdots, d_{53\eta_q \times m \times \eta_{q-o}}\}$

因为，K-ear 的分类算法的粒度是某个季节的工作日或休息日，根据前面所述具体到各个季节的工作日或休息日，不同的磁盘系统的分区的能耗模式如表 3.27 所示。

表 3.27 不同时间区域下不同存储区域的运行模式汇总

时间区域	高速模式区域及对应的存储节点的个数	低速模式区域及对应的存储节点的个数
春季工作日	Storage Zone 1-1 ($\eta_{s-w} \times n_1$) Storage Zone 1-3 ($\eta_{s-o} \times n_1$) Storage Zone 5-1 ($\eta_{s-w} \times n_5$) Storage Zone 5-3 ($\eta_{s-o} \times n_5$) 磁盘总数: $H_1 = \eta_{s-w} \times n_1 + \eta_{s-o} \times n_1 + \eta_{s-w} \times n_5 + \eta_{s-o} \times n_5$	Storage Zone 1-2 ($\eta_{s-h} \times n_1$) Storage Zone 2 (n_2) Storage Zone 3 (n_3) Storage Zone 4 (n_4) Storage Zone 5-2 ($\eta_{s-h} \times n_5$) 磁盘总数: $L_1 = \eta_{s-h} \times n_1 + n_2 + n_3 + n_4 + \eta_{s-h} \times n_5$
春季休息日	Storage Zone 1-2 ($\eta_{s-h} \times n_1$) Storage Zone 1-3 ($\eta_{s-o} \times n_1$) Storage Zone 5-2 ($\eta_{s-h} \times n_5$) Storage Zone 5-3 ($\eta_{s-o} \times n_5$) 磁盘总数: $H_2 = \eta_{s-h} \times n_1 + \eta_{s-o} \times n_1 + \eta_{s-h} \times n_5 + \eta_{s-o} \times n_5$	Storage Zone 1-1 ($\eta_{s-w} \times n_1$) Storage Zone 2 (n_2) Storage Zone 3 (n_3) Storage Zone 4 (n_4) Storage Zone 5-1 ($\eta_{s-w} \times n_5$) 磁盘总数: $L_2 = \eta_{s-w} \times n_1 + n_2 + n_3 + n_4 + \eta_{s-w} \times n_5$
夏季工作日	Storage Zone 2-1 ($\eta_{m-w} \times n_2$) Storage Zone 2-3 ($\eta_{m-o} \times n_2$) Storage Zone 5-1 ($\eta_{m-w} \times n_5$) Storage Zone 5-3 ($\eta_{m-o} \times n_5$) 磁盘总数: $H_3 = \eta_{m-w} \times n_2 + \eta_{m-o} \times n_2 + \eta_{m-w} \times n_5 + \eta_{m-o} \times n_5$	Storage Zone 2-2 ($\eta_{m-h} \times n_2$) Storage Zone 1 (n_1) Storage Zone 3 (n_3) Storage Zone 4 (n_4) Storage Zone 5-2 ($\eta_{m-h} \times n_5$) 磁盘总数: $L_3 = \eta_{m-h} \times n_2 + n_1 + n_3 + n_4 + \eta_{m-h} \times n_5$
夏季休息日	Storage Zone 2-2 ($\eta_{m-h} \times n_2$) Storage Zone 2-3 ($\eta_{m-o} \times n_2$) Storage Zone 5-2 ($\eta_{m-h} \times n_5$) Storage Zone 5-3 ($\eta_{m-o} \times n_5$) 磁盘总数: $H_4 = \eta_{m-h} \times n_2 + \eta_{m-o} \times n_2 + \eta_{m-h} \times n_5 + \eta_{m-o} \times n_5$	Storage Zone 2-1 ($\eta_{m-w} \times n_2$) Storage Zone 1 (n_1) Storage Zone 3 (n_3) Storage Zone 4 (n_4) Storage Zone 5-1 ($\eta_{m-w} \times n_5$) 磁盘总数: $L_4 = \eta_{m-w} \times n_2 + n_1 + n_3 + n_4 + \eta_{m-w} \times n_5$
秋季工作日	Storage Zone 3-1 ($\eta_{a-w} \times n_3$) Storage Zone 3-3 ($\eta_{a-o} \times n_3$) Storage Zone 5-1 ($\eta_{a-w} \times n_5$) Storage Zone 5-3 ($\eta_{a-o} \times n_5$) 磁盘总数: $H_5 = \eta_{a-w} \times n_3 + \eta_{a-o} \times n_3 + \eta_{a-w} \times n_5 + \eta_{a-o} \times n_5$	Storage Zone 3-2 ($\eta_{a-h} \times n_3$) Storage Zone 1 (n_1) Storage Zone 2 (n_2) Storage Zone 4 (n_4) Storage Zone 5-2 ($\eta_{a-h} \times n_5$) 磁盘总数: $L_4 = \eta_{a-h} \times n_3 + n_1 + n_2 + n_4 + \eta_{a-h} \times n_5$
秋季休息日	Storage Zone 3-2 ($\eta_{a-h} \times n_3$) Storage Zone 3-3 ($\eta_{a-o} \times n_3$) Storage Zone 5-2 ($\eta_{a-h} \times n_5$) Storage Zone 5-3 ($\eta_{a-o} \times n_5$) 磁盘总数: $H_6 = \eta_{a-h} \times n_3 + \eta_{a-o} \times n_3 + \eta_{a-h} \times n_5 + \eta_{a-o} \times n_5$	Storage Zone 3-1 ($\eta_{a-w} \times n_3$) Storage Zone 1 (n_1) Storage Zone 2 (n_2) Storage Zone 4 (n_4) Storage Zone 5-1 ($\eta_{a-w} \times n_5$) 磁盘总数: $L_6 = \eta_{a-w} \times n_3 + n_1 + n_2 + n_4 + \eta_{a-w} \times n_5$

时间区域	高速模式区域及对应的存储节点的个数	低速模式区域及对应的存储节点的个数
冬季工作日	Storage Zone 4-1 ($\eta_{w-w} \times n_4$) Storage Zone 4-3 ($\eta_{w-o} \times n_4$) Storage Zone 5-1 ($\eta_{w-w} \times n_5$) Storage Zone 5-3 ($\eta_{w-o} \times n_5$) 磁盘总数: $H_7 = \eta_{w-w} \times n_4 + \eta_{w-o} \times n_4 + \eta_{w-w} \times n_5 + \eta_{w-o} \times n_5$	Storage Zone 4-2 ($\eta_{w-h} \times n_4$) Storage Zone 1 (n_1) Storage Zone 2 (n_2) Storage Zone 3 (n_3) Storage Zone 5-2 ($\eta_{w-h} \times n_5$) 磁盘总数: $L_7 = \eta_{w-h} \times n_4 + n_1 + n_2 + n_3 + \eta_{w-h} \times n_5$
冬季休息日	Storage Zone 4-2 ($\eta_{w-h} \times n_4$) Storage Zone 4-3 ($\eta_{w-o} \times n_4$) Storage Zone 5-2 ($\eta_{w-h} \times n_5$) Storage Zone 5-3 ($\eta_{w-o} \times n_5$) 磁盘总数: $H_8 = \eta_{w-h} \times n_4 + \eta_{w-o} \times n_4 + \eta_{w-h} \times n_5 + \eta_{w-o} \times n_5$	Storage Zone 4-1 ($\eta_{w-w} \times n_4$) Storage Zone 1 (n_1) Storage Zone 2 (n_2) Storage Zone 3 (n_3) Storage Zone 5-1 ($\eta_{w-w} \times n_5$) 磁盘总数: $L_8 = \eta_{w-w} \times n_4 + n_1 + n_2 + n_3 + \eta_{w-w} \times n_5$

同时，为了计算出对应的存储区域中存储节点处于活动状态(Active)和空转状态(Idle)的时间，对各个时间区域内不同存储区域中的数据的访问次数的汇总于表 3.28 和表 3.29 中。

表 3.28　不同时间区域内存储在高速模式区域的数据集及其访问次数

时间区域	数据集	数据集大小	访问次数
春季工作日	Class 1-1: $D_{11} = \{d_{111}, d_{112}, \cdots, d_{11\eta_s \times m \times \eta_{s-w}}\}$	$\eta_s \times m \times \eta_{s-w}$	$\mathrm{HFF} = \{\mathrm{hff}_1, \mathrm{hff}_2, \cdots, \mathrm{hff}_{\eta_s \times m \times \eta_{s-w}}\}$
	Class 1-3: $D_{13} = \{d_{131}, d_{132}, \cdots, d_{13\eta_s \times m \times \eta_{s-o}}\}$	$\eta_s \times m \times \eta_{s-o}$	$\mathrm{HSF} = \{\mathrm{hsf}_1, \mathrm{hsf}_2, \cdots, \mathrm{hsf}_{\eta_s \times m \times \eta_{s-o}}\}$
	Class 5-1: $D_{51} = \{d_{511}, d_{512}, \cdots, d_{51\eta_o \times m \times \eta_{o-w}}\}$	$\eta_o \times m \times \eta_{o-w}$	$\mathrm{HTF} = \{\mathrm{htf}_1, \mathrm{htf}_2, \cdots, \mathrm{htf}_{\eta_o \times m \times \eta_{o-w}}\}$
	Class 5-3: $D_{53} = \{d_{531}, d_{532}, \cdots, d_{53\eta_o \times m \times \eta_{o-o}}\}$	$\eta_o \times m \times \eta_{o-o}$	$\mathrm{HOF} = \{\mathrm{hof}_1, \mathrm{hof}_2, \cdots, \mathrm{hof}_{\eta_o \times m \times \eta_{o-o}}\}$
春季休息日	Class 1-2: $D_{12} = \{d_{121}, d_{122}, \cdots, d_{12\eta_s \times m \times \eta_{s-h}}\}$	$\eta_s \times m \times \eta_{s-h}$	$\mathrm{HFS} = \{\mathrm{hfs}_1, \mathrm{hfs}_2, \cdots, \mathrm{hfs}_{\eta_s \times m \times \eta_{s-h}}\}$
	Class 1-3: $D_{13} = \{d_{131}, d_{132}, \cdots, d_{13\eta_s \times m \times \eta_{s-o}}\}$	$\eta_s \times m \times \eta_{s-o}$	$\mathrm{HSS} = \{\mathrm{hss}_1, \mathrm{hss}_2, \cdots, \mathrm{hss}_{\eta_s \times m \times \eta_{s-o}}\}$
	Class 5-2: $D_{51} = \{d_{521}, d_{522}, \cdots, d_{52\eta_o \times m \times \eta_{o-h}}\}$	$\eta_o \times m \times \eta_{o-h}$	$\mathrm{HTS} = \{\mathrm{hts}_1, \mathrm{hts}_2, \cdots, \mathrm{hts}_{\eta_o \times m \times \eta_{o-h}}\}$
	Class 5-3: $D_{53} = \{d_{531}, d_{532}, \cdots, d_{53\eta_o \times m \times \eta_{o-o}}\}$	$\eta_o \times m \times \eta_{o-o}$	$\mathrm{HOS} = \{\mathrm{hos}_1, \mathrm{hos}_2, \cdots, \mathrm{hos}_{\eta_o \times m \times \eta_{o-o}}\}$

时间区域	数据集	数据集大小	访问次数
夏季工作日	Class 2-1: $D_{21} = \{d_{211}, d_{212}, \cdots, d_{21_{\eta_m \times m \times \eta_{m-w}}}\}$	$\eta_m \times m \times \eta_{m-w}$	$\text{HFT} = \{\text{hft}_1, \text{hft}_2, \cdots, \text{hft}_{\eta_m \times m \times \eta_{m-w}}\}$
	Class 2-3: $D_{23} = \{d_{231}, d_{232}, \cdots, d_{23_{\eta_m \times m \times \eta_{m-o}}}\}$	$\eta_m \times m \times \eta_{m-o}$	$\text{HST} = \{\text{hst}_1, \text{hst}_2, \cdots, \text{hst}_{\eta_m \times m \times \eta_{m-o}}\}$
	Class 5-1: $D_{51} = \{d_{511}, d_{512}, \cdots, d_{51_{\eta_o \times m \times \eta_{o-w}}}\}$	$\eta_o \times m \times \eta_{o-w}$	$\text{HTT} = \{\text{htt}_1, \text{htt}_2, \cdots, \text{htt}_{\eta_o \times m \times \eta_{o-w}}\}$
	Class 5-3: $D_{53} = \{d_{531}, d_{532}, \cdots, d_{53_{\eta_o \times m \times \eta_{o-o}}}\}$	$\eta_o \times m \times \eta_{o-o}$	$\text{HOT} = \{\text{hot}_1, \text{hot}_2, \cdots, \text{hot}_{\eta_o \times m \times \eta_{o-o}}\}$
夏季休息日	Class 2-2: $D_{22} = \{d_{221}, d_{222}, \cdots, d_{22_{\eta_m \times m \times \eta_{m-h}}}\}$	$\eta_m \times m \times \eta_{m-h}$	$\text{HFO} = \{\text{hfo}_1, \text{hfo}_2, \cdots, \text{hfo}_{\eta_m \times m \times \eta_{m-h}}\}$
	Class 2-3: $D_{23} = \{d_{231}, d_{232}, \cdots, d_{23_{\eta_m \times m \times \eta_{m-o}}}\}$	$\eta_m \times m \times \eta_{m-o}$	$\text{HSO} = \{\text{hso}_1, \text{hso}_2, \cdots, \text{hso}_{\eta_m \times m \times \eta_{m-o}}\}$
	Class 5-2: $D_{51} = \{d_{521}, d_{522}, \cdots, d_{52_{\eta_o \times m \times \eta_{o-h}}}\}$	$\eta_o \times m \times \eta_{o-h}$	$\text{HTO} = \{\text{hto}_1, \text{hto}_2, \cdots, \text{hto}_{\eta_o \times m \times \eta_{o-h}}\}$
	Class 5-3: $D_{53} = \{d_{531}, d_{532}, \cdots, d_{53_{\eta_o \times m \times \eta_{o-o}}}\}$	$\eta_o \times m \times \eta_{o-o}$	$\text{HOO} = \{\text{hoo}_1, \text{hoo}_2, \cdots, \text{hoo}_{\eta_o \times m \times \eta_{o-o}}\}$
秋季工作日	Class 3-1: $D_{31} = \{d_{311}, d_{312}, \cdots, d_{31_{\eta_a \times m \times \eta_{a-w}}}\}$	$\eta_a \times m \times \eta_{a-w}$	$\text{HFI} = \{\text{hfi}_1, \text{hfi}_2, \cdots, \text{hfi}_{\eta_a \times m \times \eta_{a-w}}\}$
	Class 3-3: $D_{33} = \{d_{331}, d_{332}, \cdots, d_{33_{\eta_a \times m \times \eta_{a-o}}}\}$	$\eta_a \times m \times \eta_{a-o}$	$\text{HSI} = \{\text{hsi}_1, \text{hsi}_2, \cdots, \text{hsi}_{\eta_a \times m \times \eta_{a-o}}\}$
	Class 5-1: $D_{51} = \{d_{511}, d_{512}, \cdots, d_{51_{\eta_o \times m \times \eta_{o-w}}}\}$	$\eta_o \times m \times \eta_{o-w}$	$\text{HTI} = \{\text{hti}_1, \text{hti}_2, \cdots, \text{hti}_{\eta_o \times m \times \eta_{o-w}}\}$
	Class 5-3: $D_{53} = \{d_{531}, d_{532}, \cdots, d_{53_{\eta_o \times m \times \eta_{o-o}}}\}$	$\eta_o \times m \times \eta_{o-o}$	$\text{HOI} = \{\text{hoi}_1, \text{hoi}_2, \cdots, \text{hoi}_{\eta_o \times m \times \eta_{o-o}}\}$
秋季休息日	Class 3-2: $D_{32} = \{d_{321}, d_{322}, \cdots, d_{32_{\eta_a \times m \times \eta_{a-h}}}\}$	$\eta_a \times m \times \eta_{a-h}$	$\text{HFX} = \{\text{hfx}_1, \text{hfx}_2, \cdots, \text{hfx}_{\eta_a \times m \times \eta_{a-h}}\}$
	Class 3-3: $D_{33} = \{d_{331}, d_{332}, \cdots, d_{33_{\eta_a \times m \times \eta_{a-o}}}\}$	$\eta_a \times m \times \eta_{a-o}$	$\text{HSX} = \{\text{hsx}_1, \text{hsx}_2, \cdots, \text{hsx}_{\eta_a \times m \times \eta_{a-o}}\}$
	Class 5-2: $D_{51} = \{d_{521}, d_{522}, \cdots, d_{52_{\eta_o \times m \times \eta_{o-h}}}\}$	$\eta_o \times m \times \eta_{o-h}$	$\text{HTX} = \{\text{htx}_1, \text{htx}_2, \cdots, \text{htx}_{\eta_o \times m \times \eta_{o-h}}\}$
	Class 5-3: $D_{53} = \{d_{531}, d_{532}, \cdots, d_{53_{\eta_o \times m \times \eta_{o-o}}}\}$	$\eta_o \times m \times \eta_{o-o}$	$\text{HOX} = \{\text{hox}_1, \text{hox}_2, \cdots, \text{hox}_{\eta_o \times m \times \eta_{o-o}}\}$

时间区域	数据集	数据集大小	访问次数
冬季工作日	Class 4-1: $D_{41} = \{d_{411}, d_{412}, \cdots, d_{41_{\eta_w \times m \times \eta_{w-w}}}\}$	$\eta_w \times m \times \eta_{w-w}$	$\mathrm{HFV} = \{\mathrm{hfv}_1, \mathrm{hfv}_2, \cdots, \mathrm{hfv}_{\eta_w \times m \times \eta_{w-w}}\}$
	Class 4-3: $D_{43} = \{d_{431}, d_{432}, \cdots, d_{43_{\eta_w \times m \times \eta_{w-o}}}\}$	$\eta_w \times m \times \eta_{w-o}$	$\mathrm{HSV} = \{\mathrm{hsv}_1, \mathrm{hsv}_2, \cdots, \mathrm{hsv}_{\eta_w \times m \times \eta_{w-o}}\}$
	Class 5-1: $D_{51} = \{d_{511}, d_{512}, \cdots, d_{51_{\eta_o \times m \times \eta_{w-o}}}\}$	$\eta_o \times m \times \eta_{w-o}$	$\mathrm{HTV} = \{\mathrm{htv}_1, \mathrm{htv}_2, \cdots, \mathrm{htv}_{\eta_o \times m \times \eta_{w-o}}\}$
	Class 5-3: $D_{53} = \{d_{531}, d_{532}, \cdots, d_{53_{\eta_o \times m \times \eta_{o-o}}}\}$	$\eta_o \times m \times \eta_{o-o}$	$\mathrm{HOV} = \{\mathrm{hov}_1, \mathrm{hov}_2, \cdots, \mathrm{hov}_{\eta_o \times m \times \eta_{o-o}}\}$
冬季休息日	Class 4-2: $D_{42} = \{d_{421}, d_{422}, \cdots, d_{42_{\eta_w \times m \times \eta_{w-h}}}\}$	$\eta_w \times m \times \eta_{w-h}$	$\mathrm{HFE} = \{\mathrm{hfe}_1, \mathrm{hfe}_2, \cdots, \mathrm{hfe}_{\eta_w \times m \times \eta_{w-h}}\}$
	Class 4-3: $D_{43} = \{d_{431}, d_{432}, \cdots, d_{43_{\eta_w \times m \times \eta_{w-o}}}\}$	$\eta_w \times m \times \eta_{w-o}$	$\mathrm{HSE} = \{\mathrm{hse}_1, \mathrm{hse}_2, \cdots, \mathrm{hse}_{\eta_w \times m \times \eta_{w-o}}\}$
	Class 5-2: $D_{51} = \{d_{521}, d_{522}, \cdots, d_{52_{\eta_o \times m \times \eta_{o-h}}}\}$	$\eta_o \times m \times \eta_{o-h}$	$\mathrm{HTE} = \{\mathrm{hte}_1, \mathrm{hte}_2, \cdots, \mathrm{hte}_{\eta_o \times m \times \eta_{o-h}}\}$
	Class 5-3: $D_{53} = \{d_{531}, d_{532}, \cdots, d_{53_{\eta_o \times m \times \eta_{o-o}}}\}$	$\eta_o \times m \times \eta_{o-o}$	$\mathrm{HOE} = \{\mathrm{hoe}_1, \mathrm{hoe}_2, \cdots, \mathrm{hoe}_{\eta_o \times m \times \eta_{o-o}}\}$

表 3.29 不同时间区域内存储低速模式区域的数据集及其访问次数

时间区域	数据集	数据集大小	访问次数
春季工作日	Class 1-2: $D_{12} = \{d_{121}, d_{122}, \cdots, d_{12_{\eta_s \times m \times \eta_{s-h}}}\}$	$\eta_s \times m \times \eta_{s-h}$	$\mathrm{LFF} = \{\mathrm{lff}_1, \mathrm{lff}_2, \cdots, \mathrm{lff}_{\eta_s \times m \times \eta_{s-h}}\}$
	Class 2: $D_2 = \{d_{21}, d_{22}, \cdots, d_{2_{\eta_m \times m}}\}$	$\eta_m \times m$	$\mathrm{LSF} = \{\mathrm{lsf}_1, \mathrm{lsf}_2, \cdots, \mathrm{lsf}_{\eta_m \times m}\}$
	Class 3: $D_3 = \{d_{31}, d_{32}, \cdots, d_{3_{\eta_a \times m}}\}$	$\eta_a \times m$	$\mathrm{LTF} = \{\mathrm{ltf}_1, \mathrm{ltf}_2, \cdots, \mathrm{ltf}_{\eta_a \times m}\}$
	Class 4: $D_4 = \{d_{41}, d_{42}, \cdots, d_{4_{\eta_w \times m}}\}$	$\eta_w \times m$	$\mathrm{LOF} = \{\mathrm{lof}_1, \mathrm{lof}_2, \cdots, \mathrm{lof}_{\eta_w \times m}\}$
	Class 5-2: $D_{52} = \{d_{521}, d_{522}, \cdots, d_{52_{\eta_o \times m \times \eta_{o-h}}}\}$	$\eta_o \times m \times \eta_{o-h}$	$\mathrm{LIF} = \{\mathrm{lif}_1, \mathrm{lif}_2, \cdots, \mathrm{lif}_{\eta_o \times m \times \eta_{o-h}}\}$
春季休息日	Class 1-1: $D_{11} = \{d_{111}, d_{112}, \cdots, d_{11_{\eta_s \times m \times \eta_{s-w}}}\}$	$\eta_s \times m \times \eta_{s-w}$	$\mathrm{LFS} = \{\mathrm{lfs}_1, \mathrm{lfs}_2, \cdots, \mathrm{lfs}_{\eta_s \times m \times \eta_{s-w}}\}$
	Class 2: $D_2 = \{d_{21}, d_{22}, \cdots, d_{2_{\eta_m \times m}}\}$	$\eta_m \times m$	$\mathrm{LSS} = \{\mathrm{lss}_1, \mathrm{lss}_2, \cdots, \mathrm{lss}_{\eta_m \times m}\}$
	Class 3: $D_3 = \{d_{31}, d_{32}, \cdots, d_{3_{\eta_a \times m}}\}$	$\eta_a \times m$	$\mathrm{LTS} = \{\mathrm{lts}_1, \mathrm{lts}_2, \cdots, \mathrm{lts}_{\eta_a \times m}\}$

续表

时间区域	数据集	数据集大小	访问次数
春季休息日	Class 4: $D_4 = \{d_{41}, d_{42}, \cdots, d_{4\eta_w \times m}\}$	$\eta_w \times m$	$LOS = \{los_1, los_2, \cdots, los_{\eta_w \times m}\}$
	Class 5-1: $D_{51} = \{d_{511}, d_{512}, \cdots, d_{51\eta_o \times m \times \eta_{o-w}}\}$	$\eta_o \times m \times \eta_{o-w}$	$LIS = \{lis_1, lis_2, \cdots, lis_{\eta_o \times m \times \eta_{o-w}}\}$
夏季工作日	Class 2-2: $D_{22} = \{d_{221}, d_{222}, \cdots, d_{22\eta_m \times m \times \eta_{m-h}}\}$	$\eta_m \times m \times \eta_{m-h}$	$LFT = \{lft_1, lft_2, \cdots, lft_{\eta_m \times m \times \eta_{m-h}}\}$
	Class 1: $D_1 = \{d_{11}, d_{12}, \cdots, d_{1\eta_s \times m}\}$	$\eta_s \times m$	$LST = \{lst_1, lst_2, \cdots, lst_{\eta_s \times m}\}$
	Class 3: $D_3 = \{d_{31}, d_{32}, \cdots, d_{3\eta_a \times m}\}$	$\eta_a \times m$	$LTT = \{ltt_1, ltt_2, \cdots, ltt_{\eta_a \times m}\}$
	Class 4: $D_4 = \{d_{41}, d_{42}, \cdots, d_{4\eta_w \times m}\}$	$\eta_w \times m$	$LOT = \{lot_1, lot_2, \cdots, lot_{\eta_w \times m}\}$
	Class 5-2: $D_{52} = \{d_{521}, d_{522}, \cdots, d_{52\eta_o \times m \times \eta_{o-h}}\}$	$\eta_o \times m \times \eta_{o-h}$	$LIT = \{lit_1, lit_2, \cdots, lit_{\eta_o \times m \times \eta_{o-h}}\}$
夏季休息日	Class 2-1: $D_{21} = \{d_{211}, d_{212}, \cdots, d_{21\eta_m \times m \times \eta_{m-w}}\}$	$\eta_m \times m \times \eta_{m-w}$	$LFO = \{lfo_1, lfo_2, \cdots, lfo_{\eta_m \times m \times \eta_{m-w}}\}$
	Class 1: $D_1 = \{d_{11}, d_{12}, \cdots, d_{1\eta_s \times m}\}$	$\eta_s \times m$	$LSO = \{lso_1, lso_2, \cdots, lso_{\eta_s \times m}\}$
	Class 3: $D_3 = \{d_{31}, d_{32}, \cdots, d_{3\eta_a \times m}\}$	$\eta_a \times m$	$LTO = \{lto_1, lto_2, \cdots, lto_{\eta_a \times m}\}$
	Class 4: $D_4 = \{d_{41}, d_{42}, \cdots, d_{4\eta_w \times m}\}$	$\eta_w \times m$	$LOO = \{loo_1, loo_2, \cdots, loo_{\eta_w \times m}\}$
	Class 5-1: $D_{51} = \{d_{511}, d_{512}, \cdots, d_{51\eta_o \times m \times \eta_{o-w}}\}$	$\eta_o \times m \times \eta_{o-w}$	$LIO = \{lio_1, lio_2, \cdots, lio_{\eta_o \times m \times \eta_{o-w}}\}$
秋季工作日	Class 3-2: $D_{32} = \{d_{321}, d_{322}, \cdots, d_{32\eta_a \times m \times \eta_{a-h}}\}$	$\eta_a \times m \times \eta_{a-h}$	$LFI = \{lfi_1, lfi_2, \cdots, lfi_{\eta_a \times m \times \eta_{a-h}}\}$
	Class 1: $D_1 = \{d_{11}, d_{12}, \cdots, d_{1\eta_s \times m}\}$	$\eta_s \times m$	$LSI = \{lsi_1, lsi_2, \cdots, lsi_{\eta_s \times m}\}$
	Class 2: $D_2 = \{d_{21}, d_{22}, \cdots, d_{2\eta_m \times m}\}$	$\eta_m \times m$	$LTI = \{lti_1, lti_2, \cdots, lti_{\eta_m \times m}\}$
	Class 4: $D_4 = \{d_{41}, d_{42}, \cdots, d_{4\eta_w \times m}\}$	$\eta_w \times m$	$LOI = \{loi_1, loi_2, \cdots, loi_{\eta_w \times m}\}$
	Class 5-2: $D_{52} = \{d_{521}, d_{522}, \cdots, d_{52\eta_o \times m \times \eta_{o-h}}\}$	$\eta_o \times m \times \eta_{o-h}$	$LII = \{lii_1, lii_2, \cdots, lii_{\eta_o \times m \times \eta_{o-h}}\}$

续表

时间区域	数据集	数据集大小	访问次数
秋季休息日	Class 3-1: $D_{31} = \{d_{311}, d_{312}, \cdots, d_{31_{\eta_a \times m \times \eta_{a-w}}}\}$	$\eta_a \times m \times \eta_{a-w}$	$\text{LFX} = \{\text{lfx}_1, \text{lfx}_2, \cdots, \text{lfx}_{\eta_a \times m \times \eta_{a-w}}\}$
	Class 1: $D_1 = \{d_{11}, d_{12}, \cdots, d_{1_{\eta_s \times m}}\}$	$\eta_s \times m$	$\text{LSX} = \{\text{lsx}_1, \text{lsx}_2, \cdots, \text{lsx}_{\eta_s \times m}\}$
	Class 2: $D_2 = \{d_{21}, d_{22}, \cdots, d_{2_{\eta_m \times m}}\}$	$\eta_m \times m$	$\text{LTX} = \{\text{ltx}_1, \text{ltx}_2, \cdots, \text{ltx}_{\eta_m \times m}\}$
	Class 4: $D_4 = \{d_{41}, d_{42}, \cdots, d_{4_{\eta_w \times m}}\}$	$\eta_w \times m$	$\text{LOX} = \{\text{lox}_1, \text{lox}_2, \cdots, \text{lox}_{\eta_w \times m}\}$
	Class 5-1: $D_{51} = \{d_{511}, d_{512}, \cdots, d_{51_{\eta_o \times m \times \eta_{o-w}}}\}$	$\eta_o \times m \times \eta_{o-w}$	$\text{LIX} = \{\text{lix}_1, \text{lix}_2, \cdots, \text{lix}_{\eta_o \times m \times \eta_{o-w}}\}$
冬季工作日	Class 4-2: $D_{42} = \{d_{421}, d_{422}, \cdots, d_{42_{\eta_w \times m \times \eta_{w-h}}}\}$	$\eta_w \times m \times \eta_{w-h}$	$\text{LFV} = \{\text{lfv}_1, \text{lfv}_2, \cdots, \text{lfv}_{\eta_w \times m \times \eta_{w-h}}\}$
	Class 1: $D_1 = \{d_{11}, d_{12}, \cdots, d_{1_{\eta_s \times m}}\}$	$\eta_s \times m$	$\text{LSV} = \{\text{lsv}_1, \text{lsv}_2, \cdots, \text{lsv}_{\eta_s \times m}\}$
	Class 2: $D_2 = \{d_{21}, d_{22}, \cdots, d_{2_{\eta_m \times m}}\}$	$\eta_m \times m$	$\text{LTV} = \{\text{ltv}_1, \text{ltv}_2, \cdots, \text{ltv}_{\eta_m \times m}\}$
	Class 3: $D_3 = \{d_{31}, d_{32}, \cdots, d_{3_{\eta_a \times m}}\}$	$\eta_a \times m$	$\text{LOV} = \{\text{lov}_1, \text{lov}_2, \cdots, \text{lov}_{\eta_a \times m}\}$
	Class 5-2: $D_{52} = \{d_{521}, d_{522}, \cdots, d_{52_{\eta_o \times m \times \eta_{o-h}}}\}$	$\eta_o \times m \times \eta_{o-h}$	$\text{LIV} = \{\text{liv}_1, \text{liv}_2, \cdots, \text{liv}_{\eta_o \times m \times \eta_{o-h}}\}$
冬季休息日	Class 4-1: $D_{41} = \{d_{411}, d_{412}, \cdots, d_{41_{\eta_w \times m \times \eta_{w-w}}}\}$	$\eta_w \times m \times \eta_{w-w}$	$\text{LFE} = \{\text{lfe}_1, \text{lfe}_2, \cdots, \text{lfe}_{\eta_w \times m \times \eta_{w-w}}\}$
	Class 1: $D_1 = \{d_{11}, d_{12}, \cdots, d_{1_{\eta_s \times m}}\}$	$\eta_s \times m$	$\text{LSE} = \{\text{lse}_1, \text{lse}_2, \cdots, \text{lse}_{\eta_s \times m}\}$
	Class 2: $D_2 = \{d_{21}, d_{22}, \cdots, d_{2_{\eta_m \times m}}\}$	$\eta_m \times m$	$\text{LTE} = \{\text{lte}_1, \text{lte}_2, \cdots, \text{lte}_{\eta_m \times m}\}$
	Class 3: $D_3 = \{d_{31}, d_{32}, \cdots, d_{3_{\eta_a \times m}}\}$	$\eta_a \times m$	$\text{LOE} = \{\text{loe}_1, \text{loe}_2, \cdots, \text{loe}_{\eta_a \times m}\}$
	Class 5-1: $D_{51} = \{d_{511}, d_{512}, \cdots, d_{51_{\eta_o \times m \times \eta_{o-w}}}\}$	$\eta_o \times m \times \eta_{o-w}$	$\text{LIE} = \{\text{lie}_1, \text{lie}_2, \cdots, \text{lie}_{\eta_o \times m \times \eta_{o-w}}\}$

2. 三种算法的能耗模型

为了便于比较未采用分区策略的存储系统，文献[15]提出的基于冷热数据分区的 SEA 算法以及本书提出的基于 K-ear 算法的存储系统中的能耗，对三种算法中一年的能耗进行数学建模。表 3.30 对能耗模型中所涉及的各个符号的含义进行了详细的描述。

表 3.30　能耗模型中所涉及的各个符号的含义

符号	含义
e_{total}	总体能耗(单位：J)
e_h	所有高速模式磁盘的能耗(单位：J)
e_l	所有低速模式磁盘的能耗(单位：J)
e_h^{active}	高速模式磁盘活动状态下的能耗(单位：J)
e_h^{idle}	高速模式磁盘空闲状态下的能耗(单位：J)
e_l^{active}	低速模式磁盘活动状态下的能耗(单位：J)
e_l^{idle}	低速模式磁盘空闲状态下的能耗(单位：J)
t_h^{active}	高速模式下活动状态的时间(单位：s)
t_h^{idle}	高速模式下空闲状态的时间(单位：s)
t_l^{active}	低速模式下活动状态的时间(单位：s)
t_l^{idle}	低速模式下空闲状态的时间(单位：s)
$\text{spring\_work}\_t_h^{\text{active}}$	春季工作日高速模式下活动状态的时间(单位：s)
$\text{spring\_holiday}\_t_h^{\text{active}}$	春季休息日高速模式下活动状态的时间(单位：s)
$\text{spring\_work}\_t_h^{\text{idle}}$	春季工作日高速模式下空闲状态的时间(单位：s)
$\text{spring\_holiday}\_t_h^{\text{idle}}$	春季休息日高速模式下空闲状态的时间(单位：s)
$\text{summer\_work}\_t_h^{\text{active}}$	夏季工作日高速模式下活动状态的时间(单位：s)
$\text{summer\_holiday}\_t_h^{\text{active}}$	夏季休息日高速模式下活动状态的时间(单位：s)
$\text{summer\_work}\_t_h^{\text{idle}}$	夏季工作日高速模式下空闲状态的时间(单位：s)
$\text{summer\_holiday}\_t_h^{\text{idle}}$	夏季休息日高速模式下空闲状态的时间(单位：s)
$\text{autumn\_work}\_t_h^{\text{active}}$	秋季工作日高速模式下活动状态的时间(单位：s)
$\text{autumn\_holiday}\_t_h^{\text{active}}$	秋季休息日高速模式下活动状态的时间(单位：s)
$\text{autumn\_work}\_t_h^{\text{idle}}$	秋季工作日高速模式下空闲状态的时间(单位：s)
$\text{autumn\_holiday}\_t_h^{\text{idle}}$	秋季休息日高速模式下空闲状态的时间(单位：s)
$\text{winter\_work}\_t_h^{\text{active}}$	冬季工作日高速模式下活动状态的时间(单位：s)

续表

符号	含义
winter_holiday $\_t_h^{active}$	冬季休息日高速模式下活动状态的时间(单位：s)
winter_work $\_t_h^{idle}$	冬季工作日高速模式下空闲状态的时间(单位：s)
winter_holiday $\_t_h^{idle}$	冬季休息日高速模式下空闲状态的时间(单位：s)
spring_work $\_t_l^{active}$	春季工作日低速模式下活动状态的时间(单位：s)
spring_holiday $\_t_l^{active}$	春季休息日低速模式下活动状态的时间(单位：s)
spring_work $\_t_l^{idle}$	春季工作日低速模式下空闲状态的时间(单位：s)
spring_holiday $\_t_l^{idle}$	春季休息日低速模式下空闲状态的时间(单位：s)
summer_work $\_t_l^{active}$	夏季工作日低速模式下活动状态的时间(单位：s)
summer_holiday $\_t_l^{active}$	夏季休息日低速模式下活动状态的时间(单位：s)
summer_work $\_t_l^{idle}$	夏季工作日低速模式下空闲状态的时间(单位：s)
summer_holiday $\_t_l^{idle}$	夏季休息日低速模式下空闲状态的时间(单位：s)
autumn_work $\_t_l^{active}$	秋季工作日低速模式下活动状态的时间(单位：s)
autumn_holiday $\_t_l^{active}$	秋季休息日低速模式下活动状态的时间(单位：s)
autumn_work $\_t_l^{idle}$	秋季工作日低速模式下空闲状态的时间(单位：s)
autumn_holiday $\_t_l^{idle}$	秋季休息日低速模式下空闲状态的时间(单位：s)
winter_work $\_t_l^{active}$	冬季工作日低速模式下活动状态的时间(单位：s)
winter_holiday $\_t_l^{active}$	冬季休息日低速模式下活动状态的时间(单位：s)
winter_work $\_t_l^{idle}$	冬季工作日低速模式下空闲状态的时间(单位：s)
winter_holiday $\_t_l^{idle}$	冬季休息日低速模式下空闲状态的时间(单位：s)
spring_work $\_e_{total}$	春季工作日的总体能耗(单位：J)
spring_holiday $\_e_{total}$	春季休息日的总体能耗(单位：J)
summer_work $\_e_{total}$	夏季工作日的总体能耗(单位：J)
summer_holiday $\_e_{total}$	夏季休息日的总体能耗(单位：J)
autumn_work $\_e_{total}$	秋季工作日的总体能耗(单位：J)
autumn_holiday $\_e_{total}$	秋季休息日的总体能耗(单位：J)
winter_work $\_e_{total}$	冬季工作日的总体能耗(单位：J)

续表

符号	含义
winter_holiday_e_{total}	冬季休息日的总体能耗(单位: J)
spring_work_e_h^{active}	春季工作日高速模式磁盘活动状态的能耗(单位: J)
spring_holiday_e_h^{active}	春季休息日高速模式磁盘活动状态的能耗(单位: J)
summer_work_e_h^{active}	夏季工作日高速模式磁盘活动状态的能耗(单位: J)
summer_holiday_e_h^{active}	夏季休息日高速模式磁盘活动状态的能耗(单位: J)
autumn_work_e_h^{active}	秋季工作日高速模式磁盘活动状态的能耗(单位: J)
autumn_holiday_e_h^{active}	秋季休息日高速模式磁盘活动状态的能耗(单位: J)
winter_work_e_h^{active}	冬季工作日高速模式磁盘活动状态的能耗(单位: J)
winter_holiday_e_h^{active}	冬季休息日高速模式磁盘活动状态的能耗(单位: J)
spring_work_e_l^{active}	春季工作日低速模式磁盘活动状态的能耗(单位: J)
spring_holiday_e_l^{active}	春季休息日低速模式磁盘活动状态的能耗(单位: J)
summer_work_e_l^{active}	夏季工作日低速模式磁盘活动状态的能耗(单位: J)
summer_holiday_e_l^{active}	夏季休息日低速模式磁盘活动状态的能耗(单位: J)
autumn_work_e_l^{active}	秋季工作日低速模式磁盘活动状态的能耗(单位: J)
autumn_holiday_e_l^{active}	秋季休息日低速模式磁盘活动状态的能耗(单位: J)
winter_work_e_l^{active}	冬季工作日低速模式磁盘活动状态下的能耗(单位: J)
winter_holiday_e_l^{active}	冬季休息日低速模式磁盘活动状态的能耗(单位: J)
spring_work_e_h^{idle}	春季工作日高速模式磁盘空闲状态的能耗(单位: J)
spring_holiday_e_h^{idle}	春季休息日高速模式磁盘空闲状态的能耗(单位: J)
summer_work_e_h^{idle}	夏季工作日高速模式磁盘空闲状态的能耗(单位: J)
summer_holiday_e_h^{idle}	夏季休息日高速模式磁盘空闲状态的能耗(单位: J)
autumn_work_e_h^{idle}	秋季工作日高速模式磁盘空闲状态的能耗(单位: J)
autumn_holiday_e_h^{idle}	秋季休息日高速模式磁盘空闲状态的能耗(单位: J)
winter_work_e_h^{idle}	冬季工作日高速模式磁盘空闲状态的能耗(单位: J)
winter_holiday_e_h^{idle}	冬季休息日高速模式磁盘空闲状态的能耗(单位: J)
spring_work_e_l^{idle}	春季工作日低速模式磁盘空闲状态的能耗(单位: J)

符号	含义
spring_holiday $\_e_l^{\text{idle}}$	春季休息日低速模式磁盘空闲状态的能耗(单位：J)
summer_work $\_e_l^{\text{idle}}$	夏季工作日低速模式磁盘空闲状态的能耗(单位：J)
summer_holiday $\_e_l^{\text{idle}}$	夏季休息日低速模式磁盘空闲状态的能耗(单位：J)
autumn_work $\_e_l^{\text{idle}}$	秋季工作日低速模式磁盘空闲状态的能耗(单位：J)
autumn_holiday $\_e_l^{\text{idle}}$	秋季休息日低速模式磁盘空闲状态的能耗(单位：J)
winter_work $\_e_l^{\text{idle}}$	冬季工作日低速模式磁盘空闲状态的能耗(单位：J)
winter_holiday $\_e_l^{\text{idle}}$	冬季休息日低速模式磁盘空闲状态的能耗(单位：J)
T	每个磁盘一年的总时间(单位：s/disk)
spring_work $\_T$	每个磁盘春季工作日的总时间(单位：s/disk)=$5T/28$
spring_holiday $\_T$	每个磁盘春季休息日的总时间(单位：s/disk)=$2T/28$
summer_work $\_T$	每个磁盘夏季工作日的总时间(单位：s/disk)=$5T/28$
summer_holiday $\_T$	每个磁盘夏季休息日的总时间(单位：s/disk)=$2T/28$
autumn_work $\_T$	每个磁盘秋季工作日的总时间(单位：s/disk)=$5T/28$
autumn_holiday $\_T$	每个磁盘秋季休息日的总时间(单位：s/disk)=$2T/28$
winter_work $\_T$	每个磁盘冬季工作日的总时间(单位：s/disk)=$5T/28$
winter_holiday $\_T$	每个磁盘冬季休息日的总时间(单位：s/disk)=$2T/28$
$S\_W_h^n$	春季工作日高速模式下的数据访问次数总和
$S\_W_l^n$	春季工作日低速模型下的数据访问次数总和
$S\_H_h^n$	春季休息日高速模式下的数据访问次数总和
$S\_H_l^n$	春季休息日低速模型下的数据访问次数总和
$M\_W_h^n$	夏季工作日高速模式下的数据访问次数总和
$M\_W_l^n$	夏季工作日低速模型下的数据访问次数总和
$M\_H_h^n$	夏季休息日高速模式下的数据访问次数总和
$M\_H_l^n$	夏季休息日低速模型下的数据访问次数总和
$A\_W_h^n$	秋季工作日高速模式下的数据访问次数总和
$A\_W_l^n$	秋季工作日低速模型下的数据访问次数总和

续表

符号	含义
$A\_H_h^n$	秋季休息日高速模式下的数据访问次数总和
$A\_H_l^n$	秋季休息日低速模型下的数据访问次数总和
$W\_W_h^n$	冬季工作日高速模式下的数据访问次数总和
$W\_W_l^n$	冬季工作日低速模型下的数据访问次数总和
$W\_H_h^n$	冬季休息日高速模式下的数据访问次数总和
$W\_H_l^n$	冬季休息日低速模型下的数据访问次数总和

其中：

$$S\_W_h^n = \text{HFF} + \text{HSF} + \text{HTF} + \text{HOF} \tag{3.19}$$

$$S\_H_h^n = \text{HFS} + \text{HSS} + \text{HTS} + \text{HOS} \tag{3.20}$$

$$M\_W_h^n = \text{HFT} + \text{HST} + \text{HTT} + \text{HOT} \tag{3.21}$$

$$M\_H_h^n = \text{HFO} + \text{HSO} + \text{HTO} + \text{HOO} \tag{3.22}$$

$$A\_W_h^n = \text{HFI} + \text{HSI} + \text{HTI} + \text{HOI} \tag{3.23}$$

$$A\_H_h^n = \text{HFX} + \text{HSX} + \text{HTX} + \text{HOX} \tag{3.24}$$

$$W\_W_h^n = \text{HFV} + \text{HSV} + \text{HTV} + \text{HOV} \tag{3.25}$$

$$W\_H_h^n = \text{HFE} + \text{HSE} + \text{HTE} + \text{HOE} \tag{3.26}$$

$$S\_W_l^n = \text{LFF} + \text{LSF} + \text{LTF} + \text{LOF} + \text{LIF} \tag{3.27}$$

$$S\_H_l^n = \text{LFS} + \text{LSS} + \text{LTS} + \text{LOS} + \text{LIS} \tag{3.28}$$

$$M\_W_l^n = \text{LFT} + \text{LST} + \text{LTT} + \text{LOT} + \text{LIT} \tag{3.29}$$

$$M\_H_l^n = \text{LFO} + \text{LSO} + \text{LTO} + \text{LOO} + \text{LIO} \tag{3.30}$$

$$A\_W_l^n = \text{LFI} + \text{LSI} + \text{LTI} + \text{LOI} + \text{LII} \tag{3.31}$$

$$A\_H_l^n = \text{LFX} + \text{LSX} + \text{LTX} + \text{LOX} + \text{LIX} \tag{3.32}$$

$$W\_W_l^n = \text{LFV} + \text{LSV} + \text{LTV} + \text{LOV} + \text{LIV} \tag{3.33}$$

$$W\_H_l^n = \text{LFE} + \text{LSE} + \text{LTE} + \text{LOE} + \text{LIE} \tag{3.34}$$

基于 K-ear 分类存储算法算法的存储系统的能耗模型建模如下：

$$e_{\text{total}} = \text{spring\_work\_}e_{\text{total}} + \text{spring\_holiday\_}e_{\text{total}} + \text{summer\_work\_}e_{\text{total}}$$
$$+ \text{summer\_holiday\_}e_{\text{total}} + \text{autumn\_work\_}e_{\text{total}} + \text{autumn\_holiday\_}e_{\text{total}} \quad (3.35)$$
$$+ \text{winter\_work\_}e_{\text{total}} + \text{winter\_holiday\_}e_{\text{total}}$$

$$\text{spring\_work\_}e_{\text{total}} = \text{spring\_work\_}e_h^{\text{active}} + \text{spring\_work\_}e_h^{\text{idle}}$$
$$+ \text{spring\_work\_}e_l^{\text{active}} + \text{spring\_work\_}e_l^{\text{idle}} \quad (3.36)$$

$$\text{summer\_work\_}e_{\text{total}} = \text{summer\_work\_}e_h^{\text{active}} + \text{summer\_work\_}e_h^{\text{idle}}$$
$$+ \text{summer\_work\_}e_l^{\text{active}} + \text{summer\_work\_}e_l^{\text{idle}} \quad (3.37)$$

$$\text{autumn\_work\_}e_{\text{total}} = \text{autumn\_work\_}e_h^{\text{active}} + \text{autumn\_work\_}e_h^{\text{idle}}$$
$$+ \text{autumn\_work\_}e_l^{\text{active}} + \text{autumn\_work\_}e_l^{\text{idle}} \quad (3.38)$$

$$\text{winter\_work\_}e_{\text{total}} = \text{winter\_work\_}e_h^{\text{active}} + \text{winter\_work\_}e_h^{\text{idle}}$$
$$+ \text{winter\_work\_}e_l^{\text{active}} + \text{winter\_work\_}e_l^{\text{idle}} \quad (3.39)$$

$$\text{spring\_holiday\_}e_{\text{total}} = \text{spring\_holiday\_}e_h^{\text{active}} + \text{spring\_holiday\_}e_h^{\text{idle}}$$
$$+ \text{spring\_holiday\_}e_l^{\text{active}} + \text{spring\_holiday\_}e_l^{\text{idle}} \quad (3.40)$$

$$\text{summer\_holiday\_}e_{\text{total}} = \text{summer\_holiday\_}e_h^{\text{active}} + \text{summer\_holiday\_}e_h^{\text{idle}}$$
$$+ \text{summer\_holiday\_}e_l^{\text{active}} + \text{summer\_holiday\_}e_l^{\text{idle}} \quad (3.41)$$

$$\text{autumn\_holiday\_}e_{\text{total}} = \text{autumn\_holiday\_}e_h^{\text{active}} + \text{autumn\_holiday\_}e_h^{\text{idle}}$$
$$+ \text{autumn\_holiday\_}e_l^{\text{active}} + \text{autumn\_holiday\_}e_l^{\text{idle}} \quad (3.42)$$

$$\text{winter\_holiday\_}e_{\text{total}} = \text{winter\_holiday\_}e_h^{\text{active}} + \text{winter\_holiday\_}e_h^{\text{idle}}$$
$$+ \text{winter\_holiday\_}e_l^{\text{active}} + \text{winter\_holiday\_}e_l^{\text{idle}} \quad (3.43)$$

$$\text{spring\_work\_}e_h^{\text{active}} = p^h \times \text{spring\_work\_}t_h^{\text{active}} = p^h \times S\_W_h^n \times s' / (\tau^h \times H_1) \quad (3.44)$$

$$\text{spring\_work\_}e_h^{\text{idle}} = i^h \times (\text{spring\_work\_}T \times H_1 - \text{spring\_work\_}t_h^{\text{active}})$$
$$= i^h \times (\frac{5T}{28} \times H_1 - S\_W_h^n \times s' / (\tau^h \times H_1)) \quad (3.45)$$

$$\text{spring\_holiday\_}e_h^{\text{active}} = p^h \times \text{spring\_holiday\_}t_h^{\text{active}}$$
$$= p^h \times S\_H_h^n \times s' / (\tau^h \times H_2) \quad (3.46)$$

$$\text{spring\_holiday\_}e_h^{\text{idle}} = i^h \times (\text{spring\_holiday\_}T \times H_2 - \text{spring\_holiday\_}t_h^{\text{active}})$$
$$= i^h \times (\frac{2T}{28} \times H_2 - S\_H_h^n \times s' / (\tau^h \times H_2)) \quad (3.47)$$

$$\text{summer\_work\_}e_h^{\text{active}} = p^h \times \text{summer\_work\_}t_h^{\text{active}}$$
$$= p^h \times M\_W_h^n \times s' / (\tau^h \times H_3) \quad (3.48)$$

$$\text{summer\_work\_}e_h^{\text{idle}} = i^h \times (\text{summer\_work\_}T \times H_3 - \text{summer\_work\_}t_h^{\text{active}})$$
$$= i^h \times (\frac{5T}{28} \times H_3 - M\_W_h^n \times s' / (\tau^h \times H_3)) \tag{3.49}$$

$$\text{summer\_holiday\_}e_h^{\text{active}} = p^h \times \text{summer\_holiday\_}t_h^{\text{active}}$$
$$= p^h \times M\_H_h^n \times s' / (\tau^h \times H_4) \tag{3.50}$$

$$\text{summer\_holiday\_}e_h^{\text{idle}} = i^h \times (\text{summer\_holiday\_}T \times H_4 - \text{summer\_holiday\_}t_h^{\text{active}})$$
$$= i^h \times (\frac{2T}{28} \times H_4 - M\_H_h^n \times s' / (\tau^h \times H_4)) \tag{3.51}$$

$$\text{autumn\_work\_}e_h^{\text{active}} = p^h \times \text{autumn\_work\_}t_h^{\text{active}}$$
$$= p^h \times A\_W_h^n \times s' / (\tau^h \times H_5) \tag{3.52}$$

$$\text{autumn\_work\_}e_h^{\text{idle}} = i^h \times (\text{autumn\_work\_}T \times H_5 - \text{autumn\_work\_}t_h^{\text{active}})$$
$$= i^h \times (\frac{5T}{28} \times H_5 - A\_W_h^n \times s' / (\tau^h \times H_5)) \tag{3.53}$$

$$\text{autumn\_holiday\_}e_h^{\text{active}} = p^h \times \text{autumn\_holiday\_}t_h^{\text{active}}$$
$$= p^h \times A\_H_h^n \times s' / (\tau^h \times H_6) \tag{3.54}$$

$$\text{autumn\_holiday\_}e_h^{\text{idle}} = i^h \times (\text{autumn\_holiday\_}T \times H_6 - \text{autumn\_holiday\_}t_h^{\text{active}})$$
$$= i^h \times (\frac{2T}{28} \times H_6 - A\_H_h^n \times s' / (\tau^h \times H_6)) \tag{3.55}$$

$$\text{winter\_work\_}e_h^{\text{active}} = p^h \times \text{winter\_work\_}t_h^{\text{active}}$$
$$= p^h \times W\_W_h^n \times s' / (\tau^h \times H_7) \tag{3.56}$$

$$\text{winter\_work\_}e_h^{\text{idle}} = i^h \times (\text{winter\_work\_}T \times H_7 - \text{winter\_work\_}t_h^{\text{active}})$$
$$= i^h \times (\frac{5T}{28} \times H_7 - W\_W_h^n \times s' / (\tau^h \times H_7)) \tag{3.57}$$

$$\text{winter\_holiday\_}e_h^{\text{active}} = p^h \times \text{winter\_holiday\_}t_h^{\text{active}}$$
$$= p^h \times W\_H_h^n \times s' / (\tau^h \times H_8) \tag{3.58}$$

$$\text{winter\_holiday\_}e_h^{\text{idle}} = i^h \times (\text{winter\_holiday\_}T \times H_8 - \text{winter\_holiday\_}t_h^{\text{active}})$$
$$= i^h \times (\frac{2T}{28} \times H_8 - W\_H_h^n \times s' / (\tau^h \times H_8)) \tag{3.59}$$

$$\text{spring\_work\_}e_l^{\text{active}} = p^l \times \text{spring\_work\_}t_l^{\text{active}}$$
$$= p^l \times S\_W_l^n \times s' / (\tau^l \times L_1) \tag{3.60}$$

$$\text{spring\_work\_}e_l^{\text{idle}} = i^l \times (\text{spring\_work\_}T \times L_1 - \text{spring\_work\_}t_l^{\text{active}})$$

$$= i^l \times (\frac{5T}{28} \times L_1 - S\_W_l^n \times s' / (\tau^l \times L_1)) \qquad (3.61)$$

$$\text{spring\_holiday\_}e_l^{\text{active}} = p^l \times \text{spring\_holiday\_}t_l^{\text{active}}$$

$$= p^l \times S\_H_l^n \times s' / (\tau^l \times L_2) \qquad (3.62)$$

$$\text{spring\_holiday\_}e_l^{\text{idle}} = i^l \times (\text{spring\_holiday\_}T \times L_2 - \text{spring\_holiday\_}t_l^{\text{active}})$$

$$= i^l \times (\frac{2T}{28} \times L_2 - S\_H_l^n \times s' / (\tau^l \times L_2)) \qquad (3.63)$$

$$\text{summer\_work\_}e_l^{\text{active}} = p^l \times \text{summer\_work\_}t_l^{\text{active}}$$

$$= p^l \times M\_W_l^n \times s' / (\tau^l \times L_3) \qquad (3.64)$$

$$\text{summer\_work\_}e_l^{\text{idle}} = i^l \times (\text{summer\_work\_}T \times L_3 - \text{summer\_work\_}t_l^{\text{active}})$$

$$= i^l \times (\frac{5T}{28} \times L_3 - M\_W_l^n \times s' / (\tau^l \times L_3)) \qquad (3.65)$$

$$\text{summer\_holiday\_}e_l^{\text{active}} = p^l \times \text{summer\_holiday\_}t_l^{\text{active}}$$

$$= p^l \times M\_H_l^n \times s' / (\tau^l \times L_4) \qquad (3.66)$$

$$\text{summer\_holiday\_}e_l^{\text{idle}} = i^l \times (\text{summer\_holiday\_}T \times L_4 - \text{summer\_holiday\_}t_l^{\text{active}})$$

$$= i^l \times (\frac{2T}{28} \times L_4 - M\_H_l^n \times s' / (\tau^l \times L_4))$$

$$(3.67)$$

$$\text{autumn\_work\_}e_l^{\text{active}} = p^l \times \text{autumn\_work\_}t_l^{\text{active}}$$

$$= p^l \times A\_W_l^n \times s' / (\tau^l \times L_5) \qquad (3.68)$$

$$\text{autumn\_work\_}e_l^{\text{idle}} = i^l \times (\text{autumn\_work\_}T \times L_5 - \text{autumn\_work\_}t_l^{\text{active}})$$

$$= i^l \times (\frac{5T}{28} \times L_5 - A\_W_l^n \times s' / (\tau^l \times L_5)) \qquad (3.69)$$

$$\text{autumn\_holiday\_}e_l^{\text{active}} = p^l \times \text{autumn\_holiday\_}t_l^{\text{active}}$$

$$= p^l \times A\_H_l^n \times s' / (\tau^l \times L_6) \qquad (3.70)$$

$$\text{autumn\_holiday\_}e_l^{\text{idle}} = i^l \times (\text{autumn\_holiday\_}T \times L_6 - \text{autumn\_holiday\_}t_l^{\text{active}})$$

$$= i^l \times (\frac{2T}{28} \times L_6 - A\_H_l^n \times s' / (\tau^l \times L_6)) \qquad (3.71)$$

$$\text{winter\_work\_}e_l^{\text{active}} = p^l \times \text{winter\_work\_}t_l^{\text{active}}$$

$$= p^l \times W\_W_l^n \times s' / (\tau^l \times L_7) \qquad (3.72)$$

$$\text{winter\_work\_}e_l^{\text{idle}} = i^l \times (\text{winter\_work\_}T \times L_7 - \text{winter\_work\_}t_l^{\text{active}})$$

$$= i^l \times (\frac{5T}{28} \times L_7 - W\_W_l^n \times s' / (\tau^l \times L_7)) \tag{3.73}$$

$$\text{winter\_holiday\_}e_l^{\text{active}} = p^l \times \text{winter\_holiday\_}t_l^{\text{active}}$$

$$= p^l \times W\_H_l^n \times s' / (\tau^l \times L_8) \tag{3.74}$$

$$\text{winter\_holiday\_}e_l^{\text{idle}} = i^l \times (\text{winter\_holiday\_}T \times L_8 - \text{winter\_holiday\_}t_l^{\text{active}})$$

$$= i^l \times (\frac{2T}{28} \times L_8 - W\_H_l^n \times s' / (\tau^l \times L_8)) \tag{3.75}$$

因此：

$$e_{\text{total}} = p^h \times S\_W_h^n \times s' / (\tau^h \times H_1) + i^h \times (\frac{5T}{28} \times H_1 - S\_W_h^n \times s' / (\tau^h \times H_1))$$

$$+ p^h \times S\_H_h^n \times s' / (\tau^h \times H_2) + i^h \times (\frac{2T}{28} \times H_2 - S\_H_h^n \times s' / (\tau^h \times H_2))$$

$$+ p^h \times M\_W_h^n \times s' / (\tau^h \times H_3) + i^h \times (\frac{5T}{28} \times H_3 - M\_W_h^n \times s' / (\tau^h \times H_3))$$

$$+ p^h \times M\_H_h^n \times s' / (\tau^h \times H_4) + i^h \times (\frac{2T}{28} \times H_4 - M\_H_h^n \times s' / (\tau^h \times H_4))$$

$$+ p^h \times A\_W_h^n \times s' / (\tau^h \times H_5) + i^h \times (\frac{5T}{28} \times H_5 - A\_W_h^n \times s' / (\tau^h \times H_5))$$

$$+ p^h \times A\_H_h^n \times s' / (\tau^h \times H_6) + i^h \times (\frac{2T}{28} \times H_6 - A\_H_h^n \times s' / (\tau^h \times H_6))$$

$$+ p^h \times W\_W_h^n \times s' / (\tau^h \times H_7) + i^h \times (\frac{5T}{28} \times H_7 - W\_W_h^n \times s' / (\tau^h \times H_7))$$

$$+ p^h \times W\_H_h^n \times s' / (\tau^h \times H_8) + i^h \times (\frac{2T}{28} \times H_8 - W\_H_h^n \times s' / (\tau^h \times H_8))$$

$$+ p^l \times S\_W_l^n \times s' / (\tau^l \times L_1) + i^l \times (\frac{5T}{28} \times L_1 - S\_W_l^n \times s' / (\tau^l \times L_1))$$

$$+ p^l \times S\_H_l^n \times s' / (\tau^l \times L_2) + i^l \times (\frac{2T}{28} \times L_2 - S\_H_l^n \times s' / (\tau^l \times L_2))$$

$$+ p^l \times M\_W_l^n \times s' / (\tau^l \times L_3) + i^l \times (\frac{5T}{28} \times L_3 - M\_W_l^n \times s' / (\tau^l \times L_3))$$

$$+ p^l \times M\_H_l^n \times s' / (\tau^l \times L_4) + i^l \times (\frac{2T}{28} \times L_4 - M\_H_l^n \times s' / (\tau^l \times L_4))$$

$$+ p^l \times A\_W_l^n \times s' / (\tau^l \times L_5) + i^l \times (\frac{5T}{28} \times L_5 - A\_W_l^n \times s' / (\tau^l \times L_5))$$

$$+ p^l \times A\_H_l^n \times s' / (\tau^l \times L_6) + i^l \times (\frac{2T}{28} \times L_6 - A\_H_l^n \times s' / (\tau^l \times L_6))$$

$$+p^l \times W\_W_l^n \times s' / (\tau^l \times L_7) + i^l \times (\frac{5T}{28} \times L_7 - W\_W_l^n \times s' / (\tau^l \times L_7))$$

$$+p^l \times W\_H_l^n \times s' / (\tau^l \times L_8) + i^l \times (\frac{2T}{28} \times L_8 - W\_H_l^n \times s' / (\tau^l \times L_8))$$

$$(3.76)$$

设 $B = p^h \times s' / \tau^h$，$C = p^l \times s' / \tau^l$，则能耗模型可以进一步简化为

$$
\begin{aligned}
e_{\text{total}} = &(S\_W_h^n / H_1 + S\_H_h^n / H_2 + M\_W_h^n / H_3 \\
&+ M\_H_h^n / H_4 + A\_W_h^n / H_5 + A\_H_h^n / H_6 \\
&+ W\_W_h^n / H_7 + W\_H_h^n / H_8) \times B + i^h \times (\frac{5T}{28} \times H_1 - S\_W_h^n \times s' / (\tau^h \times H_1)) \\
&+ i^h \times (\frac{2T}{28} \times H_2 - S\_H_h^n \times s' / (\tau^h \times H_2)) + i^h \times (\frac{5T}{28} \times H_3 - M\_W_h^n \times s' / (\tau^h \times H_3)) \\
&+ i^h \times (\frac{2T}{28} \times H_4 - M\_H_h^n \times s' / (\tau^h \times H_4)) + i^h \times (\frac{5T}{28} \times H_5 - A\_W_h^n \times s' / (\tau^h \times H_5)) \\
&+ i^h \times (\frac{2T}{28} \times H_6 - A\_H_h^n \times s' / (\tau^h \times H_6)) + i^h \times (\frac{5T}{28} \times H_7 - W\_W_h^n \times s' / (\tau^h \times H_7)) \\
&+ i^h (\frac{2T}{28} \times H_8 - W\_H_h^n \times s' / (\tau^h \times H_8)) \\
&+ (S\_W_l^n / L_1 + S\_H_l^n / L_2 + M\_W_l^n / L_3 + M\_H_l^n / L_4 \\
&+ A\_W_l^n / L_5 + A\_H_l^n / L_6 + W\_W_l^n / L_7 + W\_H_l^n / L_8) \times C \\
&+ i^l \times (\frac{5T}{28} \times L_1 - S\_W_l^n \times s' / (\tau^l \times L_1)) + i^l \times (\frac{2T}{28} \times L_2 - S\_H_l^n \times s' / (\tau^l \times L_2)) \\
&+ i^l \times (\frac{5T}{28} \times L_3 - M\_W_l^n \times s' / (\tau^l \times L_3)) + i^l \times (\frac{2T}{28} \times L_4 - M\_H_l^n \times s' / (\tau^l \times L_4)) \\
&+ i^l \times (\frac{5T}{28} \times L_5 - A\_W_l^n \times s' / (\tau^l \times L_5)) + i^l \times (\frac{2T}{28} \times L_6 - A\_H_l^n \times s' / (\tau^l \times L_6)) \\
&+ i^l \times (\frac{5T}{28} \times L_7 - W\_W_l^n \times s' / (\tau^l \times L_7)) + i^l \times (\frac{2T}{28} \times L_8 - W\_H_l^n \times s' / (\tau^l \times L_8))
\end{aligned}
$$

$$(3.77)$$

未分类的存储系统中的能耗模型如下：

$$e'_{\text{total}} = e_h^{'\text{active}} + e_h^{'\text{idle}} \tag{3.78}$$

$$
\begin{aligned}
e_h^{'\text{active}} = p^h \times &(S\_W_h^n + S\_H_h^n + M\_W_h^n + M\_H_h^n \\
&+ A\_W_h^n + A\_H_h^n + W\_W_h^n + W\_H_h^n + S\_W_l^n \\
&+ S\_H_l^n + M\_W_l^n + M\_H_l^n + A\_W_l^n + A\_H_l^n + W\_W_l^n \\
&+ W\_H_l^n) \times s' / (\tau^h \times n)
\end{aligned}
$$

$$
\begin{aligned}
&= (S\_W_h^n + S\_H_h^n + M\_W_h^n + M\_H_h^n + A\_W_h^n \\
&\quad + A\_H_h^n + W\_W_h^n + W\_H_h^n + S\_W_l^n + S\_H_l^n + M\_W_l^n \\
&\quad + M\_H_l^n + A\_W_l^n + A\_H_l^n + W\_W_l^n + W\_H_l^n) \times B / n
\end{aligned}
\tag{3.79}
$$

$$
\begin{aligned}
e_h^{\prime \text{idle}} &= i^h \times (T \times n - (S\_W_h^n + S\_H_h^n + M\_W_h^n + M\_H_h^n \\
&\quad + A\_W_h^n + A\_H_h^n + W\_W_h^n + W\_H_h^n \\
&\quad + S\_W_l^n + S\_H_l^n + M\_W_l^n + M\_H_l^n + A\_W_l^n + A\_H_l^n \\
&\quad + W\_W_l^n + W\_H_l^n) \times s') / (\tau^h \times n)
\end{aligned}
\tag{3.80}
$$

因此：

$$
\begin{aligned}
e_{\text{total}}' &= (S\_W_h^n + S\_H_h^n + M\_W_h^n + M\_H_h^n \\
&\quad + A\_W_h^n + A\_H_h^n + W\_W_h^n + W\_H_h^n + S\_W_l^n \\
&\quad + S\_H_l^n + M\_W_l^n + M\_H_l^n + A\_W_l^n + A\_H_l^n + W\_W_l^n + W\_H_l^n) \times B / n \\
&\quad + i^h \times (T \times n - (S\_W_h^n + S\_H_h^n + M\_W_h^n + M\_H_h^n + A\_W_h^n + A\_H_h^n \\
&\quad + W\_W_h^n + W\_H_h^n + S\_W_l^n + S\_H_l^n + M\_W_l^n + M\_H_l^n \\
&\quad + A\_W_l^n + A\_H_l^n + W\_W_l^n + W\_H_l^n) \times s') / (\tau^h \times n)
\end{aligned}
\tag{3.81}
$$

SEA[20]分类算法的能耗模型如下。

假设热冷数据的比例分别为 η_h 和 η_c，热冷区域的一年内数据的总体访问次数分别为 n_h 和 n_c。

$$
\begin{aligned}
e_{\text{total}_{\text{sea}}} &= e_{\text{hot}} + e_{\text{cold}} \\
&= e_{\text{hot}}^{\text{active}} + e_{\text{hot}}^{\text{idle}} + e_{\text{cold}}^{\text{active}} + e_{\text{cold}}^{\text{idle}} \\
&= p^h \times n_h \times s' / (\tau^h \times \eta_h \times n) + i^h \times (T \times \eta_h \times n - n_h \times s' / (\tau^h \times \eta_h \times n)) \\
&\quad + p^l \times n_c \times s' / (\tau^l \times \eta_c \times n) + i^l \times (T \times \eta_c \times n - n_c \times s' / (\tau^l \times \eta_c \times n))
\end{aligned}
\tag{3.82}
$$

3.4　模　拟　实　验

为了评估提出的基于 K-ear 算法与为未分类的存储系统(Hadoop 系统默认的方式)以及 SEA 算法的能效性，基于前述的公式推导，影响存储模式的能耗的参数如表 3.31 所示。

表 3.31　能耗模型中所涉及的各个符号的含义

符号	含义
p^h	高速模式活动状态下的单位时间的能耗(单位：J/s)
i^h	高速模式空闲状态下的单位时间的能耗(单位：J/s)
τ^h	高速模式下的传输速率(单位：Mbit/s)
s'	数据块的平均大小(单位：Mbit/s)
p^l	低速模式活动状态的单位时间的能耗(单位：J/s)
i^l	低速模式空闲下的单位时间的能耗(单位：J/s)
τ^l	低速模式下的传输速率(单位：Mbit/s)
n	存储系统中的磁盘总数(单位：个)
T	一年内一个磁盘的总时间(单位：s/disk)
H_1	春季工作日高速模式下的磁盘个数(单位：个)
H_2	春季休息日高速模式下的磁盘个数(单位：个)
H_3	夏季工作日高速模式下的磁盘个数(单位：个)
H_4	夏季休息日高速模式下的磁盘个数(单位：个)
H_5	秋季工作日高速模式下的磁盘个数(单位：个)
H_6	秋季休息日高速模式下的磁盘个数(单位：个)
H_7	冬季工作日高速模式下的磁盘个数(单位：个)
H_8	冬季休息日高速模式下的磁盘个数(单位：个)
L_1	春季工作日低速模式下的磁盘个数(单位：个)
L_2	春季休息日低速模式下的磁盘个数(单位：个)
L_3	夏季工作日低速模式下的磁盘个数(单位：个)
L_4	夏季休息日低速模式下的磁盘个数(单位：个)
L_5	秋季工作日低速模式下的磁盘个数(单位：个)
L_6	秋季休息日低速模式下的磁盘个数(单位：个)
L_7	冬季工作日低速模式下的磁盘个数(单位：个)
L_8	冬季休息日低速模式下的磁盘个数(单位：个)

实验中我们采用的两速磁盘的参数来源于文献[15], 具体参数如表 3.32 所示。

表 3.32　对比实验中的通用参数值

参数	值	参数	值
p^h	30.26J/s	i^l	2.17J/s
i^h	5.26J/s	τ^l	9.3Mbit/s
τ^h	31Mbit/s	n	1000 个
p^l	21.33J/s	T	31536000s/disk

其中 $H_1 \sim H_8, L_1 \sim L_8$，以及各个时间段的访问次数(即区域负载)则用季节性特性参数和潮汐特性参数计算而得。因此在不同情况的对比实验中，我们主要设定了季节性参数和潮汐特性参数。基于上述推导公式，在 C 环境中对磁盘、负载以及磁盘分区进行模拟。得到的一系列的模拟结果如 3.4.1 节所示。

3.4.1　不同的高速磁盘利用率与系统利用率的比值对比实验

本小节测试不同的高速磁盘利用率与系统利用率的比值下，三种算法的能耗指标。三组对比实验中用到的通用参数如表 3.33 所示。

表 3.33　不同的高速磁盘利用率与系统利用率的比值对比实验通用参数

参数	值	参数	值
具有春季特性的数据的比例 η_s	0.2	具有春季特性和工作日潮汐特性的数据比例 η_{s-w}	0.3
		具有春季特性和休息日潮汐特性的数据比例 η_{s-h}	0.3
		具有春季特性和无明显潮汐特性的数据比例 η_{s-o}	0.4
具有夏季特性的数据的比例 η_m	0.2	具有夏季特性和工作日潮汐特性的数据比例 η_{m-w}	0.3
		具有夏季特性和休息日潮汐特性的数据比例 η_{m-h}	0.3
		具有夏季特性和无明显潮汐特性的数据比例 η_{m-o}	0.4
具有秋季特性的数据的比例 η_a	0.2	具有秋季特性和工作日潮汐特性的数据比例 η_{a-w}	0.3
		具有秋季特性和休息日潮汐特性的数据比例 η_{a-h}	0.3
		具有秋季特性和无明显潮汐特性的数据比例 η_{a-o}	0.4
具有冬季特性的数据的比例 η_w	0.2	具有冬季特性和工作日潮汐特性的数据比例 η_{w-w}	0.3
		具有冬季特性和休息日潮汐特性的数据比例 η_{w-h}	0.3
		具有冬季特性和无明显潮汐特性的数据比例 η_{w-o}	0.4

参数	值	参数	值
无季节性特性的数据的比例 η_o	0.2	无季节特性但具有工作日潮汐特性的数据比例 η_{o-w}	0.3
		无季节特性但具有休息日潮汐特性的数据比例 η_{o-h}	0.3
		无季节特性也无明显潮汐特性的数据比例 η_{o-o}	0.4

为了计算 SEA 算法中的系统能耗,在本模拟实验中将热冷数据的比例设置为 $4:6$。

当高速磁盘中的系统利用率是系统总体利用率的 1.6、1.8、2.0 倍时,三种算法所消耗的能量的具体的实验结果如表 3.34～表 3.36 和图 3.48～图 3.50 所示。

表 3.34 高速磁盘中的系统利用率是系统总体利用率的 1.6 倍的实验结果

系统总体利用率	基于 K-ear 算法系统能耗/kJ	Hadoop 默认系统能耗/kJ	基于 SEA 系统能耗/kJ
0.10	95998.62547	165958.200	107658.6060
0.11	96026.68130	165966.084	107683.3049
0.12	96054.73713	165973.968	107708.0039
0.13	96082.79295	165981.852	107732.7029
0.14	96110.84878	165989.736	107757.4019
0.15	96138.90461	165997.620	107782.1009
0.16	96166.96043	166005.504	107806.7999
0.17	96195.01626	166013.388	107831.4989
0.18	96223.07209	166021.272	107856.1979
0.19	96251.12792	166029.156	107880.8969
0.20	96279.18374	166037.040	107905.5959
0.21	96307.23957	166044.924	107930.2949
0.22	96335.29540	166052.808	107954.9939
0.23	96363.35123	166060.692	107979.6929
0.24	96391.40705	166068.576	108004.3919
0.25	96419.46288	166076.460	108029.0909
0.26	96447.51871	166084.344	108053.7899
0.27	96475.57453	166092.228	108078.4889
0.28	96503.63036	166100.112	108103.1879

续表

系统总体利用率	基于 K-ear 算法系统能耗/kJ	Hadoop 默认系统能耗/kJ	基于 SEA 系统能耗/kJ
0.29	96531.68619	166107.996	108127.8869
0.30	96559.74202	166115.880	108152.5859
0.31	96587.79784	166123.764	108177.2849
0.32	96615.85367	166131.648	108201.9838
0.33	96643.90950	166139.532	108226.6828
0.34	96671.96532	166147.416	108251.3818
0.35	96700.02115	166155.300	108276.0808
0.36	96728.07698	166163.184	108300.7798
0.37	96756.13281	166171.068	108325.4788
0.38	96784.18863	166178.952	108350.1778
0.39	96812.24446	166186.836	108374.8768

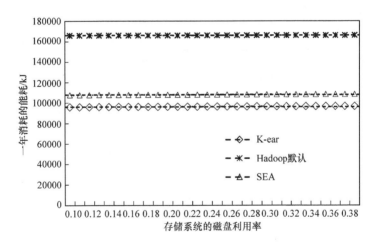

图 3.48　高速磁盘中的系统利用率是系统总体利用率的 1.6 倍的结果可视化展示

表 3.35　高速磁盘中的系统利用率是系统总体利用率的 1.8 倍的实验结果

系统总体利用率	基于 K-ear 算法系统能耗/kJ	Hadoop 默认系统能耗/kJ	基于 SEA 系统能耗/kJ
0.10	95998.72826	165958.200	107647.5193
0.11	96026.79436	165966.084	107671.1096
0.12	96054.86047	165973.968	107694.7000
0.13	96082.92657	165981.852	107718.2903
0.14	96110.99268	165989.736	107741.8806
0.15	96139.05878	165997.620	107765.4709

续表

系统总体利用率	基于 K-ear 算法系统能耗/kJ	Hadoop 默认系统能耗/kJ	基于 SEA 系统能耗/kJ
0.16	96167.12489	166005.504	107789.0613
0.17	96195.19099	166013.388	107812.6516
0.18	96223.25710	166021.272	107836.2419
0.19	96251.32321	166029.156	107859.8323
0.20	96279.38931	166037.040	107883.4226
0.21	96307.45542	166044.924	107907.0129
0.22	96335.52152	166052.808	107930.6033
0.23	96363.58763	166060.692	107954.1936
0.24	96391.65373	166068.576	107977.7839
0.25	96419.71984	166076.460	108001.3742
0.26	96447.78595	166084.344	108024.9646
0.27	96475.85205	166092.228	108048.5549
0.28	96503.91816	166100.112	108072.1452
0.29	96531.98426	166107.996	108095.7356
0.30	96560.05037	166115.880	108119.3259
0.31	96588.11647	166123.764	108142.9162
0.32	96616.18258	166131.648	108166.5065
0.33	96644.24868	166139.532	108190.0969
0.34	96672.31479	166147.416	108213.6872
0.35	96700.38090	166155.300	108237.2775
0.36	96728.44700	166163.184	108260.8679
0.37	96756.51311	166171.068	108284.4582
0.38	96784.57921	166178.952	108308.0485
0.39	96812.64532	166186.836	108331.6389

图 3.49   高速磁盘中的系统利用率是系统总体利用率的 1.8 倍的结果可视化展示

表 3.36　高速磁盘中的系统利用率是系统总体利用率的 2.0 倍的实验结果

系统总体利用率	基于 K-ear 算法系统能耗/kJ	Hadoop 默认系统能耗/kJ	基于 SEA 系统能耗/kJ
0.10	95998.83104	165958.200	107636.4326
0.11	96026.90742	165966.084	107658.9143
0.12	96054.98381	165973.968	107681.3960
0.13	96083.06019	165981.852	107703.8776
0.14	96111.13658	165989.736	107726.3593
0.15	96139.21296	165997.620	107748.8410
0.16	96167.28934	166005.504	107771.3226
0.17	96195.36573	166013.388	107793.8043
0.18	96223.44211	166021.272	107816.2860
0.19	96251.51850	166029.156	107838.7676
0.20	96279.59488	166037.040	107861.2493
0.21	96307.67126	166044.924	107883.7309
0.22	96335.74765	166052.808	107906.2126
0.23	96363.82403	166060.692	107928.6943
0.24	96391.90042	166068.576	107951.1759
0.25	96419.97680	166076.460	107973.6576
0.26	96448.05318	166084.344	107996.1393
0.27	96476.12957	166092.228	108018.6209
0.28	96504.20595	166100.112	108041.1026
0.29	96532.28234	166107.996	108063.5843
0.30	96560.35872	166115.880	108086.0659
0.31	96588.43510	166123.764	108108.5476
0.32	96616.51149	166131.648	108131.0292
0.33	96644.58787	166139.532	108153.5109
0.34	96672.66426	166147.416	108175.9926
0.35	96700.74064	166155.300	108198.4742
0.36	96728.81702	166163.184	108220.9559
0.37	96756.89341	166171.068	108243.4376
0.38	96784.96979	166178.952	108265.9192
0.39	96813.04618	166186.836	108288.4009

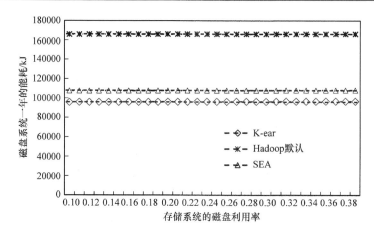

图 3.50　高速磁盘中的系统利用率是系统总体利用率的 2.0 倍的结果可视化展示

　　如表 3.34~表 3.36 和图 3.48~图 3.50 所示的对比实验结果可知，在高速磁盘利用率为系统利用率的不同倍数的情况下(1.6、1.8、2.0)，基于 K-ear 算法分类存储的系统所消耗的能量最少，而未实现分区存储的 Hadoop 默认系统的所消耗能量最多。另外，同样基于双速磁盘系统假设的对数据进行冷热划分存储的 SEA 算法消耗的能量比 Hadoop 默认的存储系统的能耗少，但是比基于 K-ear 分类算法的存储系统的能耗多。同时，也可以发现每一种算法，系统的能耗会随着磁盘系统的利用率而增加，但是增加的幅度相对于总体能耗来说并不大。SEA 和 K-ear 算法的能耗会在一定程度上受到高速磁盘利用率负载加重比例的影响，但相对于总体能耗来说影响甚微。

3.4.2　不同的季节性特性数据比例的对比实验

　　本小节设置高速磁盘中的系统利用率是系统总体利用率的 2.0 倍，热冷数据的比例为 4∶6。测试不同的季节性数据比例时基于三种算法的磁盘系统的能耗。三组实验(实验 1、实验 2 和实验 3)使用到的相同参数如表 3.37 所示，使用季节特性的参数分别如表 3.38、表 3.40 和表 3.42 所示。

表 3.37　不同的季节性数据比例对比实验中使用的通用参数

参数	值
具有春季特性和工作日潮汐特性的数据比例 η_{s-w}	0.3
具有春季特性和休息日潮汐特性的数据比例 η_{s-h}	0.3
具有春季特性和无明显潮汐特性的数据比例 η_{s-o}	0.4
具有夏季特性和工作日潮汐特性的数据比例 η_{m-w}	0.3
具有夏季特性和休息日潮汐特性的数据比例 η_{m-h}	0.3

续表

参数	值
具有夏季特性和无明显潮汐特性的数据比例 η_{m-o}	0.4
具有秋季特性和工作日潮汐特性的数据比例 η_{a-w}	0.3
具有秋季特性和休息日潮汐特性的数据比例 η_{a-h}	0.3
具有秋季特性和无明显潮汐特性的数据比例 η_{a-o}	0.4
具有冬季特性和工作日潮汐特性的数据比例 η_{w-w}	0.3
具有冬季特性和休息日潮汐特性的数据比例 η_{w-h}	0.3
具有冬季特性和无明显潮汐特性的数据比例 η_{w-o}	0.4
无季节特性但具有工作日潮汐特性的数据比例 η_{o-w}	0.3
无季节特性但具有休息日潮汐特性的数据比例 η_{o-h}	0.3
无季节特性也无明显潮汐特性的数据比例 η_{o-o}	0.4
高速磁盘的利用率与系统利用率的比值	2.0
热冷数据的比例	4∶6

实验 1 用到的季节性特性参数如表 3.38 所示。

表 3.38　实验 1 用到的季节性特性参数

参数	值
具有春季特性的数据的比例 η_s	0.15
具有夏季特性的数据的比例 η_m	0.15
具有秋季特性的数据的比例 η_a	0.15
具有冬季特性的数据的比例 η_w	0.15
无季节性特性的数据的比例 η_o	0.4

基于上述参数的设置实施后的实验结果如表 3.39 和图 3.51 所示。

表 3.39　季节性数据与无季节性数据的比例为 6∶4 的情况下的能耗

系统总体利用率	基于 K-ear 算法系统能耗/kJ	Hadoop 默认系统能耗/kJ	基于 SEA 系统能耗/kJ
0.10	106182.9264	165958.200	107636.4326
0.11	106206.2268	165966.084	107658.9143
0.12	106229.5272	165973.968	107681.3960
0.13	106252.8276	165981.852	107703.8776
0.14	106276.1280	165989.736	107726.3593
0.15	106299.4285	165997.620	107748.8410
0.16	106322.7289	166005.504	107771.3226
0.17	106346.0293	166013.388	107793.8043
0.18	106369.3297	166021.272	107816.2860

续表

系统总体利用率	基于 K-ear 算法系统能耗/kJ	Hadoop 默认系统能耗/kJ	基于 SEA 系统能耗/kJ
0.19	106392.6301	166029.156	107838.7676
0.20	106415.9305	166037.040	107861.2493
0.21	106439.2309	166044.924	107883.7309
0.22	106462.5313	166052.808	107906.2126
0.23	106485.8317	166060.692	107928.6943
0.24	106509.1321	166068.576	107951.1759
0.25	106532.4325	166076.460	107973.6576
0.26	106555.7329	166084.344	107996.1393
0.27	106579.0333	166092.228	108018.6209
0.28	106602.3337	166100.112	108041.1026
0.29	106625.6341	166107.996	108063.5843
0.30	106648.9345	166115.880	108086.0659
0.31	106672.2349	166123.764	108108.5476
0.32	106695.5353	166131.648	108131.0292
0.33	106718.8357	166139.532	108153.5109
0.34	106742.1361	166147.416	108175.9926
0.35	106765.4365	166155.300	108198.4742
0.36	106788.7369	166163.184	108220.9559
0.37	106812.0373	166171.068	108243.4376
0.38	106835.3377	166178.952	108265.9192
0.39	106858.6381	166186.836	108288.4009

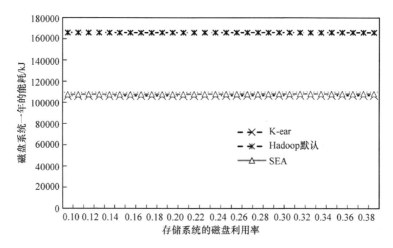

图 3.51　季节性数据与无季节性数据的比例为 6∶4 的情况下的能耗可视化展示

实验 2 用到的季节性特性参数如表 3.40 所示。

表 3.40　实验 2 用到的季节性特性参数

参数	值
具有春季特性的数据的比例 η_s	0.18
具有夏季特性的数据的比例 η_m	0.18
具有秋季特性的数据的比例 η_a	0.18
具有冬季特性的数据的比例 η_w	0.18
无季节性特性的数据的比例 η_o	0.28

基于上述参数的设置实施后的实验结果如表 3.41 和图 3.52 所示。

表 3.41　季节性数据与无季节性数据的比例为 72 : 28 的情况下的能耗

系统总体利用率	基于 K-ear 算法系统能耗/kJ	Hadoop 默认系统能耗/kJ	基于 SEA 系统能耗/kJ
0.10	100074.2443	165958.200	107636.4326
0.11	100100.5878	165966.084	107658.9143
0.12	100126.9314	165973.968	107681.3960
0.13	100153.2749	165981.852	107703.8776
0.14	100179.6184	165989.736	107726.3593
0.15	100205.9619	165997.620	107748.8410
0.16	100232.3054	166005.504	107771.3226
0.17	100258.6489	166013.388	107793.8043
0.18	100284.9924	166021.272	107816.2860
0.19	100311.3359	166029.156	107838.7676
0.20	100337.6794	166037.040	107861.2493
0.21	100364.0229	166044.924	107883.7309
0.22	100390.3664	166052.808	107906.2126
0.23	100416.7099	166060.692	107928.6943
0.24	100443.0534	166068.576	107951.1759
0.25	100469.3969	166076.460	107973.6576
0.26	100495.7404	166084.344	107996.1393
0.27	100522.0839	166092.228	108018.6209
0.28	100548.4275	166100.112	108041.1026
0.29	100574.7710	166107.996	108063.5843
0.30	100601.1145	166115.880	108086.0659
0.31	100627.4580	166123.764	108108.5476

续表

系统总体利用率	基于 K-ear 算法系统能耗/kJ	Hadoop 默认系统能耗/kJ	基于 SEA 系统能耗/kJ
0.32	100653.8015	166131.648	108131.0292
0.33	100680.1450	166139.532	108153.5109
0.34	100706.4885	166147.416	108175.9926
0.35	100732.8320	166155.300	108198.4742
0.36	100759.1755	166163.184	108220.9559
0.37	100785.5190	166171.068	108243.4376
0.38	100811.8625	166178.952	108265.9192
0.39	100838.2060	166186.836	108288.4009

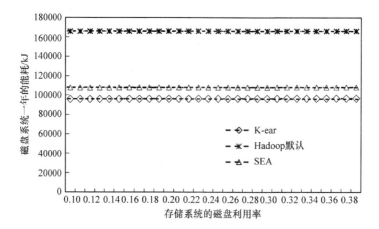

图 3.52　季节性数据与无季节性数据的比例为 72∶28 的情况下的能耗可视化展示

实验 3 用到的季节性特性参数如表 3.42 所示。

表 3.42　实验 3 用到的季节性特性参数

参数	值
具有春季特性的数据的比例 η_s	0.12
具有夏季特性的数据的比例 η_m	0.12
具有秋季特性的数据的比例 η_a	0.12
具有冬季特性的数据的比例 η_w	0.12
无季节性特性的数据的比例 η_o	0.52

基于上述参数的设置实施后的实验结果如表 3.43 和图 3.53 所示。

表 3.43　季节性数据与无季节性数据的比例为 48∶52 的情况下的能耗

系统总体利用率	基于 K-ear 算法系统能耗/kJ	Hadoop 默认系统能耗/kJ	基于 SEA 系统能耗/kJ
0.10	112284.6623	165958.200	107636.4326
0.11	112304.2250	165966.084	107658.9143
0.12	112323.7877	165973.968	107681.3960
0.13	112343.3504	165981.852	107703.8776
0.14	112362.9130	165989.736	107726.3593
0.15	112382.4757	165997.620	107748.8410
0.16	112402.0384	166005.504	107771.3226
0.17	112421.6011	166013.388	107793.8043
0.18	112441.1638	166021.272	107816.2860
0.19	112460.7264	166029.156	107838.7676
0.20	112480.2891	166037.040	107861.2493
0.21	112499.8518	166044.924	107883.7309
0.22	112519.4145	166052.808	107906.2126
0.23	112538.9772	166060.692	107928.6943
0.24	112558.5398	166068.576	107951.1759
0.25	112578.1025	166076.460	107973.6576
0.26	112597.6652	166084.344	107996.1393
0.27	112617.2279	166092.228	108018.6209
0.28	112636.7906	166100.112	108041.1026
0.29	112656.3532	166107.996	108063.5843
0.30	112675.9159	166115.880	108086.0659
0.31	112695.4786	166123.764	108108.5476
0.32	112715.0413	166131.648	108131.0292
0.33	112734.6039	166139.532	108153.5109
0.34	112754.1666	166147.416	108175.9926
0.35	112773.7293	166155.300	108198.4742
0.36	112793.2920	166163.184	108220.9559
0.37	112812.8547	166171.068	108243.4376
0.38	112832.4173	166178.952	108265.9192
0.39	112851.9800	166186.836	108288.4009

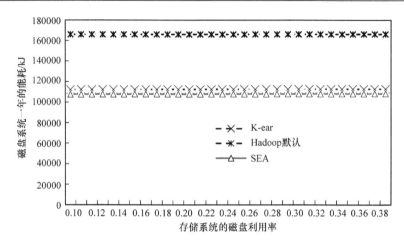

图 3.53　季节性数据与无季节性数据的比例为 48∶52 的情况下的能耗可视化展示

从上述的实验结果可知，不论哪种季节性数据比例，基于 K-ear 和 SEA 算法的数据存储系统的能耗均比未进行数据分类的 Hadoop 默认的存储系统所消耗的能量少。而当季节性数据的比例较高时(6∶4 或 72∶48)，K-ear 在能耗表现上略优于 SEA 算法。而在季节性数据的比例较低时(48∶52)，则 SEA 算法比 K-ear 算法更节能些。

3.4.3　不同潮汐特性数据比例的对比实验

本小节测试不同的潮汐特性数据比例下，三种算法的能耗指标。三组对比实验(实验 4、实验 5 和实验 6)中使用到的通用参数如表 3.44 所示，使用到的潮汐特征分别如表 3.45、表 3.47 和表 3.49 所示。

表 3.44　三个对比实验中使用到的通用参数

参数	值
具有春季特性的数据的比例 η_s	0.2
具有夏季特性的数据的比例 η_m	0.2
具有秋季特性的数据的比例 η_a	0.2
具有冬季特性的数据的比例 η_w	0.2
无季节性特性的数据的比例 η_o	0.2
高速磁盘的利用率与系统利用率的比值	2.0
热冷数据的比例	4∶6

实验 4 中采用的潮汐特性参数如表 3.45 所示。

表 3.45　实验 4 中的潮汐特性参数

参数	值
具有春季特性和工作日潮汐特性的数据比例 η_{s-w}	0.2
具有春季特性和休息日潮汐特性的数据比例 η_{s-h}	0.2
具有春季特性和无明显潮汐特性的数据比例 η_{s-o}	0.6
具有夏季特性和工作日潮汐特性的数据比例 η_{m-w}	0.2
具有夏季特性和休息日潮汐特性的数据比例 η_{m-h}	0.2
具有夏季特性和无明显潮汐特性的数据比例 η_{m-o}	0.6
具有秋季特性和工作日潮汐特性的数据比例 η_{a-w}	0.2
具有秋季特性和休息日潮汐特性的数据比例 η_{a-h}	0.2
具有秋季特性和无明显潮汐特性的数据比例 η_{a-o}	0.6
具有冬季特性和工作日潮汐特性的数据比例 η_{w-w}	0.2
具有冬季特性和休息日潮汐特性的数据比例 η_{w-h}	0.2
具有冬季特性和无明显潮汐特性的数据比例 η_{w-o}	0.6
无季节特性但具有工作日潮汐特性的数据比例 η_{o-w}	0.2
无季节特性但具有休息日潮汐特性的数据比例 η_{o-h}	0.2
无季节特性也无明显潮汐特性的数据比例 η_{o-o}	0.6

实验结果如表 3.46 和图 3.54 所示。

表 3.46　具有潮汐特性的数据与无潮汐特性数据的比例为 4 : 6 的情况下的能耗

系统总体利用率	基于 K-ear 算法系统能耗/kJ	Hadoop 默认系统能耗/kJ	基于 SEA 的系统能耗/kJ
0.10	99880.22558	165958.200	107636.4326
0.11	99906.65646	165966.084	107658.9143
0.12	99933.08734	165973.968	107681.3960
0.13	99959.51822	165981.852	107703.8776
0.14	99985.94909	165989.736	107726.3593
0.15	100012.38000	165997.620	107748.8410
0.16	100038.8108	166005.504	107771.3226
0.17	100065.2417	166013.388	107793.8043
0.18	100091.6726	166021.272	107816.2860
0.19	100118.1035	166029.156	107838.7676
0.20	100144.5344	166037.040	107861.2493

续表

系统总体利用率	基于K-ear算法系统能耗/kJ	Hadoop 默认系统能耗/kJ	基于 SEA 的系统能耗/kJ
0.21	100170.9652	166044.924	107883.7309
0.22	100197.3961	166052.808	107906.2126
0.23	100223.8270	166060.692	107928.6943
0.24	100250.2579	166068.576	107951.1759
0.25	100276.6888	166076.460	107973.6576
0.26	100303.1196	166084.344	107996.1393
0.27	100329.5505	166092.228	108018.6209
0.28	100355.9814	166100.112	108041.1026
0.29	100382.4123	166107.996	108063.5843
0.30	100408.8431	166115.880	108086.0659
0.31	100435.2740	166123.764	108108.5476
0.32	100461.7049	166131.648	108131.0292
0.33	100488.1358	166139.532	108153.5109
0.34	100514.5667	166147.416	108175.9926
0.35	100540.9975	166155.300	108198.4742
0.36	100567.4284	166163.184	108220.9559
0.37	100593.8593	166171.068	108243.4376
0.38	100620.2902	166178.952	108265.9192
0.39	100646.7210	166186.836	108288.4009

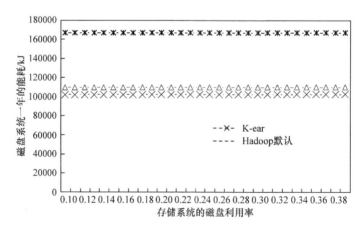

图 3.54　具有潮汐特性的数据与无潮汐特性数据的比例为 4∶6 的情况下的能耗可视化展示

实验 5 中采用的潮汐特性参数如表 3.47 所示。

表 3.47 实验 5 中的潮汐特性参数

参数	值
具有春季特性和工作日潮汐特性的数据比例 η_{s-w}	0.25
具有春季特性和休息日潮汐特性的数据比例 η_{s-h}	0.25
具有春季特性和无明显潮汐特性的数据比例 η_{s-o}	0.5
具有夏季特性和工作日潮汐特性的数据比例 η_{m-w}	0.25
具有夏季特性和休息日潮汐特性的数据比例 η_{m-h}	0.25
具有夏季特性和无明显潮汐特性的数据比例 η_{m-o}	0.5
具有秋季特性和工作日潮汐特性的数据比例 η_{a-w}	0.25
具有秋季特性和休息日潮汐特性的数据比例 η_{a-h}	0.25
具有秋季特性和无明显潮汐特性的数据比例 η_{a-o}	0.5
具有冬季特性和工作日潮汐特性的数据比例 η_{w-w}	0.25
具有冬季特性和休息日潮汐特性的数据比例 η_{w-h}	0.25
具有冬季特性和无明显潮汐特性的数据比例 η_{w-o}	0.5
无季节特性但具有工作日潮汐特性的数据比例 η_{o-w}	0.25
无季节特性但具有休息日潮汐特性的数据比例 η_{o-h}	0.25
无季节特性也无明显潮汐特性的数据比例 η_{o-o}	0.5

实验结果如表 3.48 和图 3.55 所示。

表 3.48 具有潮汐特性的数据与无潮汐特性数据的比例为 5∶5 的情况下的能耗

系统总体利用率	基于 K-ear 算法系统能耗/kJ	Hadoop 默认系统能耗/kJ	基于 SEA 系统能耗/kJ
0.10	97939.76338	165958.200	107636.4326
0.11	97967.04052	165966.084	107658.9143
0.12	97994.31766	165973.968	107681.3960
0.13	98021.59480	165981.852	107703.8776
0.14	98048.87194	165989.736	107726.3593
0.15	98076.14907	165997.620	107748.8410
0.16	98103.42621	166005.504	107771.3226
0.17	98130.70335	166013.388	107793.8043
0.18	98157.98049	166021.272	107816.2860
0.19	98185.25763	166029.156	107838.7676
0.20	98212.53477	166037.040	107861.2493

续表

系统总体利用率	基于 K-ear 算法系统能耗/kJ	Hadoop 默认系统能耗/kJ	基于 SEA 系统能耗/kJ
0.21	98239.81190	166044.924	107883.7309
0.22	98267.08904	166052.808	107906.2126
0.23	98294.36618	166060.692	107928.6943
0.24	98321.64332	166068.576	107951.1759
0.25	98348.92046	166076.460	107973.6576
0.26	98376.19759	166084.344	107996.1393
0.27	98403.47473	166092.228	108018.6209
0.28	98430.75187	166100.112	108041.1026
0.29	98458.02901	166107.996	108063.5843
0.30	98485.30615	166115.880	108086.0659
0.31	98512.58329	166123.764	108108.5476
0.32	98539.86042	166131.648	108131.0292
0.33	98567.13756	166139.532	108153.5109
0.34	98594.41470	166147.416	108175.9926
0.35	98621.69184	166155.300	108198.4742
0.36	98648.96898	166163.184	108220.9559
0.37	98676.24612	166171.068	108243.4376
0.38	98703.52325	166178.952	108265.9192
0.39	98730.80039	166186.836	108288.4009

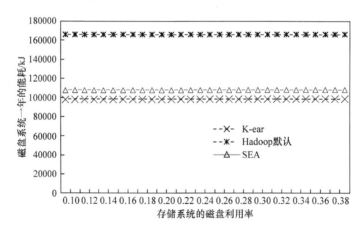

图 3.55　具有潮汐特性的数据与无潮汐特性数据的比例为 5∶5 的情况下的能耗可视化展示

实验 6 中采用的潮汐特性参数如表 3.49 所示。

表 3.49　实验 6 中的潮汐特性参数

参数	值
具有春季特性和工作日潮汐特性的数据比例 η_{s-w}	0.1
具有春季特性和休息日潮汐特性的数据比例 η_{s-h}	0.1
具有春季特性和无明显潮汐特性的数据比例 η_{s-o}	0.8
具有夏季特性和工作日潮汐特性的数据比例 η_{m-w}	0.1
具有夏季特性和休息日潮汐特性的数据比例 η_{m-h}	0.1
具有夏季特性和无明显潮汐特性的数据比例 η_{m-o}	0.8
具有秋季特性和工作日潮汐特性的数据比例 η_{a-w}	0.1
具有秋季特性和休息日潮汐特性的数据比例 η_{a-h}	0.1
具有秋季特性和无明显潮汐特性的数据比例 η_{a-o}	0.8
具有冬季特性和工作日潮汐特性的数据比例 η_{w-w}	0.1
具有冬季特性和休息日潮汐特性的数据比例 η_{w-h}	0.1
具有冬季特性和无明显潮汐特性的数据比例 η_{w-o}	0.8
无季节特性但具有工作日潮汐特性的数据比例 η_{o-w}	0.1
无季节特性但具有休息日潮汐特性的数据比例 η_{o-h}	0.1
无季节特性也无明显潮汐特性的数据比例 η_{o-o}	0.8

实验结果如表 3.50 和图 3.56 所示。

表 3.50　具有潮汐特性的数据与无潮汐特性数据的比例为 2∶8 的情况下的能耗

系统总体利用率	基于 K-ear 算法系统能耗/kJ	Hadoop 默认系统能耗/kJ	基于 SEA 系统能耗/kJ
0.10	103759.5632	165958.200	107636.4326
0.11	103784.1429	165966.084	107658.9143
0.12	103808.7226	165973.968	107681.3960
0.13	103833.3023	165981.852	107703.8776
0.14	103857.8820	165989.736	107726.3593
0.15	103882.4617	165997.620	107748.8410
0.16	103907.0413	166005.504	107771.3226
0.17	103931.6210	166013.388	107793.8043
0.18	103956.2007	166021.272	107816.2860
0.19	103980.7804	166029.156	107838.7676
0.20	104005.3601	166037.040	107861.2493

续表

系统总体利用率	基于 K-ear 算法系统能耗/kJ	Hadoop 默认系统能耗/kJ	基于 SEA 系统能耗/kJ
0.21	104029.9398	166044.924	107883.7309
0.22	104054.5194	166052.808	107906.2126
0.23	104079.0991	166060.692	107928.6943
0.24	104103.6788	166068.576	107951.1759
0.25	104128.2585	166076.460	107973.6576
0.26	104152.8382	166084.344	107996.1393
0.27	104177.4179	166092.228	108018.6209
0.28	104201.9976	166100.112	108041.1026
0.29	104226.5772	166107.996	108063.5843
0.30	104251.1569	166115.880	108086.0659
0.31	104275.7366	166123.764	108108.5476
0.32	104300.3163	166131.648	108131.0292
0.33	104324.8960	166139.532	108153.5109
0.34	104349.4757	166147.416	108175.9926
0.35	104374.0553	166155.300	108198.4742
0.36	104398.6350	166163.184	108220.9559
0.37	104423.2147	166171.068	108243.4376
0.38	104447.7944	166178.952	108265.9192
0.39	104472.3741	166186.836	108288.4009

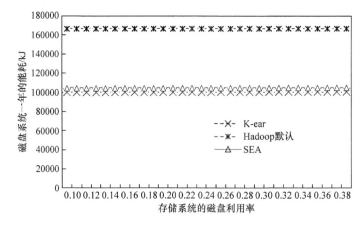

图 3.56　具有潮汐特性的数据与无潮汐特性数据的比例为 2∶8 的情况下的能耗可视化展示

从上述的实验结果可发现：具有潮汐特性的数据与无潮汐特性数据的比例越高的 K-ear 算法相较于 SEA 算法在能耗上的优势越明显，并且均优于未实现分类的 Hadoop 默认存储系统。

3.4.4　不同冷热数据比例的对比实验结果

本小节的实验在其他参数不变的情况下，设置常用的不同冷热数据比例，测试基于三种算法的磁盘系统所消耗的能量。三组实验中的通用参数如表 3.51 所示。

表 3.51　三组实验中的通用参数

参数	值	参数	值
具有春季特性的数据的比例 η_s	0.2	具有春季特性和工作日潮汐特性的数据比例 η_{s-w}	0.3
		具有春季特性和休息日潮汐特性的数据比例 η_{s-h}	0.3
		具有春季特性和无明显潮汐特性的数据比例 η_{s-o}	0.4
具有夏季特性的数据的比例 η_m	0.2	具有夏季特性和工作日潮汐特性的数据比例 η_{m-w}	0.3
		具有夏季特性和休息日潮汐特性的数据比例 η_{m-h}	0.3
		具有夏季特性和无明显潮汐特性的数据比例 η_{m-o}	0.4
具有秋季特性的数据的比例 η_a	0.2	具有秋季特性和工作日潮汐特性的数据比例 η_{a-w}	0.3
		具有秋季特性和休息日潮汐特性的数据比例 η_{a-h}	0.3
		具有秋季特性和无明显潮汐特性的数据比例 η_{a-o}	0.4
具有冬季特性的数据的比例 η_w	0.2	具有冬季特性和工作日潮汐特性的数据比例 η_{w-w}	0.3
		具有冬季特性和休息日潮汐特性的数据比例 η_{w-h}	0.3
		具有冬季特性和无明显潮汐特性的数据比例 η_{w-o}	0.4
无季节性特性的数据的比例 η_o	0.2	无季节特性但具有工作日潮汐特性的数据比例 η_{o-w}	0.3
		无季节特性但具有休息日潮汐特性的数据比例 η_{o-h}	0.3
		无季节特性也无明显潮汐特性的数据比例 η_{o-o}	0.4
高速磁盘的利用率与系统利用率的比值	2.0		

当把热冷数据的比例设置为 4∶6 时，模拟实验测得的结果如表 3.52 和图 3.57 所示。

表 3.52　热冷数据比例为 4：6 的情况下的能耗

系统总体利用率	基于 K-ear 算法系统能耗/kJ	Hadoop 默认系统能耗/kJ	基于 SEA 系统能耗/kJ
0.10	95998.83104	165958.200	107636.4326
0.11	96026.90742	165966.084	107658.9143
0.12	96054.98381	165973.968	107681.3960
0.13	96083.06019	165981.852	107703.8776
0.14	96111.13658	165989.736	107726.3593
0.15	96139.21296	165997.620	107748.8410
0.16	96167.28934	166005.504	107771.3226
0.17	96195.36573	166013.388	107793.8043
0.18	96223.44211	166021.272	107816.2860
0.19	96251.51850	166029.156	107838.7676
0.20	96279.59488	166037.040	107861.2493
0.21	96307.67126	166044.924	107883.7309
0.22	96335.74765	166052.808	107906.2126
0.23	96363.82403	166060.692	107928.6943
0.24	96391.90042	166068.576	107951.1759
0.25	96419.97680	166076.460	107973.6576
0.26	96448.05318	166084.344	107996.1393
0.27	96476.12957	166092.228	108018.6209
0.28	96504.20595	166100.112	108041.1026
0.29	96532.28234	166107.996	108063.5843
0.30	96560.35872	166115.880	108086.0659
0.31	96588.43510	166123.764	108108.5476
0.32	96616.51149	166131.648	108131.0292
0.33	96644.58787	166139.532	108153.5109
0.34	96672.66426	166147.416	108175.9926
0.35	96700.74064	166155.300	108198.4742
0.36	96728.81702	166163.184	108220.9559
0.37	96756.89341	166171.068	108243.4376
0.38	96784.96979	166178.952	108265.9192
0.39	96813.04618	166186.836	108288.4009

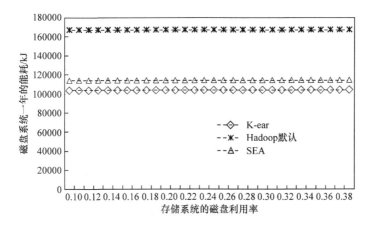

图 3.57　热冷数据比例为 4∶6 的情况下的能耗可视化展示

当把热冷数据的比例设置为 3∶7 时,模拟实验测得的结果如表 3.53 和图 3.58
所示。

表 3.53　热冷数据比例为 3∶7 的情况下的能耗

系统总体利用率	基于 K-ear 算法系统能耗/kJ	Hadoop 默认系统能耗/kJ	基于 SEA 系统能耗/kJ
0.10	95998.83104	165958.200	97939.76338
0.11	96026.90742	165966.084	97967.04052
0.12	96054.98381	165973.968	97994.31766
0.13	96083.06019	165981.852	98021.59480
0.14	96111.13658	165989.736	98048.87194
0.15	96139.21296	165997.620	98076.14907
0.16	96167.28934	166005.504	98103.42621
0.17	96195.36573	166013.388	98130.70335
0.18	96223.44211	166021.272	98157.98049
0.19	96251.51850	166029.156	98185.25763
0.20	96279.59488	166037.040	98212.53477
0.21	96307.67126	166044.924	98239.81190
0.22	96335.74765	166052.808	98267.08904
0.23	96363.82403	166060.692	98294.36618
0.24	96391.90042	166068.576	98321.64332
0.25	96419.97680	166076.460	98348.92046
0.26	96448.05318	166084.344	98376.19760
0.27	96476.12957	166092.228	98403.47473

续表

系统总体利用率	基于 K-ear 算法系统能耗/kJ	Hadoop 默认系统能耗/kJ	基于 SEA 系统能耗/kJ
0.28	96504.20595	166100.112	98430.75187
0.29	96532.28234	166107.996	98458.02901
0.30	96560.35872	166115.880	98485.30615
0.31	96588.43510	166123.764	98512.58329
0.32	96616.51149	166131.648	98539.86043
0.33	96644.58787	166139.532	98567.13756
0.34	96672.66426	166147.416	98594.41470
0.35	96700.74064	166155.300	98621.69184
0.36	96728.81702	166163.184	98648.96898
0.37	96756.89341	166171.068	98676.24612
0.38	96784.96979	166178.952	98703.52326
0.39	96813.04618	166186.836	98730.80039

图 3.58　热冷数据比例为 3∶7 的情况下的能耗可视化展示

当把热冷数据的比例设置为 2∶8 时,模拟实验测得的结果如表 3.54 和图 3.59 所示。

表 3.54　热冷数据比例为 2∶8 的情况下的能耗

系统总体利用率	基于 K-ear 算法系统能耗/kJ	Hadoop 默认系统能耗/kJ	基于 SEA 系统能耗/kJ
0.10	95998.83104	165958.200	88231.10544
0.11	96026.90742	165966.084	88261.97918
0.12	96054.98381	165973.968	88292.85293

系统总体利用率	基于 K-ear 算法系统能耗/kJ	Hadoop 默认系统能耗/kJ	基于 SEA 系统能耗/kJ
0.13	96083.06019	165981.852	88323.72667
0.14	96111.13658	165989.736	88354.60042
0.15	96139.21296	165997.620	88385.47416
0.16	96167.28934	166005.504	88416.34790
0.17	96195.36573	166013.388	88447.22165
0.18	96223.44211	166021.272	88478.09539
0.19	96251.51850	166029.156	88508.96914
0.20	96279.59488	166037.040	88539.84288
0.21	96307.67126	166044.924	88570.71662
0.22	96335.74765	166052.808	88601.59037
0.23	96363.82403	166060.692	88632.46411
0.24	96391.90042	166068.576	88663.33786
0.25	96419.97680	166076.460	88694.21160
0.26	96448.05318	166084.344	88725.08534
0.27	96476.12957	166092.228	88755.95909
0.28	96504.20595	166100.112	88786.83283
0.29	96532.28234	166107.996	88817.70658
0.30	96560.35872	166115.880	88848.58032
0.31	96588.43510	166123.764	88879.45406
0.32	96616.51149	166131.648	88910.32781
0.33	96644.58787	166139.532	88941.20155
0.34	96672.66426	166147.416	88972.07530
0.35	96700.74064	166155.300	89002.94904
0.36	96728.81702	166163.184	89033.82278
0.37	96756.89341	166171.068	89064.69653
0.38	96784.96979	166178.952	89095.57027
0.39	96813.04618	166186.836	89126.44402

　　从不同的热冷数据比例的实验对比结果可以看出，当热冷数据的比例比较大时(4∶6)，相较于 SEA 算法，K-ear 算法的能耗优势较为明显。当热冷数据的比例为 3∶7 时，SEA 算法和 K-ear 算法的能耗优势相当，K-ear 算法略具优势。而当热冷数据的比例比较小时(2∶8)，SEA 的算法比 K-ear 算法的更具能耗优势。

　　综上所述，通过不同角度不同参数的调整对三种算法进行能耗指标的评估。相较于目前流行的 Hadoop 默认的数据存储方法，K-ear 和 SEA 算法均具有较大的能耗优势。另外，我们提出和设计的 K-ear 算法在大多数情况下的能耗比 SEA 算法的能耗小。SEA 在热数据比例较小时，比 K-ear 算法更具能耗优势。

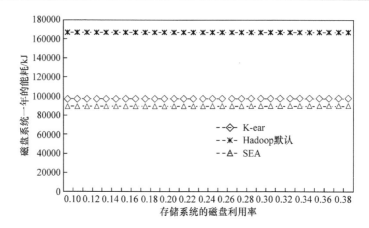

图 3.59　热冷数据比例为 2∶8 的情况下的能耗可视化展示

3.5　本　章　小　结

　　本章从百度搜索指数中发现和挖掘了数据的季节性特性和潮汐特性，从百度
搜索指数中提取了代表性的 70 个关键词语，基于 SPSS 软件对 70 个关键词语从
季节特性和潮汐特性的角度出发，利用 K-means 算法对 70 个关键词语进行聚类
分析。据此，提出了基于 K-means 的数据聚类存储算法 K-ear。利用数学建模的
手段和模拟实验的方法，分析和测试了 K-ear 算法在能耗上相较于 SEA 算法和
Hadoop 默认的数据存储算法上的优势。分析和模拟实验的结果表明，通常情况下，
针对数据的季节性特性和潮汐特性设计的 K-ear 聚类存储算法具有明显的能耗
优势。

第 4 章　能效自适应的数据副本管理策略 E²ARS

数据分类是面向云存储系统中的层次递进式降耗方法中第一层面的研究内容，第 3 章中，我们在不同的时间区域对不同的存储区域实施了不同的磁盘能耗模式，取得了相应的降耗效果。然而针对某一特性区域，其在相应时间跨度上系统的负载也在不断地发生变化。如何根据不断变化的系统负载，通过开启或关闭相应的节点，以进一步降低云存储系统中的能耗，是本章研究的内容。提出的能效自适应的副本管理策略 E²ARS 从第二个层面(节点层面)降低云存储系统中的能耗。

数据备份是存储系统中提高数据的可用性、数据的访问速度和系统的负载均衡等传统性能指标的一种重要技术手段。在能耗形势日趋严峻的情形下，近年来数据备份也是大型存储系统中降低能耗的重要方法之一。本章在对现有面向降耗的数据副本管理策略研究综述的基础上，提出和设计了具有高能效性的数据副本管理策略 E²ARS。最后在扩展的 GridSim 模拟器上实现 E²ARS 策略，并从多个角度评估其能效性。

4.1　面向降耗的副本管理策略的相关研究

利用数据备份的数据冗余，在负载较轻的时候将请求集中在部分节点上，以期通过关闭剩余节点达到节能目的，是一种有效的降耗技术。Diverted Accesses[38]充分利用分布式存储系统中数据冗余特性(如多副本机制)重定向数据请求，将用户请求聚集在一部分存储节点上，从而让剩下的存储节点处于低能耗状态，从而达到降耗的效果。Kim 和 Rotem 受到由 Weddle 提出的在 RAID 上实施的 PARAID 机制的启发提出了 FREP 机制[28]：将数据备份的粒度扩展到存储节点，以便在系统负载较轻的时候可以关闭整个节点以达到更大程度上的降耗。文献[40]在现有的分布式文件系统中设计了低功耗的云存储系统，也是利用数据备份的方法，通过开启一定数量的节点以保证数据的可用性，同时关闭剩余的节点实现降耗。近年来国内的学者也对通过数据副本的管理技术来降低云存储系统中的能耗问题展开了广泛而深入的研究。具体可参见第 2 章综述部分所述。

前述面向降耗的副本管理策略，在一定程度上起到了降耗的效果，但其关注的点较为单一：要么就涉及副本个数的确定，要么就涉及副本的放置问题。本书提出的能效自适应副本管理策略 E²ARS 旨在保证数据可用性和用户服务质量要求的前提下，以牺牲最少的时间开销，换取最多的能耗的节省。E²ARS 策略综合解决了上述面向降耗的副本策略未解决的下述问题。

(1) 为满足存储系统必要的数据可用性要求，减少副本的管理开销，如何确定数据副本数量最小化的问题。

(2) 为了尽可能缩短存储系统数据访问的响应时间，如何确定数据分块数量最优化的问题。

(3) 如何放置原始数据以及数据副本以在保证数据可用性的前提下，最大限度地降低能耗的问题。

基于上述问题解决的前提下，如何根据系统的负载变化，动态地关闭一些节点以达到节能的目的，同时保证剩余的节点具有负载均衡特性的问题。

4.2　能效自适应的副本管理策略 E²ARS 的设计与实现

能效自适应的副本管理策略 E²ARS 由多个模块组成，前端用户通过 E²ARS 策略中不同的模块，与后台的数据节点交互，构成 E²ARS 的系统框架。本节在阐述 E²ARS 系统框架的基础上，详细描述 E²ARS 框架中涉及的各个模块的算法及流程。

4.2.1　E²ARS 系统框架

能效自适应的副本管理策略 E²ARS 的系统框架如图 4.1 所示。用户的数据请

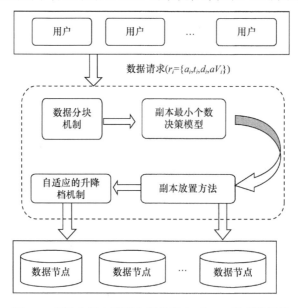

图 4.1　能效自适应的副本管理策略 E²ARS 的系统框架

求通过一个四元组发送到存储系统中的数据节点，首先根据四元组中包含的数据请求的信息，通过数据的分块机制确定最优的数据分块数量，而后结合数据的分块数量和四元组中的信息，利用副本的最小个数决策模型确定该数据中各个分块的最小数据副本个数。然后根据副本的个数利用副本的放置方法实施支撑能耗升降档机制的副本放置方法。最后自适应的能耗升降档机制根据系统的负载变化，自适应动态地在数据节点中实施能耗升降档，在性能和能耗之间取得良好的折中。框架中涉及的数据分块机制、副本最小个数决策模型、副本放置方法以及自适应的升降档机制将在后续章节中进行详细的描述。

4.2.2　E²ARS 算法

本小节中首先对存储系统中的状态、数据请求和数据节点的特征进行数学建模。然后根据数据请求特征设计数据的分块机制，最优化数据请求的并行度，同时建立数学模型，确定每一个数据块的最小数据备份个数。最后通过副本的放置方法支撑后续自适应能耗升降档机制的顺利实施。

1. 系统的状态和能耗建模

系统中文件的访问被模拟为一种随机的泊松过程，将系统的总体负载模拟为总体的到达率 λ。假设某一时间间隔内有一系列的数据请求发往存储系统中的数据节点，系列的数据请求为 $R = \{r_1, r_2, \cdots, r_n\}$。每一个请求 $r_i \in \mathbf{R}$ 都是一个四元组。即 $r_i = \{a_i, t_i, d_i, aV_i\}$，其中 a_i, t_i, d_i, aV_i 分别表示到达时间、请求期望的相应时间、请求数据的大小以及可用性要求。更进一步地，假设存储系统中的节点集合为 N，整个存储系统中节点的个数为 m。则系统中的节点抽象为 $N = \{N_1, N_2, \cdots, N_m\}$。同时系统中的每一个节点（$N_j \in N, j \in (1, m)$）都抽象为一个六元组，即 $N_j = \{\lambda_j, \tau_j, f_j, \mathrm{bw}_j, e_j, \mathrm{sm}_j\}$。其中，$\lambda_j, \tau_j, f_j, \mathrm{bw}_j, e_j, \mathrm{sm}_j$ 分别表示该节点数据请求的到达率、平均的服务时间、节点失效的概率、节点的带宽、节点的能耗率以及可以提供的最大的会话数。

基于上述的存储系统节点以及数据请求的建模，存储系统中的能耗建模如下。假设请求 r_i 被分配到第 j 个节点中进行处理，则该请求消耗的能量为 $E_{ij} = e_j \theta_i$，其中 θ_i 是请求 r_i 的处理时间，因此节点 j 的能耗如下面公式计算所得。

$$E_j = \sum_{r_i \in N_j} E_{ij} = \sum_{r_i \in N_j} e_j \theta_i \tag{4.1}$$

则整个存储系统中的能耗表达如下：

$$E = \sum_{j=1}^{m} E_j = \sum_{j=1}^{m} \sum_{r_i \in N_j} E_{ij} = \sum_{j=1}^{m} \sum_{r_i \in N_j} e_j \theta_i \tag{4.2}$$

至此，将并行磁盘系统中的能耗问题转换为一个非线性的最优化问题，即在如何满足 $\mathrm{re}_i \leqslant t_i$ 的情况下最小化 $E = \sum_{j=1}^{m} \sum_{r_i \in N_j} e_j \theta_i$ 的问题，其中 re_i 是该请求的期望的相应时间。

2. 数据分块机制

不同于传统的存储系统，云存储系统中为了加快数据的处理速度，通常将应用数据分成数据块进行存储，以便进行并行处理。然而如何选取合适的数据分块的个数是需要慎重考虑的问题。数据分块的数量过多，虽然可以增加并行度，加快数据的处理速度，但是块与块之间的额外的通信开销也增大，最终有可能降低数据处理的速度。而数据的分块数量过少，则数据的并行度太低，数据处理的速度提高有限，最终导致应用性能的不可满足性。因此，本小节中的数据分块以最小化数据请求的响应时间为目的，最优化数据请求 $r_i = \{a_i, t_i, d_i, aV_i\}$ 的并行度。我们假设请求 r_i 的并行度为 p_i，p_i 可以通过下述的步骤计算得到。

首先，假设数据请求 r_i 在磁盘中的服务时间为 $T_{\mathrm{disk}}(d_i, p_i)$，则磁盘服务的时间计算公式为

$$T_{\mathrm{disk}}(d_i, p_i) = T_{\mathrm{seek}}(p_i) + T_{\mathrm{rot}}(p_i) + T_{\mathrm{trans}}(d_i, p_i) \tag{4.3}$$

式中，$T_{\mathrm{seek}}(p_i)$、$T_{\mathrm{rot}}(p_i)$、$T_{\mathrm{trans}}(d_i, p_i)$ 分别表示磁盘的定位时间、磁盘的旋转时间及数据的传输时间。而磁盘的定位时间参考文献[133]和文献[134]，可通过式(4.4)计算得到。

$$T_{\mathrm{seek}}(p_i) = eC(1 - a - b \ln p_i) + f \tag{4.4}$$

式中，C 表示磁盘的柱面的个数；a 和 b 是两个和磁盘无关的参数；e 和 f 是两个与磁盘相关的常量。

而磁盘的旋转时间可以表示为

$$T_{\mathrm{rot}}(p_i) = \frac{p_i}{p_i + 1} T_{\mathrm{Rot}}$$

式中，T_{Rot} 为磁盘正常的旋转时间。$T_{\mathrm{rot}}(p_i)$ 针对数据分块 p_i 修正旋转时间。另外，数据请求的传输时间可表示为

$$T_{\mathrm{trans}}(d_i, p_i) = \frac{d_i}{p_i} \cdot \frac{1}{B_{\mathrm{disk}}}$$

式中，B_{disk} 表示磁盘的传输带宽。因此，$T_{\mathrm{disk}}(d_i, p_i)$ 的计算公式为

$$T_{\mathrm{disk}}(d_i, p_i) = eC(1 - a - b \ln p_i) + f + \frac{p_i}{p_i + 1} T_{\mathrm{Rot}} + \frac{d_i}{p_i} \cdot \frac{1}{B_{\mathrm{disk}}} \tag{4.5}$$

至此，寻找最佳的数据请求 r_i 的最优并行度以使得 $T_{\mathrm{disk}}(d_i, p_i)$ 的值最小，即

数据请求在磁盘中的服务时间最短。该数据请求 r_i 的最优并行度 p_i，可以通过计算(求导)式(4.6)得到。

$$\frac{\mathrm{d}(T_{\mathrm{disk}}(d_i,p_i))}{\mathrm{d}(p_i)}=\frac{T_{\mathrm{Rot}}}{p_i+1}-\frac{p_i\cdot T_{\mathrm{Rot}}}{(p_i+1)^2}-\frac{eCb}{p_i}-\frac{d_i}{p_i^{\,2}}\cdot\frac{1}{B_{\mathrm{disk}}}=0 \tag{4.6}$$

3. 副本最小个数决策模型

根据上述公式计算得到的某一特定的数据请求的最优并行度 p_i，结合数据请求 $r_i=\{a_i,t_i,d_i,aV_i\}$ 中的数据可用性需求参数 aV_i，以及节点 j（$N_j=\{\lambda_j,\tau_j,f_j,\mathrm{bw}_j, e_j,\mathrm{sm}_j\}$）中的节点失效概率参数 f_j，则该应用请求的数据的最小数据备份个数 r_i 可以通过文献[135]中最小副本个数的公式计算而得。

其中文件 F 的可用性 $P(FA)$ 可用式(4.7)表达(其中 R_i 表示副本的个数)：

$$P(FA)=1-\overline{P(FA)}=1-\sum_{k=1}^{p_i}(-1)^{k+1}c_{p_i}^k(\prod_{c=1}^{R_i}f_j)^k \tag{4.7}$$

因此，在我们的 E²ARS 策略中，为了保证数据可用性的最基本需求，$P(FA)$ 可表达为

$$P(FA)=1-\overline{P(FA)}=1-\sum_{k=1}^{p_i}(-1)^{k+1}c_{p_i}^k(\prod_{c=1}^{R_i}f_j)^k\geqslant aV_i$$

$$\therefore P(FA)=1-\overline{P(FA)}=1-\sum_{k=1}^{p_i}(-1)^{k+1}c_{p_i}^k(\prod_{c=1}^{R_{\min}}f_j)^k=aV_i \tag{4.8}$$

式中，$R_{\min}$ 表示数据请求 r_i 的最小的数据备份个数，显然，通过式(4.8)可计算出最小的数据备份个数，而在实际的应用中，为了确保数据的可用性，通常对最小的数据备份个数 $R_{\min}$ 做进一步的限定，如果通过式(4.8)计算所得的 $R_{\min}$ 小于 2，则将 $R_{\min}$ 设置为 2，即若($R_{\min}<2$)，则 $R_{\min}=2$。

4. 副本放置方法

存储系统中的数据副本不仅可以保证数据的可用性需求，还可以通过合理的放置达到节省能耗的目的。合理地放置数据副本，在存储系统中负载较轻时，可以通过关闭部分节点以达到降耗的目的，同时为了保证系统的整体性能，满足用户的 QoS 要求等，可以使得数据的请求在剩余节点中均衡分布。为了达到上述目的，面向降耗的副本放置策略的步骤如下。

(1) 初始块(Pb_j)的放置方法。

如前所述，文件 F_i 通过数据请求 r_i 被划分成 p_i 块。通过云计算中的数据调度器(Data Broker)将初始块(Pb_j)放置在 p_i 个节点中的一个节点。我们将可能放置该

初始块的节点组织成一个环，该 p_i 个节点的标识为 $\text{NL}_j (j \in [1, p_i])$ ，则初始块通过下述映射关系进行放置，即初始块先从环中第一个节点开始放置，然后以升序的方式在环中放置，如式(4.9)所述。

$$\text{Pb}_j \to \text{NL}_j, \quad j \in [1, p_i] \tag{4.9}$$

(2) 第一个副本(rb_j^1)的放置方法。

文件 F_i 的第一个副本(rb_j^1)放置在初始块中的前一个节点。具体的方式方法可用式(4.10)进行描述：

$$\text{rb}_j^1 \to \text{NL}_{j-1}, \quad j \in [2, p_i] \text{且} \text{rb}_0^1 \to \text{NL}_{p_i-1} \tag{4.10}$$

(3) 第二个副本(rb_j^2)的放置方法。

很自然地，文件 F_i 的第一个副本(rb_j^1)放置在初始块中的前一个节点。具体的方法可用式(4.11)进行描述：

$$\text{rb}_j^2 \to \text{NL}_{j-2}, \quad j \in [2, p_i], \ j-2 < 0, \ \text{rb}_j^2 \to \text{NL}_{j-2+p_i} \tag{4.11}$$

(4) E²ARS 统一的副本放置方法。

为了不失一般性，假设文件 F_i 的副本个数为 R_i，则 E²ARS 策略中的副本放置方法可以用式(4.12)和式(4.13)进行统一表达，其中 $k \in [1, R_i]$ 。

$$\text{rb}_j^k \to \text{NL}_{j-k}, \quad j-k \geqslant 0 \tag{4.12}$$

$$\text{rb}_j^k \to \text{NL}_{j-k+p_i}, \quad j-k < 0 \tag{4.13}$$

5. 自适应的能耗升降档机制

前述的数据副本的放置策略，其目的是节省能耗，而该能耗的节省是通过自适应的能耗升降档机制实现的。该能耗升降档机制在保证满足用户 QoS 的前提下，通过部分节点的关闭或降速达到节能的目的。本小节，通过设计响应时间预估器(Response Time Estimator)的方法预估某一请求的系统响应时间，结合用户预期的响应时间，实施能耗的升降档，在保证性能的前提下，降低系统的能耗。

首先，应用请求 r 需要花费的时间可由式(4.14)计算得到。

$$T(r, p) = T_{\text{queue}} + T_{\text{partition}} + \max_{i=1}^{p} \{T_{\text{proc}}^i(r, p)\} \tag{4.14}$$

式中，T_{queue} 是请求在客户端的排队等待时间，$T_{\text{partition}}$ 是进行数据分块所花费的时间，而 T_{proc}^i 表示处理请求中第 i 块所花费的时间。

式(4.14)即我们设计的响应时间预估器。

然后，上述副本的放置策略使得在关闭部分节点的情况下，可以保证数据请

求 r_i 中数据的可用性。另外文件 F_i 的 R_i 个副本放置在 p_i 个节点中。只要保证关闭的节点编号不连续，则可以在保证数据可用性的前提下，使剩余节点中的负载达到近似地均衡。因此，保证数据可用性的前提下，最多可关闭的节点数量由式(4.15)计算得到。

$$\text{max\_off} = \left\lfloor \frac{p_i}{R_i + 1} \right\rfloor R_i + p_i \% (R_i + 1) \tag{4.15}$$

因此，在实施过程中，主要的任务就是针对某个请求 r_i 通过式(4.14)的响应时间预估器计算其预估的响应时间，对比该请求的预期响应时间，从而确定关闭或降速的节点的个数(前提条件是不超过 max_off 个)，已达到降耗的目的。而 E²ARS 具体如何在存储节点中实施可参看文献[27]。

4.3　E²ARS 能效性的数学分析

本节中，我们将详细阐述响应时间预估器中涉及的各个参数的计算过程，进而利用数学手段对 E²ARS 的能效性进行分析，并在后续的小节中利用模拟实验进一步验证 E²ARS 的能效性。

根据式(4.14)可以发现，请求 r_i 的处理时间主要取决于其第三项 $\max\limits_{i=1}^{p}\left\{T_{\text{proc}}^{i}(r_i, p)\right\}$ (T_{queue} 和 $T_{\text{partition}}$ 相对而言是个常量)。而请求 r_i 中第 i 个数据块的处理延迟 T_{proc}^{i} 可表示为

$$T_{\text{proc}}^{i}(r_i, p) = T_{\text{network}}^{i}(r_i, p) + T_{\text{disk}}^{i}(r_i, p) \tag{4.16}$$

式中，T_{network}^{i} 和 T_{disk}^{i} 分别表示在网络子系统和平行磁盘子系统中的延迟。假设在第 i 个数据块到达网络子系统时，前面有 k 个数据块在网络系统中排队，则 T_{network}^{i} 可写作：

$$T_{\text{network}}^{i}(r_i, p) = \frac{\dfrac{d}{p} + \sum\limits_{j=1}^{k} d_j}{B_{\text{network}}} \tag{4.17}$$

式中，d_j 为网络队列中第 j 个块单元的数据大小；B_{network} 为当前网络的有效带宽；d 为请求 r_i 的数据大小。类似地，假设第 i 个数据块到达磁盘 j 时，前面有 k 个磁盘请求等待处理，则 $T_{\text{disk}}^{i}(r, p)$ 可表示为

$$T_{\text{disk}}^{i}(r_i, p) = T_{\text{disk},j}\left(\frac{d}{p}\right) + \sum_{j=1}^{k} T_{\text{disk},j}(d) \tag{4.18}$$

式中，$T_{\text{disk},j}(d)$ 是磁盘处理 d 个字节的数据所需要的时间。而 $T_{\text{disk},j}(d)$ 计算式为

$$T_{\text{disk},j}(d) = T_{\text{seek}} + T_{\text{rot}} + \frac{d}{B_{\text{disk}}} \tag{4.19}$$

假设存储系统中的所有的节点均处于开启的活动状态，则对于应用请求 r 的预估响应时间可以通过式(4.20)计算得到：

$$
\begin{aligned}
T(r,p) &= T_{\text{queue}} + T_{\text{partition}} + \max_{i=1}^{p}\{T_{\text{proc}}^{i}(r_i,p)\} \\
&= T_{\text{queue}} + T_{\text{partition}} + \max_{i=1}^{p}\{T_{\text{network}}^{i}(r_i,p) + T_{\text{disk}}^{i}(r_i,p)\} \\
&= T_{\text{queue}} + T_{\text{partition}} + \max_{i=1}^{p}\left\{\frac{\dfrac{d}{p}+\displaystyle\sum_{j=1}^{k}d_j}{B_{\text{network}}} + T_{\text{disk}}^{i}(d/p) + \sum_{j=1}^{k}\left(T_{\text{seek}} + T_{\text{rot}} + \frac{d_j}{B_{\text{disk}}}\right)\right\}
\end{aligned}
\tag{4.20}
$$

由式(4.20)可知 T_{queue} 和 $T_{\text{partition}}$ 两项对于用户端的特定请求而言是一个常量。参照文献[136]可知，如果通过 BC(Block Chained)或者 DC(Data Chained)的方式关闭响应的节点来节省能耗，则可以在剩余的节点中达到负载均衡或近似的负载均衡。因此，假设结合系统负载数据和用户请求数据做出关闭 s 个节点的决策，则此时请求 r 的响应时间可以通过式(4.21)大致计算得到。

$$T(r,p,s) = T_{\text{queue}} + T_{\text{partition}} + \max_{i=1}^{p}\{T_{\text{network}}^{i}(r,p,s) + \frac{p}{p-s}T_{\text{disk}}^{i}(r,p,s)\} \tag{4.21}$$

式中，s 为系统在服务请求 r_i 时关闭的节点的个数。同时 s 还需满足不超过最大可关闭的节点的数量，即 $s \leqslant \text{max\_off} = \left\lfloor \dfrac{p_i}{R_i+1} \right\rfloor R_i + p_i\%(R_i+1)$。进一步地，根据式(4.2)中的能耗建模公式，消耗的能量可通过式(4.22)计算得到。

$$E = \sum_{j=1}^{m}E_j = \sum_{j=1}^{m}\sum_{r_i \in N_j}e_j T(r_i,p_i) \tag{4.22}$$

E^2ARS 的目的是在保证数据可用性和用户的 QoS 要求的前提下，最大限度地降低系统的能耗。因此整个系统中，如果所有的节点均处于开启状态，则在某一特定的时间段所消耗的能量可通过式(4.23)计算得到。

$$E = \sum_{j=1}^{m}\sum_{r_i \in N_j}e_j(T_{\text{queue}} + T_{\text{partition}} + \max_{l=1}^{p_i}\{T_{\text{network}}^{l}(r_i,p_i) + T_{\text{disk}}^{l}(r_i,p_i)\}) \tag{4.23}$$

根据能耗的升降档机制，当系统的负载较轻或者用户的 QoS 要求较低的情况

下，假设通过响应时间预估器计算系统可关闭的节点的个数为 s，则在该时间段整个云存储系统消耗的能量由式(4.24)计算得到。

$$E(s) = \sum_{j=1}^{m-s} \sum_{r_i \in N_j} e_j(T_{\text{queue}} + T_{\text{partition}} + \max_{l=1}^{p_i}\{T_{\text{network}}^l(r_i, p_i, s_i) + \frac{p_i}{p_i - s}T_{\text{disk}}^l(r_i, p_i, s)\})$$

$$(4.24)$$

因此，从数学建模和分析的角度出发，当系统关闭 s 个节点时，整个存储系统可节省的能耗 E_s 为

$$E_s = E - E(s) = \sum_{j=1}^{s} \sum_{r_i \in N_j} e_j(T_{\text{queue}} + T_{\text{partition}} + \max_{l=1}^{p_i}\{T_{\text{network}}^l(r_i, p_i, s)\}) \quad (4.25)$$

根据式(4.25)可知 E_s 为一个正数，并且随着关闭的节点个数 s 的增加而增加。因此，在系统负载较轻或者用户服务质量请求 QoS 要求较低时，关闭的节点个数 s 越多，节省的能耗越多。因此，从上述的数学建模和分析来看，提出的 E²ARS 在一定的条件下具有确定性的降耗效果。而我们也将在后续的章节中通过模拟实验的手段进一步验证 E²ARS 的能效性。

4.4　模拟实验评估

为了评估 E²ARS 的能效性，我们在基于扩展了相应参数的 GridSim 模拟器中进行模拟实验。在模拟实验中，应用的数据请求通过向系统提交 Gridlets 的方式，将数据请求的相应参数封装在 Gridlets 中，采用 GridSim 模拟器中时间优化调度器(Time-Optimizing Scheduler)将相应的请求发送到云存储系统中的数据节点中。表 4.1 对模拟实验中使用的重要参数进行描述。同时，在 GridSim 模拟器中，还额外实现了数据分块算法(Data-Partitioning Algorithm)，以最优化请求的并行度，并获取分块所花的时间 $T_{\text{partition}}$。

表 4.1　模拟的云存储系统中节点的参数及其对应的值

参数	值
节点数量/个	256
分块的大小/MB	64
数据节点中磁盘的平均定位时间/ms	6
总容量/TB	128
磁盘主轴转速/(r/min)	7200
能耗率/(J/h)	100
节点的平均带宽/(MB/s)	4

模拟实验中比较 Hadoop 云存储系统默认的数据副本管理策略和实现 E^2ARS 的云存储系统中在相同负载、相同时间段中的能耗情况。目前开源的 Hadoop 实施的云存储系统中，所有的节点在任何情况下(轻负载或重负载)均处于开启的状态。实验中，在模拟环境中实现 E^2ARS，根据系统不同的负载和用户不同的 QoS 要求，评估两者之间的能耗差距。具体而言，在模拟实验中评估了不同的到达率(系统负载的不同)和不同的预期响应时间(用户 QoS 的不同)以及不同数量的数据块副本对两种不同的云存储系统中能耗和性能的影响。最后评测了不同的并行度对云存储系统性能的影响。

由于 E^2ARS 中能耗升降档机制是根据响应时间预估器，在保证用户 QoS 要求的前提下实施的，因此，在评估 E^2ARS 的能效性时，主要从降耗的角度出发，具体而言，主要对下述三个性能指标进行评测。

(1) 在特定的时间段里，系统被关闭(或者是开启)的平均的节点数量。

(2) 整个存储系统消耗的总能量。

(3) 能耗节省的比例。

在实验的最后阶段，还评估了由 E^2ARS 为了节省能耗所带来的性能的牺牲和其他额外的开销。

4.4.1 不同的请求到达率对三种性能指标的影响

本实验中，评估实现了 E^2ARS(with E^2ARS)的云存储系统和未实现 E^2ARS (without E^2ARS)的云存储系统中，不同的数据请求到达率对开启的节点数、标准化后的能耗以及节省的能耗比例三种性能指标情况。实验中，数据请求到达率以每秒钟 100 个数据请求递增的方式从每秒钟 100 个请求递增到每秒钟 1000 个请求向云存储系统施加相应的负载。其中预期响应时间和数据块的大小固定不变。图 4.2～图 4.4 展示的是从模拟环境中获得的实验结果。

如图 4.2 所示(其中 No./s 表示每秒钟的请求个数)，未实现 E^2ARS 的存储系

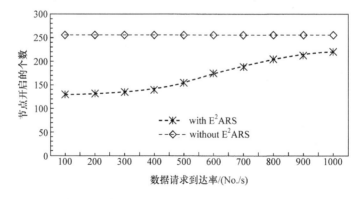

图 4.2 不同的数据请求到达率与存储系统中节点开启的数量的关系图

统中开启的节点个数不受数据请求到达率变化的影响，始终保持开启 256 个节点的数量规模。而实现了 E²ARS 的模拟实验，云存储系统中节点的开启数量跟系统的负载关系密切：负载越轻开启的节点数量越少，负载越重，开启的节点数量越多，因此 E²ARS 在负载较轻时具有降耗的可能性。

如图 4.3 所示，两种云存储系统随着负载的增加，所消耗的能量都在增加，其中实现了 E²ARS 机制的存储系统在不同的负载情况下所消耗的能量均比未实现 E²ARS 的存储系统的能耗少。但是在负载较轻时，实现了 E²ARS 的存储系统所节省的能耗更多，在负载较重时所节省的能耗较少，实验结果符合预期。

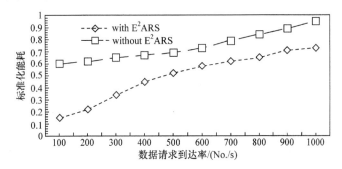

图 4.3　不同的数据请求到达率与存储系统的标准化能耗的关系

进一步评估两种存储系统在不同的数据请求到达率下 E²ARS 所能节省的能耗比。具体的实验结果见图 4.4。

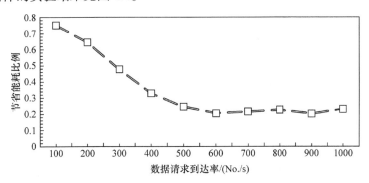

图 4.4　不同的数据请求到达率时 E²ARS 所能节省的能耗比

如图 4.4 所示，不同的数据请求到达率下 E²ARS 具有不同的能耗节省比例，其中在轻负载时(100No./s)节省的能耗比例最高，超过了 70% 的能耗节省比例，而即便在负载较重时(1000No./s)也有 30% 左右的能耗节省比例。另外由于 E²ARS 实施过程中根据系统负载的不同开启或关闭一些节点，在满足用户预期的响应时间的前提下达到节省能耗的目的，然而在负载加重的情况下，开启节点有一定的延迟，因此数据请求有可能不被满足。我们还测试了在不同的数据请求到达率的情况下，请求被满足的情况。实验的结果如图 4.5 所示。

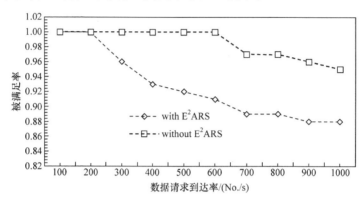

图 4.5 两种系统中不同的数据请求到达率下请求被满足的情况对比

如图 4.5 所示，随着负载的加重，两种系统中数据请求的被满足率均在下降。但是实施了 E²ARS 的存储系统的请求被满足率小于未实现 E²ARS 的存储系统。但是由于用户的预期响应时间是得到满足的前提，所以 E²ARS 在不影响用户体验的情况下依然具有降耗的作用。

综上所述，随着数据请求率的增加，即系统负载的加重，系统开启的节点数量增加，E²ARS 节省的能耗在降低。E²ARS 在系统负载较轻的情况下降耗效果显著。

4.4.2 不同的预期响应时间对三种性能指标的影响

本节模拟实验测试的是不同的数据请求预期响应时间下，系统开启的节点个数、系统消耗的标准化能耗以及 E²ARS 节省的能耗比例。具体而言，在实验中，用户的预期响应时间为 1000～10000ms，每次实验以 1000ms 递增的方式进行。而其他参数则为固定值：数据请求到达率固定为 500No./s，每次数据请求的数据大小为 1024MB。具体的实验结果见图 4.6～图 4.8。

如图 4.6 所示，不同的预期响应时间下，未实现 E²ARS 的存储系统中开启的节点个数保持不变。而实现了 E²ARS 的存储系统中开启的节点个数随着预期响应时间的增加而减少，即预期的响应时间越长，用户的 QoS 要求等级越低，系统可以开启越少的节点便能够满足用户的服务质量要求。而关闭的节点可以达到降耗的作用。因此，我们进一步测试了不同的预期响应时间下，两种存储系统所消耗的标准化的能量的情况。

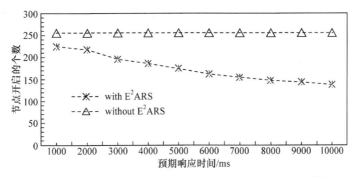

图 4.6　不同的预期响应时间对存储系统中开启的节点个数的影响

　　如图 4.7 所示，随着预期的响应时间增加，两种存储系统所消耗的标准化能量均呈下降趋势。而相比较而言，实现了 E²ARS 的存储系统随着预期响应时间的增加，所消耗的能量的下降更为明显。而且总体而言，实现了 E²ARS 的存储系统比未实现 E²ARS 的存储系统所消耗的能量少。实现了 E²ARS 的存储系统所节省的具体能耗比例见图 4.8。

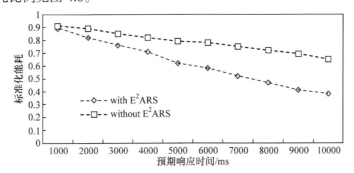

图 4.7　不同的预期响应时间与系统的标准化能耗的关系

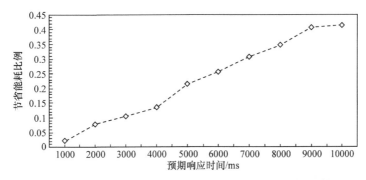

图 4.8　不同的预期响应时间下 E²ARS 所节省的能耗比例

　　如图 4.8 所示，随着预期响应的增加，E²ARS 所节省的能耗比例也在增加，最多节省的能耗比例超过了 40%。

综上所述，预期的响应时间越长，系统中开启的节点数量越少，所能节省的能耗越多。E²ARS 在用户服务质量要求较低时降耗效果显著。

4.4.3　不同的副本个数对三种性能指标的影响

本小节的模拟实验评测数据平均副本个数对存储系统中的节点的开启数量、标准化的能量开销及节省的能耗比例的影响。实验中副本的个数从 2 个开始递增，变化到 10，而其他参数固定不变，数据请求的到达率设置为 500No./s，数据请求的预期响应时间设置为 2000ms。所得的模拟实验结果如图 4.9～图 4.11 所示。

如图 4.9 所示，实现了 E²ARS 的云存储系统在副本个数未达到一定个数时，随着副本个数的增加，系统中开启的节点个数在减少。副本个数达到一定数量后 (大约 4 个)，开启的节点个数基本不变。

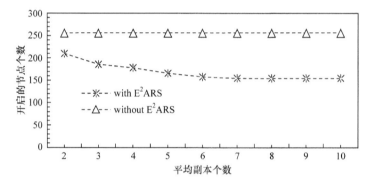

图 4.9　平均的副本个数与系统中开启的节点的个数对比图

如图 4.10 所示，平均的副本个数对未实现 E²ARS 的存储系统所消耗的能量影响不大。而实现 E²ARS 的存储系统所消耗的能量在副本个数较小时，随着副本个数的增加，所消耗的能量在降低。而当副本的个数到达一定个数(大约 6 个)，所消耗的能量基本不变。

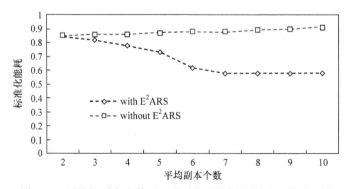

图 4.10　平均的副本个数对两种系统总能耗的影响及其对比图

图 4.11 展示的是随着副本个数的增加，E²ARS 所能节省的能耗比例，如图所示，节省的能耗比例最高为 36%左右。

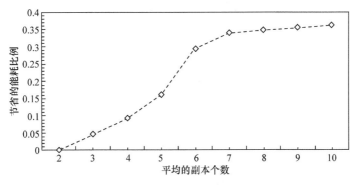

图 4.11　平均的副本个数对节省的能耗比例的影响

综上所述，副本个数在小于一定数量的情况下，随着副本个数的增加 E²ARS 所能节省的能耗在增加，而当副本的个数超过一定数量后，E²ARS 所能节省的能耗会趋于固定。

4.4.4　不同的数据块平均并行度对三种性能指标的影响

本小节评估不同的数据块平均并行度对系统中标准化能耗、节省的能耗比例及平均响应时间四种性能指标的影响。实验中，数据的并行度从 2~10 变化，数据请求的到达率为 500No./s，请求的预期响应时间为 2000ms，平均的副本个数设置为 3。所得的实验结果如图 4.12~图 4.15 所示。

如图 4.12 所示，随着并行度的增加，实施了 E²ARS 的存储系统中开启的节点个数在增加，而并行度达到一定的数量后，系统中开启的节点个数趋于稳定。

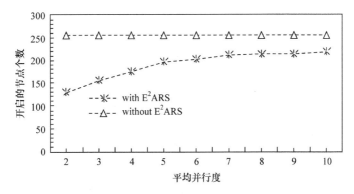

图 4.12　不同的并行度对两种系统中开启的节点个数的影响

如图 4.13 所示，不同的并行度不仅对未实施 E^2ARS 的存储系统的能耗影响甚微，对实施了 E^2ARS 的存储系统的能耗也可忽略不计。

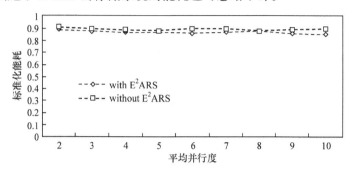

图 4.13　不同的并行度对两种系统中的标准化能耗的影响

因此，不同的并行度对 E^2ARS 所带来的能耗节省比例也趋近于零，如图 4.14 所示。

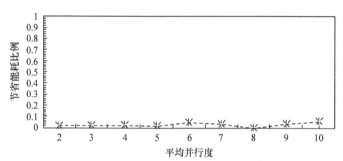

图 4.14　不同的并行度下 E^2ARS 节省的能耗比例

不同的并行度虽然对存储系统的能耗影响甚微，但是对系统的传统性能——平均响应时间却有不可忽视的影响。如图 4.15 所示，从整体趋势看，随着平均并行

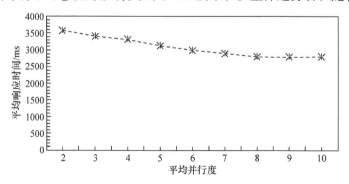

图 4.15　不同的并行度对平均响应时间的影响

度的增加，系统的平均响应时间减少。而当并行度达到一定的值(7 左右)时，平均响应时间趋于稳定。

综上所述，数据块的划分引起的数据请求的并行处理对系统的能耗的影响甚微，但是对系统的平均响应时间具有不可忽视的影响。因此，E²ARS 中的数据分块机制对在保证系统性能的前提下，降低系统的能耗具有重要的作用。

4.4.5　E²ARS 的额外开销定性分析

从上述小节中所涉及的模拟实验的结果可以发现：E²ARS 几乎在所有相关参数的影响下，均具有降耗效果。然而 E²ARS 的实施还是引入了一些额外的开销，例如，为了保证数据的可用性和降低系统能耗，我们在 E²ARS 中增加了数据的备份个数，而数据备份个数的增加意味着存储空间的增加，同时还增加了副本一致性维护的难度。另外，为了最优化请求的平均响应时间，我们对数据分块处理，增加数据请求处理的并行度。并行度的增加在增加了分块的时间的同时，也对如何对分块进行合理的管理提出了挑战。当然，即便 E²ARS 会引入上述额外的开销，E²ARS 的价值和作用还是相当明显的。由于自动升降档机制是结合用户的数据请求预期响应时间和 E²ARS 中的响应时间预估器实施的，能耗升降档机制的实施是在保证数据请求的预期响应时间即用户的 QoS 要求被满足的情况下进行的。因此，E²ARS 在保证了数据可用性和用户服务质量要求的前提下具有明显的降耗效果，所实施的模拟实验中，最多的能耗节省可达 75%左右。

4.5　本　章　小　结

本章是在第 3 章数据分类的基础上，对不同的存储区域设计和提出了能效自适应的副本管理策略 E²ARS，其中包含：为了提高系统响应时间的数据分块机制，为了保证数据可用性的最小副本个数决策模型，为了保证自适应的能耗升降档机制可以顺利实施的副本放置策略，以及最终起到降耗效果的能耗升降档机制。基于数学分析和模拟实验手段产生的结果均表明：E²ARS 在不同的参数的影响下(系统的负载、预期的响应时间、副本的个数以及数据分块的个数等)，在保证数据可用性和用户服务质量要求的前提下，具有明显的降耗效果。虽然，E²ARS 的实施在存储空间以及管理上带来额外的开销，但是 E²ARS 的能效性依然不可忽视。

第 5 章　多样化 QoS 约束的磁盘调度策略

  云计算模式能够最终成为一种成功的商业模式落地生根，很大一部分的原因是企业界以商业运作的模式在为用户提供透明的计算和存储服务的同时，满足了用户的多样化的 QoS 要求。在云计算环境中，用户的 QoS 要求通常是多样化的：有些数据请求因为任务紧急(视频、直播以及需要快速返回结果的科学计算等)，可以不惜成本代价，通过增加预算的方式换取快速的数据访问，面对此类请求，云存储提供商从最大化利益的角度出发，需要调度能够满足该请求的数据节点以应对其请求。而有些数据请求(类似文件的备份、数据的归档)等从节省成本开销的角度出发，对数据请求的响应时间并不敏感，其更关注的是数据请求本身所花费的代价。而还有一些数据请求对时间的敏感和对响应时间的敏感程度在其访问周期内并不是固定不变的，需要根据请求被响应的情况动态调整。相较于以往的分布式计算系统，云计算根据用户的不同需求(对计算资源、存储资源和网络资源等的不同需求)采取不同的收费模式。其通过经济的手段调度和管理后台资源不失为一种成功与可借鉴的方式。本章正是针对在云计算环境中，用户 QoS 要求的多样化、动态化的特点，基于多转速磁盘的能效架构，在磁盘的层面上，以满足用户多样化的 QoS 要求和降低系统的能耗为目标，设计和实现多转速磁盘中的数据的调度策略。

  本章在阐述 QoS 要求以及多样化 QoS 要求的相关定义的基础上，对目前有关 QoS 任务调度的相关研究进行调研后，提出了多样化 QoS 约束的磁盘调度(MQDS)策略，最后利用 Wiki workload 作为生成负载，在扩展的 CloudSimDisk 模拟器上验证和评估了 MQDS 中三种调度算法的多样化 QoS 的适应性以及一定条件下的能效性。MQDS 成为面向云存储系统中层次递进式的高能效技术中在第三层面(磁盘层面)降低系统能耗的方法。

5.1　QoS 要求和多样化的 QoS 要求

  QoS 的中文名为"服务质量"。QoS 是网络的一种安全机制，是用来解决网络延迟和阻塞等问题的一种技术。在正常情况下。如果网络只用于特定的无时间限制的应用系统，则并不需要 QoS，如 Web 应用或 E-mail 设置等。但是对关键应用和多媒体应用就十分必要。当网络过载或拥塞时，QoS 能确保重要业务量不受延迟或丢弃，同时保证网络的高效运行。网络系统中 QoS 通常提供三种服务：
①Best-Effort Service(尽力而为服务模型)；②Integrated Service(综合服务模型，简称
Int-Serv)；③Differentiated Service (区分服务模型，简称 Diff-Serv)。近年来，服务
质量要求在资源调度领域中得到广泛的应用，当计算资源、数据资源也属于一种
竞争性的资源时，如何通过合理的调度和资源的分配以满足用户不同的服务质量
要求，是资源调度领域最重要的研究问题[137-139]。资源调度领域中服务质量要求通
常是针对某一任务要求资源调度器(Resource Scheduler)在某一限定的时间内完成
该任务，例如，我们在第 4 章中用户的服务质量要求就是通过封装在数据请求中
的预期响应时间进行表达的。这种只以响应时间作为限定条件并作为用户 QoS 要
求的形式，即通常意义上的单一的 QoS 要求。

　　然而，近 15 年来先后出现的网格计算系统、虚拟计算系统以及云计算系统，
由于面向的用户类型众多，同时由于云计算技术中成功的商业模式，也使得不同
的用户在使用资源时具有不同的要求。因此，多样化的 QoS 要求也就应运而生。
多样化的 QoS 要求可以在系统的性能、用户的成本开销等方面取得均衡。如前所
述，多样化的 QoS 要求中有实时性要求很高的任务，其对响应时间极为敏感，通
常以响应时间作为 QoS 的约束条件；一些非实时性的任务，对响应时间并不敏
感，其更关心的是使用某一资源所需要支付的费用，即花费的代价，这类任务通
常以代价作为 QoS 的约束条件；而还有一些任务对响应时间和费用开销的敏感性
是随着任务进行情况而动态变化的，通常这类任务将对响应时间和费用的限定条
件作为参数封装在函数中进行 QoS 要求的表达。上述不同类型的用户通过不同的
方式表达对某一特定系统的服务质量的要求，相应的资源管理器根据该封装的
QoS 要求通过调度的方式合理地分配资源，以满足用户不同的服务质量要求的形
式，称为多样化的 QoS 要求调度。

5.2　相关术语及其定义

　　本节对从云计算环境中提炼出来的不同种类的 QoS 要求及其对应的相关术
语进行说明，同时给出相应的定义。本书中多样化的服务质量要求限定为对数据
节点中磁盘资源的要求。因此涉及的术语主要有：多转速磁盘调度器(Multi-Speed
Disk Scheduler)、基于时间优先的服务质量要求、基于代价优先的服务质量要求、
基于效益函数的服务质量要求，以及由此引申出的相关概念。

　　定义 5.1　(多转速磁盘调度器)在由不同运行模式的磁盘组成的框架中，根据
用户不同的 QoS 要求，通过调度不同运行模式的磁盘，在满足用户 QoS 要求的
前提下，最大限度地降低能耗。

定义 5.2 (预算(Budget))数据请求任务计划在完成该任务时所花费的最大代价，通常以美元($)为单位，是多转速磁盘调度器在进行数据请求调度时的约束条件之一，超过该预算，视为该任务未完成。

定义 5.3 (时间期限(Deadline))数据请求任务要求多转速磁盘调度器必须在该时间期限内完成，通常以秒(s)为单位，超过该时间期限，视为数据请求任务未完成。

定义 5.4 (基于时间优先(Time Prior, TP)的服务质量要求)针对实时性要求高的任务提供的服务质量要求描述，多转速磁盘调度器以最小化响应时间为目的，进行磁盘的调度，同时必须满足不超过预算的约束条件。

定义 5.5 (基于代价优先(Cost Prior, CP)的服务质量要求)针对非实时性任务，但是对费用开销敏感性的任务提供的服务质量要求描述，多转速磁盘调度器以最小化代价为目的，进行磁盘的调度，同时必须满足不超过时间期限的约束条件。

定义 5.6 (基于效益函数(Benefit Function-Based, BFB)的服务质量要求)针对用户服务质量要求动态变化情况下提供的一种服务质量要求描述，将用户对时间和代价的约束封装在以时间轴为参数的效益函数中，多转速磁盘调度器以最大化收益为目的进行磁盘的调度，同时需要满足不超过时间期限和预算两个约束条件。

5.3　相　关　工　作

对分布式系统中涉及的资源以定价的方式向用户提供服务，是自网格计算提出以来试图解决的问题。在云计算时代，公有云以收费定价的方式对外提供服务得以落地实现。当资源不单以其计算能力(计算资源)、存储能力(存储资源)和传输能力(网络资源)的方式进行衡量时，用户可以根据自身任务的特性，通过提交不同的服务质量的方式在价格和计算能力、存储能力和传输能力之间取得最佳的平衡，并通过经济学的理论最大化整个系统的利润。在网格计算时代，以基于时间优先、基于代价优先的方式进行资源分配和任务调度框架，最早由澳大利亚墨尔本大学的 Buyya 网格计算团队提出并设计。从经济学的调度出发，对网格中的任务进行调度是一种新的思维方式，并取得了良好的效果[140]。Buyya 提出了基于代价优化和基于时间优化的调度算法，并设计了 GridSim 模拟器对其提出的调度算法进行模拟。在该模拟系统中，使用资源是有价的，即不同计算能力的资源成本是不同的，用户只能给出相应的价格才能使用相应的资源。用户在提交任务中设有参数 Deadline 和 Budget，Deadline 参数表明任务必须在该期限之内完成，如果没有资源能够满足该条件则放弃任务的执行，Budget 参数表明执行任务所付出的价格总和不能超过该预算，否则放弃未完成任务的执行。另外，用户可以根据不同的 QoS 要求设置调度的参数 OPTIMIZATION_COST 或 OPTIMIZATION_TIME 而使系统分别采用基于代价优化或时间优化的调度算法。这两种调度算法能够在一定程度上满足用户的 QoS 要求：基于时间优化的调度算法总能在时间性能上优于基于代价优化的调度算法，而基于代价优化的调度算法则总能在预算方面的开销小于基于时间优化的调度算法，这使得时间紧迫的任务可以通过增加预算来换取执行时间，反之任务不紧急的情况下，用户可以开销少量的预算来完成任务，这是网格计算中管理资源的有效手段。然而在调度并执行用户的所有任务的过程中，用户的 QoS 要求是静态的。要么是基于时间优化，要么是基于代价优化。Buyya 的学生 Venugopal[141]根据数据网格的特点，考虑了数据的输入位置，分别对基于代价优化和基于时间优化的调度算法进行相应的扩展。云计算时代，Poola[142]等还提出了一个 QoS 约束下的资源调度策略，在满足用户期限时间的前提下实现应用程序的执行开销最小化，并且还建立了一个决策模型，以最佳的方式解决资源调度问题。

除了 Buyya 团队利用经济学的手段对资源进行调度，进而提供多种 QoS 之外，还有其他的研究人员对基于 QoS 约束的任务调度展开研究：王巍等[143]于 2013年提出了一种基于动态定价策略的能耗成本优化机制，通过建立服务价格和能耗成本的统一模型，研究两者之间的关系，协同优化服务价格和能耗成本，旨在最大化数据中心的收益。Liao 等[144]针对云计算环境中的分布式存储系统设计了一种 QoS 感知的动态副本删除策略，提出了一种基于服务质量感知的动态副本策略DRDS。Calheiros 等[145]展示了 ARIMA 模型的实现过程，介绍了 ARIMA 模型并对其请求的 Web 服务器的工作量进行预测，评估了 ARIMA 模型在资源利用方面的重大影响。Rodriguez 和 Buyya[146]还提出了一种在 IaaS 云上的资源分配和科学流程调度策略，同时提出了一种基于元启发式的优化技术及粒子群算法，目的是在满足用户期限时间约束的前提下最大限度地减少整体工作流的执行开销。

相较于现有的基于 QoS 约束的任务调度或资源分配策略，设计的 MQDS 策略主要的区别在于以下几个方面。

(1) 上述有关 QoS 与任务调度之间关系的研究，主要用于约束计算资源的调度，即在约束存储资源的调度方面更多地考虑其存储能力。MQDS 策略在调度和资源分配时主要考虑的是磁盘的转速和磁盘处理数据时单位能耗等方面的因素。

(2) MQDS 中的 QoS 要求更加多样化，除了有基于时间优先的服务质量要求、基于代价优先的服务质量要求外，还考虑了用户服务质量要求动态变化的情况、利用效益函数刻画用户的服务质量的动态要求。

(3) 已有 QoS 约束的相关研究的目的是在满足用户 QoS 要求的前提下，最优化系统的性能(平均响应时间等)，而 MQDS 研究的目标是在满足用户多样化 QoS 要求的前提下，以优化能效为目标，对当下能耗形势严峻的云存储系统具有重要的意义。

5.4　多样化 QoS 约束的磁盘调度策略 MQDS 的设计与实现

　　MQDS 旨在满足用户多样的服务质量要求的前提下，通过调度不同运行模式(高速高能耗模式和低速低能耗模式)的磁盘进行数据存储，最大限度地降低系统的能耗。具体的系统框架和流程、算法在后续章节中进行详细的描述。

5.4.1　MQDS 的系统框架

　　如图 5.1 所示，用户通过用户接口向 MQDS 策略提交服务质量要求，节点负载收集器实时收集存储系统中各个数据节点当前的负载，以及当前数据节点磁盘的使用价格。MQDS 策略根据收集到的存储系统的信息及用户不同的 QoS 要求(时间优先、代价优先或基于效益函数)，在保证用户 QoS 被满足的前提下，以最大限度地降低系统的能耗为目标，将不同的用户请求调度到相应的磁盘中。

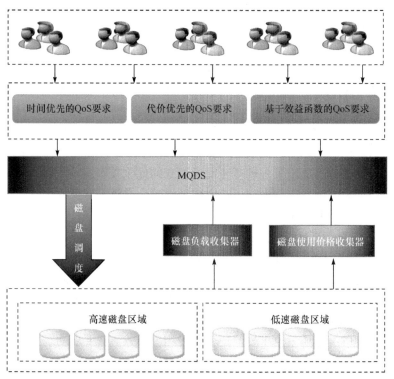

图 5.1　MQDS 的系统框架

　　如 MQDS 的系统框架所示，根据用户 QoS 要求的不同，MQDS 执行不同的调度算法，分别对应为基于时间优先的磁盘调度算法、基于代价优先的磁盘调度算法和基于效益函数的磁盘调度算法。

算法中涉及的符号见表 5.1。

表 5.1　三种算法中涉及符号的含义

词语	符号表示	备注
磁盘集合(Disk Set)	$DN = \{dn_1, dn_2, \cdots, dn_n\}$	存储系统中总的磁盘数量
数据集(Data _Set)	$DU = \{du_1, du_2, \cdots, du_u\}$	用户 u 提交的需要存储的数据的集合
数据大小(Data _Size)	$DS = \{ds_1, ds_2, \cdots, ds_u\}$	数据集中每一个数据的大小
分块数量(Parallel _Number)	$PN = \{pn_1, pn_2, \cdots, pn_u\}$	数据集中每一个数据分块的数量
磁盘的负载列表(Workload _List)	$WL = \{wl_1, wl_2, \cdots, wl_n\}$	存储系统中 n 个磁盘的负载列表
磁盘使用价格列表 (Disk _Price _List)	$DP = \{dp_1, dp_2, \cdots, dp_n\}$	
响应时间预估器 (Response_Time_Estimator)	$RT = \{rt_1, rt_2, \cdots, rt_n\}$	预估每个磁盘的响应时间
候选磁盘(Candidate Disk)集合	CN	能够满足用户 QoS 要求的磁盘集合

1. 基于时间优先的磁盘调度(TPDS)算法

TPDS 算法的主要思想是：在满足用户 QoS 要求的前提下(包括用户的时间期限和用户的预算)，以最优化能耗和次优化用户的响应时间为目标。

基本的步骤如下。

对用户请求中数据集($DU = \{du_1, du_2, \cdots, du_u\}$)中的每一个数据 du_i，重复执行下述步骤。

(1) 将数据 du_i 进行分块处理，形成等分的数据块 data _block$_i$，确定该数据所需要的磁盘的个数 pn_i；

(2) 利用响应时间预估器对系统中所有的磁盘完成数据块 data _block$_i$ 处理所需要的时间进行预估，得到节点对应的预估响应时间列表 $RT = \{rt_1, rt_2, \cdots, rt_n\}$；

(3) 根据存储系统中各个磁盘的实时定价机制，获取各个磁盘的使用价格列表 $DP = \{dp_1, dp_2, \cdots, dp_n\}$；

(4) 获取用户已经花费的代价和时间，计算剩余的预算和可用的时间；

(5) 根据预估响应时间列表 RT 和磁盘使用价格列表 DP 中的信息，将满足用户时间期限和用户预算的节点加入候选磁盘集合 CN；

(6) 对候选磁盘的集合 CN，按照能耗大小进行升序排序；

(7) 对候选磁盘的集合 CN 中能耗大小相同的磁盘,按照预估响应时间进行升序排序；

（8）对候选磁盘的集合 CN 中能耗大小相同的磁盘且预估响应时间相同的磁盘，按照磁盘使用价格进行升序排序；

（9）将候选的磁盘集合 CN 最前面的 pn_i 个磁盘分配给用户数据集合中的数据 du_i；

（10）将数据 du_i 分块并行分配到相应的 pn_i 个磁盘进行存储处理；

（11）计算每个分块所花费的时间和代价；

（12）花费的时间等于 pn_i 个数据块中花费的最长的时间，花费的代价等于 pn_i 个数据块所花费的代价的总和；

（13）更新用户已经花费的时间和代价；

（14）处理用户数据集合中的下一个数据；

（15）直至处理完数据集合中的每一个数据，调度结束。

TPDS 算法详见算法 5.1。

算法 5.1　TPDS

Input： DU，DS；Time Prior QoS requirement; Deadline; Budget;
Output: Disks to to store the input data set.
Begin
1: Initialize Time_used=0; Budget_used=0; Disks_assigned={};
2: for each data $d_i \in$ DU　do
3:　　calculate the parallel_number of $d_i \rightarrow pn_i$；
4:　　Partitioning the data d_i into pn_i data block;
5:　　Use the Response_Time_Estimator to calculate the RT；
6:　　Collect the disk_used price of every disk DP；
7:　　Computing the remaining Budget and time to Deadline;
8:　　　Budget_remaining=Budget−Budget_used;
9:　　　Time_remaining=Deadline−Time_used;
10:　　for every disk $dn_i \in$ DN
11:　　　if $rt_i <$ Time_remaining and $dp_i <$ Deadline−Time_used
12:　　　　Add dn_i to candidate disk set CN;
13:　　　End if
14:　　End for
15:　Sorting Candidate Disks CN in ascending order by its energy consumption rate;
16:　　if energy consumption rate is same among some Candidate Disks
17:　　　Sorting the disks in ascending order by its expected response time;
18:　　　　if expected response time is same among some Candidate Disks
19:　　　　　Sorting the disks in ascending order by its disk price;
20:　　　　end if
21:　　end if
22:　Select the first pn_i disks in CN to parallel process the data d_i；
23:　Collect the actual Time_used and Cost_used of the data d_i；

```
24:        Update the Time_used and Cost_used;
25:            Time_used= Time_used+maximal time used of the  pn_i  data blocks of data  d_i;
26:            Cost_used= sum of the cost used of all the  pn_i  data block data  d_i;
27:        if Time_used > Deadline or Cost_used > Budget
28:             printing error information: the request can't be satisfied;
29:             exit with error;
30:        end if
31:        else
32:             printing successful information: the request has been satisfied;
33:             Disks_assigned= Disks_assigned+the assigned  pn_i  disks;
34:        end else
35: End for
36: Return Disks_assigned;
End
```

2. 基于代价优先的磁盘调度(CPDS)算法

CPDS 算法的主要思想是：在满足用户 QoS 要求的前提下(包括用户的时间期限和用户的预算)，以最优化能耗和次优化用户的花费为目标。

基本的步骤如下。

对用户请求中数据集($DU = \{du_1, du_2, \cdots, du_u\}$)中的每一个数据 du_i，重复执行下述步骤。

(1) 将数据 du_i 进行分块处理，形成等分的数据块 $data\_block_i$，确定该数据所需要的磁盘的个数 pn_i；

(2) 利用响应时间预估器对系统中所有的磁盘完成数据块 $data\_block_i$ 处理所需要的时间进行计算，得到磁盘对应的预估响应时间列表 $RT = \{rt_1, rt_2, \cdots, rt_n\}$；

(3) 根据存储系统中各个磁盘的实时定价机制，获取各个磁盘的使用价格列表 $DP = \{dp_1, dp_2, \cdots, dp_n\}$；

(4) 获取用户已经花费的代价和时间，计算剩余的预算和可用的时间；

(5) 根据预估响应时间列表 RT 和磁盘使用价格列表 DP 中的信息，将满足用户时间期限和用户预算的节点加入候选磁盘集合 CN；

(6) 对候选磁盘集合 CN，按照能耗大小进行升序排序；

(7) 对候选磁盘集合 CN 中能耗大小相同的磁盘，按照磁盘使用价格进行升序排序；

(8) 对候选磁盘集合 CN 中能耗大小相同的磁盘且使用价格相同的磁盘，按照预估响应时间进行升序排序；

(9) 将候选的数据节点集合 CN 最前面的 pn_i 个磁盘分配给用户数据集合中的数据 du_i；

(10) 将数据 du_i 分块并行分配到相应的 pn_i 个磁盘进行存储处理；

(11) 计算每个分块所花费的时间和代价；

(12) 花费的时间等于 pn_i 个数据块中花费的最长的时间，花费的代价等于 pn_i 个数据块所花费的代价的总和；

(13) 更新用户已经花费的时间和代价；

(14) 处理用户数据集合中的下一个数据；

(15) 直至处理完数据集合中的每一个数据，调度结束。

CPDS 算法详见算法 5.2。

算法 5.2　CPDS

Input： DU，DS，Cost Prior QoS requirement; Deadline; Budget;

Output: Disks to to store the input data set.

Begin

1: Initialize Time_used=0; Budget_used=0; Disks_assigned={};

2: for each data $d_i \in$ DU do

3:　　calculate the parallel_number of $d_i \to pn_i$;

4:　　Partitioning the data d_i into pn_i data block;

5:　　Use the Response_Time_Estimator to calculate the RT ;

6:　　Collect the disk_used price of every disk DP ;

7:　　Computing the remaining Budget and time to Deadline;

8:　　　Budget_remaining=Budget−Budget_used;

9:　　　Time_remaining=Deadline−Time_used;

10:　　for every disk $dn_i \in$ DN

11:　　　if $rt_i <$ Time_remaining and $dp_i <$ Deadline−Time_used;

12:　　　　Add dn_i to candidate disk set CN;

13:　　　End if

14:　　End for

15:　Sorting Candidate Disks CN in ascending order by its energy consumption rate;

16:　　if energy consumption rate is same among some Candidate Disks

17:　　　Sorting the disks in ascending order by its disk price;

18:　　　　if disk price is same among some Candidate Disks

19:　　　　　Sorting the disks in ascending order by its expected response time;

20:　　　　end if

21:　　end if

22:　Select the first pn_i disks in CN to parallel process the data d_i ;

23:　Collect the actual Time_used and Cost_used of the data d_i ;

24:　Update the Time_used and Cost_used

25:　　Time_used= Time_used+maximal time used of the pn_i data blocks of data d_i ;

26:　　Cost_used=sum of the cost used of all the pn_i data block data d_i ;

27:　if Time_used > Deadline or Cost_used > Budget

28:　　printing error information: the request can't be satisfied;

29:　　exit with error;

30:　end if

31:　else

32:　　printing successful information: the request has been satisfied;

```
33:        Disks_assigned= Disks_assigned+the assigned  pn_i  disks;
34:    end else
35: End for
36: Return Disks_assigned;
End
```

3. 基于效益函数的磁盘调度(BFDS)算法

BFDS 算法有一个前提, 需要构建一个函数, 能够表达随着调度算法的进展用户在不同的时间开销和代价开销下的动态收益情况, 或者说用户的满意度情况, 以用来表达用户 QoS 要求的动态变化情况。

构建效益函数的主要目的: 利用该函数动态地刻画随着时间或预算的消耗, 用户所能获取的 "效益" 的变化。系统在调度任务时有一个动态的依据或标准: 最大化用户的 "效益"。用户根据自己的需求定义各种不同的效益函数, 最简单的情况是: 基于时间的效益函数与任务完成时间成反比, 而基于代价的效益函数则与预算的消耗成反比。图 5.2 给出了几种常见的效益函数的图形: 本书主要采用了图 5.2(c)的形式, 其数学表达式为

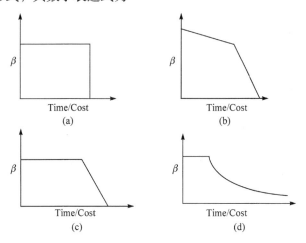

图 5.2　常用的效益函数的形式(Time 表示任务的当前用时, Cost 表示任务当前的花费)

$$\beta = \begin{cases} a, & t < bD \\ a - c(t-bD), & t \geqslant bD \end{cases} \tag{5.1}$$

式中, β 表示效益; a、b、c 是用户定义的常数。

BFDS 算法的基本思想: 根据用户提交的基于时间的效益函数和基于代价的效益函数, 在满足用户时间期限和预算的前提下, 以最大限度地降低系统的能耗为目标, 在某一时间节点, 根据当前使用的时间和花费的代价, 以最大化效益为

目的，相应地选择 TPDS 度算法或 CPDS 算法。

因此，BFDS 算法的基本步骤如下。

(1) 用户输入相应的基于时间的效益函数 DB_Function(Time_used)和基于代价的效益函数 BB_Function(Cost_used)。

(2) 对用户请求中数据集($DU = \{du_1, du_2, \cdots, du_u\}$)中的每一个数据 du_i 重复执行下述步骤：

　　① 计算该用户当前已经使用的时间 Time_used;

　　② 计算该用户当前已经花费的代价 Cost_used;

　　③ 根据 Time_used 的值计算时间效益值 DV= DB_Function(Time_used);

　　④ 根据 Cost_used 的值计算代价效益值 CV= BB_Function(Cost_used);

　　⑤ 比较 DV 和 CV 的大小;

　　⑥ 若 DV>CV，则采用 TPDS 算法;

　　⑦ 若 DV<CV，则采用 CPDS 算法;

　　⑧ 若 DV=CV，则随机选择 TPDS 算法或 CPDS 算法。

(3) 返回分配的磁盘。

BFDS 算法详见算法 5.3。

算法 5.3　BFDS

Input:　 DU ， DS , Benefit Function-based QoS requirement, DB_Function, BB_Function Deadline;
Budget;
Output:　Disks to to store the input data set.
Begin
1: Initialize Time_used=0; Budget_used=0; Disks_assigned={};
2: for each data　$d_i \in$ DU　do
3:　　computing the benefit based on used time;
4:　　　DV= DB_Function(Time_used);
5：　　computing the benefit based on used costed
6:　　　CV= BB_Function(Cost_used);
7:　　if DV larger than CV
8:　　　choose the algorithm TPDS
9:　　　update the parameters of Time_used and Cost_used
10:　　　update the Disks_assigned set;
11:　　end if
12:　　if DV less than CV
13:　　　choose the algorithm CPDS
14:　　　update the parameters of Time_used and Cost_used
15:　　　update the Disks_assigned set;
16:　　end if
17:　　if DV equals to CV
18:　　　randomly choose the algorithm TPDS or CPDS
19:　　　update the parameters of Time_used and Cost_used

```
20:        update the Disks_assigned set;
21:     end if
22: End for
23: Return Disks_assigned;
End
```

5.4.2 MQDS 性能分析及评估

为了评估和验证 MQDS 策略的相关性能(响应时间、能耗、代价开销等)，我们选择了低成本、可重复性实验的模拟器软件 CloudSimDisk[147]。CloudSimDisk 是由 CloudSim 扩展而来，用于验证和模拟磁盘的能耗感知相关算法的模拟器，因此对 MQDS 策略的应用背景具有良好的适应性。

而 CloudSim 是云计算系统领域验证相关设计和算法中使用非常广泛的模拟器。CloudSim 模拟器是由澳大利亚墨尔本大学 Buyya 领导的云计算与分布式实验室团队开发的用于模拟云计算的资源调度、任务管理的模拟器。CloudSim 是一个针对云计算设计的、通用的和可扩展的仿真框架，用于新的云计算基础设施和应用服务的无缝建模、仿真和实验。研究人员可以专注特性的系统设计问题，以及对提出的新算法的前期实验和验证，而没有必要关心云计算基础设施和服务等底层的相关性。而其开源性和扩展性，以及其基于 Java 实现的跨平台性，可在 Windows 和 Linux 中运行，对其在学术界验证相关算法的实现起到重要的作用。

1. 实验的软硬件条件

实验的软硬件条件见表 5.2。

表 5.2　实验的软硬件条件

设备/软件名	型号/版本
CPU	Intel Core i5-4590 CPU @ 3.30GHz
内存	4.0GB
硬盘	1TB(TOSHIBA DT01ACA100 ATA Device)
网卡	Realtek PCIe GBE Family Controller
操作系统	Windows 10
能耗感知的磁盘模拟器	CloudSimDisk1.0
云环境模拟器	CloudSim 4.0

2. 实验的负载描述

为了评测提出的 MQDS 策略中的三种算法——TPDS 算法、CPDS 算法和

BFDS 算法，在模拟测试过程中，我们抽取了维基百科中一个时间段的负载(Wiki workload)，每一个负载代表用户的一个任务请求，在 CloudSimDisk 模拟器，用一个 Cloudlet 来代替，截取的 Wiki workload 2s 左右的时间内用户提交 5000 个任务(Cloudlet)，每个任务的到达时间如图 5.3 所示。

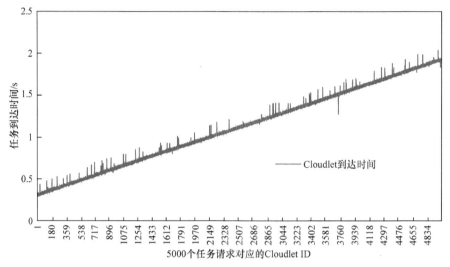

图 5.3　模拟实验中用到的 Wiki workload 到达时间的分布情况

同时，每一任务请求存储的文件大小不同，不同的 Cloudlet 请求的文件大小的分布情况如图 5.4 所示，请求的文件大小为 1~10MB。

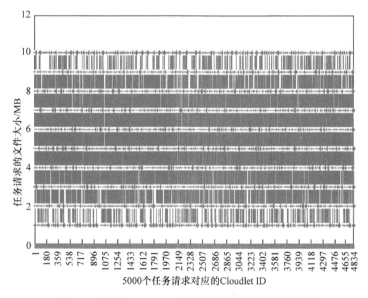

图 5.4　不同的 Cloudlet 请求的文件大小的分布情况

在上述参数的配置下，评测在同构磁盘和异构磁盘下(两大类)不同的参数影响下，MQDS 策略中的三种磁盘调度算法和 CloudSimDisk 中自带的循环调度算法(RRDS)在响应时间、费用开销和能耗方面的性能指标情况。

实验一：测试同构磁盘布局下四种磁盘调度算法的性能。

实验采用的是日立 HUC109090CSS600 磁盘，其中磁盘的相关参数从其存储模型中抽取[148]，而多速的能耗模型的依据是文献[15]。实验中设置总的磁盘个数为 6 个，6 个磁盘中有两种速度的磁盘：高速磁盘和低速磁盘。其中高速磁盘的个数从 0~6 变化，而对应的低速磁盘的个数从 6~0 变化。该类型磁盘详细的参数见表 5.3。

表 5.3　日立 HUC109090CSS600 磁盘的参数列表

参数	值
容量/GB	900
平均旋转延迟/s	0.003
平均定位时间/s	0.004
高速模式的最大传输速率/(MB/s)	198
低速模式的最大传输速率/(MB/s)	59
文件的存储费用/(美分/(MB · d))	0.003
高速模式的文件处理费用/(美分/MB)	10.0
低速模式的文件处理费用/(美分/MB)	3.3
高速模式下 Active 状态的功耗/W	5.8
高速模式下 Idle 状态的功耗/W	3.0
低速模式下 Active 状态的功耗/W	4.1
低速模式下 Idle 状态的功耗/W	1.3

其中，基于时间效益函数和基于代价的效益函数分别如式(5.2)和式(5.3)所示。

$$D_{\text{Benefit}} = \begin{cases} a_1, & d_1 \times \text{Time} \leqslant b_1 \times \text{Deadline} \\ a_1 - c_1 \times (d_1 \times \text{Time} - b_1 \times \text{Deadline}), & d_1 \times \text{Time} > b_1 \times \text{Deadline} \end{cases} \quad (5.2)$$

$$B_{\text{Benefit}} = \begin{cases} a_2, & d_2 \times \text{Cost} \leqslant b_2 \times \text{Budget} \\ a_2 - c_2 \times (d_2 \times \text{Cost} - b_2 \times \text{Budget}), & d_2 \times \text{Cost} > b_2 \times \text{Budget} \end{cases} \quad (5.3)$$

实验中采用的有关效益函数的参数如表 5.4 所示。

表 5.4 有关效益函数的参数列表及其在实验中采用的值

参数	值
Deadline/s	10000
Budget/美分	1000000
a_1	1000
b_1	1
c_1	1
d_1	1000
a_2	1000
b_2	0.001
c_2	1
d_2	1

在上述参数设置下，我们分别测试了 CloudSimDisk 中自带的 RRDS 算法，以及我们设计的 TPDS 算法、CPDS 算法和 BFDS 算法，测试其在响应时间、能耗以及费用开销等方面的性能指标。所得的实验结果如表 5.5 所示。

表 5.5 四种磁盘调度算法在不同的磁盘配置情况下的实验结果

高速磁盘个数	低速磁盘个数	调度算法	响应时间/s	能耗/J	费用开销/美分
0	6	RRDS	85.42731921	2060.435344	94047.648
0	6	TPDS	85.75055167	2093.826944	94047.648
0	6	CPDS	500.5680729	2059.516938	94047.648
0	6	BFDS	224.0230587	2096.227098	94047.648
1	5	RRDS	85.38338564	1886.013038	124659.948
1	5	TPDS	126.4767141	1272.932627	233514.848
1	5	CPDS	500.468222	2059.59755	94047.648
1	5	BFDS	219.9745911	1469.598858	198648.048
2	4	RRDS	85.38894818	1709.198656	155821.648
2	4	TPDS	80.90268669	1109.009019	264783.748
2	4	CPDS	500.9154927	2061.200985	94047.648
2	4	BFDS	360.9112241	1743.803663	150959.6813
3	3	RRDS	85.41676969	1533.387912	186802.448
3	3	TPDS	57.42395752	1073.872822	272796.948
3	3	CPDS	500.7023951	2060.299767	94047.648

续表

高速磁盘个数	低速磁盘个数	调度算法	响应时间/s	能耗/J	费用开销/美分
3	3	BFDS	352.9429159	1731.490785	153630.748
4	2	RRDS	85.36614608	1359.213578	217582.248
4	2	TPDS	44.68035514	1064.464464	275925.848
4	2	CPDS	500.4989279	2059.425275	94047.648
4	2	BFDS	348.5594036	1727.771671	154673.7147
5	1	RRDS	85.42459546	1189.789187	247531.248
5	1	TPDS	36.60511542	1058.889154	277788.448
5	1	CPDS	501.2170156	2059.911143	94637.248
5	1	BFDS	152.7580905	1309.144651	232000.648
6	0	RRDS	29.66908043	1009.019718	278860.448
6	0	TPDS	31.17488594	1062.669222	278860.448
6	0	CPDS	173.9446841	1007.185567	278860.448
6	0	BFDS	66.86733548	1048.798309	278860.448

从表 5.5 所示的在不同的高速、低速磁盘的配置情况下 MQDS 中的三种算法——TPDS 算法、CPDS 算法、BFDS 算法均有下列 3 种特征：TPDS 算法具有最小的响应时间，CPDS 算法具有最小的费用开销，而 BFDS 算法在时间、能耗和代价开销方面均介于两者之间。而其中，当高速磁盘的配置为 2~5 个时，TPDS 算法在响应时间和能耗上比 RRDS 算法均具有一定的优势。同时提出的三种算法均在限制的 Deadline 和 Budget 内完成了用户的请求。图 5.5~图 5.7 进一步对比四种调度算法的在响应时间、能耗和费用开销方面的性能表现。

如图 5.5 所示，TPDS 算法在不同的磁盘的配置情况下，均具有优势，其中当高速磁盘和低速磁盘的配置相当性能表现优势最为明显。而 CPDS 算法则在四种调度算法中在响应时间方面的表现性能最差。为了寻求最小的代价开销，又因低速磁盘具有更为廉价的存储和处理开销，所以 CPDS 算法通常将文件任务调度到低速磁盘中进行存储和处理，这样带来了更长的存储和处理延迟。其在响应时间中的表现也在预期之内，能够符合用户对费用敏感的服务质量要求。而 BFDS 算法在响应时间方面的表现介于 TPDS 算法和 CPDS 算法之间。

如图 5.6 所示，CPDS 算法在费用开销上除了在所有都是高速磁盘或者所有都是低速磁盘的配置情况下与其他调度算法的性能一样外，在其他的磁盘的配置情况下，所花费的开销均是最少的。总体而言 TPDS 算法在费用开销方面的性能在四种调度算法中是表现最差的，因高速磁盘具有更高的传输速率，却具有更高的存储和处理开销，所以为了尽可能地优化时间性能，通常选择高速磁盘，以牺牲费用开销为代价。而 BFDS 算法则能够较好地在 CPDS 算法和 TPDS 算法中进行折中。

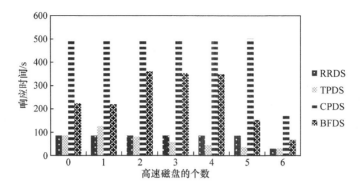

图 5.5   四种调度算法在不同的高速磁盘的配置下的响应时间对比图

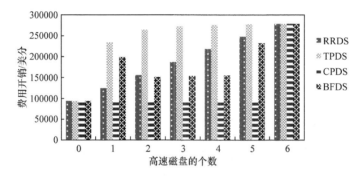

图 5.6   四种调度算法在不同的高速磁盘的配置下的费用开销对比图

如图 5.7 所示，TPDS 算法在具有不同高速磁盘的配置下，消耗的能量最少，因此其具有节能的特性。总体而言 CPDS 算法则是四种算法中在能耗方面表现最差的，虽然其总是选择低速磁盘以节省费用开销，但低速磁盘的处理延迟的增加，也在一定程度上增加了能量的消耗。同样，相较于 TPDS 算法和 CPDS 算法而言，BFDS 算法在能耗方面的表现介于两者之间，能够做到较好的折中。

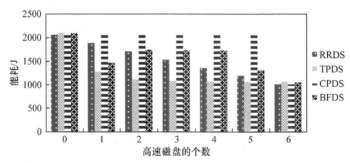

图 5.7   四种调度算法在不同的高速磁盘的配置下的能耗对比图

总体而言，如果数据中心的高速磁盘和低速磁盘的比例相当，则 MQDS 策略中的三种调度算法(TPDS、CPDS 和 BFDS)相较于 RRDS 算法具有更好的性能表现。因此对高速磁盘为 3 个时,进一步深入观察四种算法 Wiki workload 中每个 Cloudlet 所需的响应时间、费用开销和能耗。具体的数据及其对比如图 5.8～图 5.10 所示。

如图 5.8 所示,尽管每一个 Cloudlet 完成的时间有差异,但是基本上 TPDS 算法中每个 Cloudlet 的完成时间都是最短的,而 RRDS 算法次之,CPDS 算法中 Cloudlet 的完成时间最长,而 BFDS 算法则依然介于 TPDS 算法和 CPDS 算法之间。

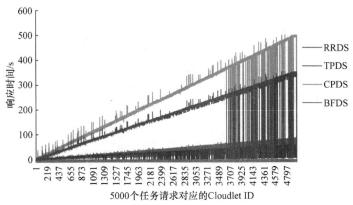

图 5.8　同构磁盘配置下不同调度算法下不同的 Cloudlet 的响应时间对比图(见彩图)

如图 5.9 所示,在能耗的性能指标上,完成 Wiki workload,TPDS 算法依然表现最为突出,而 CPDS 算法总体而言所消耗的能量最多,BFDS 算法还是介于 TPDS 算法和 CPDS 算法之间。而 RRDS 算法中每个 Cloudlet 所消耗的能耗波动很大,有些消耗的能量很多,有些则很少。原因在于其在 6 个磁盘循环调度,不考虑磁盘的性能(处理速度和能量消耗率)。

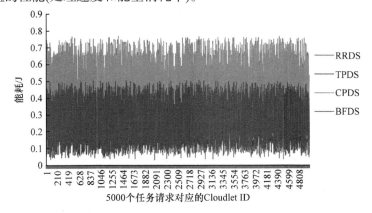

图 5.9　同构磁盘配置下不同调度算法下不同的 Cloudlet 的能耗对比图(见彩图)

　　如图 5.10 所示，每个 Cloudlet 在费用开销方面，CPDS 算法表现最优，所花费的费用最少。而 TPDS 算法则花费了最多的费用，BFDS 算法介于 CPDS 算法和 TPDS 算法之间。而 RRDS 算法的每个 Cloudlet 的费用开销与其在能耗上的表现类似，波动极大，有时候对应的 Cloudlet 的花费与 CPDS 算法相当(最少)，有时则与 TPDS 算法相当(最多)。这也与其在调度时不考虑磁盘的差异，依次循环调度有关。

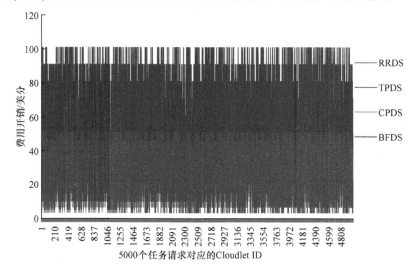

图 5.10　同构磁盘配置下不同调度算法下不同的 Cloudlet 的费用开销对比图(见彩图)

　　实验二：测试异构磁盘布局下四种磁盘调度算法的性能。

　　本部分，我们测试数据中心的磁盘的构成是异构的，由不同的厂商不同性能的磁盘构成，总的磁盘个数为 6 个，其中日立 HUC109090CSS600 为 2 个，1 个设置为高速磁盘，1 个设置为低速磁盘。希捷 ST6000VN0001 的磁盘数为 2 个，1 个设置为高速磁盘，1 个设置为低速磁盘。东芝 MG04SCA500E 的磁盘数为 2 个，也是设置高速磁盘和低速磁盘各为 1 个。希捷该类型号的磁盘的存储模型抽象来源于文献[149]，而东芝该类型号的磁盘的存储模型的抽象来源于文献[150]。其对应的能耗模型的依据为文献[15]。三类磁盘(日立 HUC109090CSS600，希捷 ST6000VN0001 和东芝 MG04SCA500E)的详细参数描述分别见表 5.3、表 5.6 和表 5.7。

表 5.6　希捷 ST6000VN0001 磁盘的参数列表

参数	值
容量/GB	600
平均旋转延迟/s	0.00416
平均定位时间/s	0.0085
高速模式的最大传输速率/(MB/s)	216

续表

参数	值
低速模式的最大传输速率/(MB/s)	64
文件的存储费用/(美分/(MB · d))	0.004
高速模式的文件处理费用/(美分/MB)	12.0
低速模式的文件处理费用/(美分/MB)	4.0
高速模式下 Active 状态的功耗/W	11.27
高速模式下 Idle 状态的功耗/W	6.9
低速模式下 Active 状态的功耗/W	8.0
低速模式下 Idle 状态的功耗/W	3.0

表 5.7　东芝 MG04SCA500E 磁盘的参数列表

参数	值
容量/GB	500
平均旋转延迟/s	0.00417
平均定位时间/s	0.009
高速模式的最大传输速率/(MB/s)	215
低速模式的最大传输速率/(MB/s)	64
文件的存储费用/(美分/(MB · d))	0.005
高速模式的文件处理费用/(美分/MB)	11.0
低速模式的文件处理费用/(美分/MB)	3.8
高速模式下 Active 状态的功耗/W	11.3
高速模式下 Idle 状态的功耗/W	6.2
低速模式下 Active 状态的功耗/W	8.0
低速模式下 Idle 状态的功耗/W	2.7

在上述的磁盘的配置下，测试四种调度算法在完成 Wiki workload 中 2s 内 5000 个任务请求时在响应时间、能耗和费用开销方面的性能表现。其中基于效益函数中涉及的参数与实验一相同，详细参数见表 5.4。

所得的实验结果如表 5.8 所示。

表 5.8　三种不同型号的磁盘的配置下的实验结果

调度算法	响应时间/s	能耗/J	费用开销/美分
RRDS	84.90188538	2565.270668	205865.6630
TPDS	66.6532607	1933.050016	301667.6175
CPDS	500.1972857	2067.603483	94825.1965
BFDS	355.6826107	2022.752327	163772.6702

　　如表 5.8 所示, 在异构的磁盘型号和不同配速的磁盘下, TPDS 算法在响应时间和能耗上具有最佳的表现, CPDS 算法则一如既往地在费用开销上表现最优, 费用开销为其他调度算法的 1/3 左右。而 BFDS 算法在响应时间、能耗和费用开销上的性能指标上的表现均介于 TPDS 算法和 CPDS 算法之间, 能够较好地在两者之间进行折中。RRDS 算法在响应时间上优于 CPDS 算法和 BFDS 算法, 但劣于 TPDS 算法, 但是消耗的能量是四种调度算法中最多的。而其在费用开销方面优于 TPDS 算法,但是劣于 CPDS 算法和 BFDS 算法。因此在异构的磁盘配置下, 高速磁盘和低速磁盘的配比相当的情形下, 我们提出和设计的三种调度算法在保证用户多样化的 QoS 的要求的前提下, 相较于 RRDS 具有一定的降耗效果。

　　同样, 为了进一步观察 Wiki workload 中每个 Cloudlet 在四种调度算法的作用下所需的响应时间、费用开销和能耗的表现, 我们将实验的中间结果绘制于图 5.11~图 5.13 中。

　　如图 5.11 所示, 在上述异构的磁盘的配置下(不同磁盘的型号, 不同的磁盘运转模式)四种磁盘调度算法中, TPDS 算法在响应时间的性能参数上表现最优, 而 CPDS 算法则表现最差(基本上每个 Cloudlet 的响应时间都是最长的)。同样地, BFDS 算法的表现介于 TPDS 算法和 CPDS 算法之间。而 RRDS 算法在响应时间上的性能表现上略逊于 TPDS。

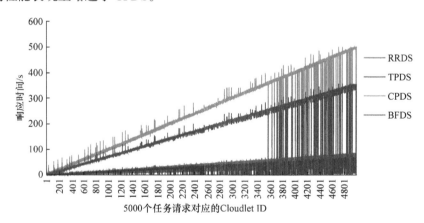

图 5.11　异构磁盘配置下不同调度算法下不同的 Cloudlet 的响应时间对比图(见彩图)

　　如图 5.12 所示, 在异构的磁盘的配置下, 在能量消耗上, 提出的三种调度算法(TPDS、CPDS 和 BFDS)均优于 RRDS 算法。而具体到某个 Cloudlet 中消耗的能量上看, TPDS 算法、CPDS 算法的优劣有交叉的情况。

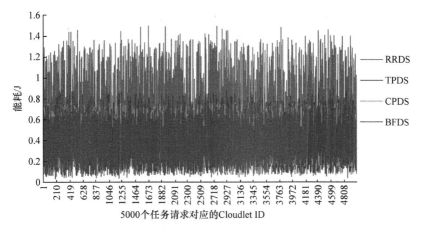

图 5.12　异构磁盘配置下不同调度算法下不同的 Cloudlet 的能耗对比图(见彩图)

如图 5.13 所示,在异构的磁盘配置情况下,在费用开销方面,TPDS 算法基本上在每个 Cloudlet 中开销都是最大的,偶有一些 Cloudlet 的开销较小。而 CPDS 算法则一如既往地在费用开销方面的表现最优。BFDS 算法在费用开销方面基本上还是介于 TPDS 算法和 CPDS 算法之间。而 RRDS 算法在费用上的性能指标与 TPDS 算法类似,属于表现较差的一种算法。

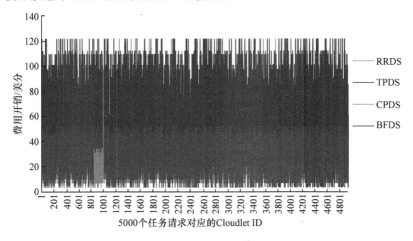

图 5.13　异构磁盘配置下不同调度算法下不同的 Cloudlet 的费用开销对比图(见彩图)

5.5　本 章 小 结

针对现有磁盘调度算法对用户服务质量要求的多样化缺欠考虑的情况,提出 MQDS 策略,MQDS 策略中包含了三种调度算法:TPDS 算法、CPDS 算法和 BFDS

算法。TPDS 算法针对时间敏感性的实时性要求高的任务而设计，而 CPDS 算法则针对费用开销敏感而对实时性要求较低的任务而设计，BFDS 算法则针对时间敏感和代价敏感可能动态变化的情况的任务而设计。同时我们在 CloudSimDisk 中由多转速磁盘的架构的数据中心模拟测试了四种调度算法(包括 RRDS 算法)对包含 5000 个任务请求的 Wiki workload 进行调度时，在响应时间、能耗和费用开销三个性能指标上的表现。模拟实验的结果表明：在高速磁盘和低速磁盘配比相当的情况下，提出的 MQDS 中的三种算法总体上优势明显，而具体到时间性能方面，则 TPDS 算法表现最优，而费用开销方面则是 CPDS 算法具有最优的表现，在能耗方面，提出的三种调度算法均优于 RRDS 算法，显示了 MQDS 策略的降耗能力。另外，BFDS 算法在三种性能指标上均介于 TPDS 算法和 CPDS 算法之间，能够较好地在两者之间取得折中，给用户多一种选择，展现了 MQDS 具备多样化 QoS 约束的调度能力。

第6章 总结与展望

6.1 总 结

随着云计算技术的普及，数据中心的数量越来越多，规模越来越大，而其中的能耗问题形势十分严峻，并呈恶化趋势。然而，数据中心一方面消耗大量的能耗，另一方面其利用率却普遍低下(平均利用率为25%~30%左右)。因此，如何达到能耗的配比(让能耗与利用率呈一定的比例)是数据中心能耗领域最重要的研究问题。另外，云计算服务提供的普及，其运行模式相较于以往的计算机系统也有较大的区别，云计算相关的服务通常需要对用户收取一定的费用，而费用通常会根据其软硬件的成本及其所消耗的能量等方面的因素收取。因此如何根据不同的用户的需求(通过不同的 QoS 要求进行表达)提供不同的服务，也是云计算中资源调度需要考虑的因素。自云计算模式普及落地之后，云计算相关环境中的能耗问题引起国内外大量的学者的研究，本书在充分和全面地调研云计算相关的能耗技术的基础上，从数据管理的角度出发，结合数据管理技术和多转速磁盘的调节技术，利用数据分类、数据备份和数据调度等方法，从不同的层面降低云存储系统的能耗。并针对云计算环境中用户 QoS 要求多样化的特性，设计和实现了相关的磁盘数据调度算法。纵观全书，研究工作所做的贡献总结归纳如下。

(1) 选取云计算环境中大量的能耗相关的综述文章进行综述、分类和归纳。将综述文章分为：面向整个云计算系统的能效技术综述，云计算系统特定层面或特定部分的降耗技术综述，云计算系统中各种降耗技术的综述，云计算系统中特定能效技术的综述以及其他的能效技术综述。还从不同的角度对特定类别的综述文章进行分类。对云计算相关系统中所有综述文章进行综述的基础上，在分析降耗技术国内外研究现状和分析其发展动态的过程中，发现云计算系统中面向降耗的数据管理策略相关综述的缺失，进而对面向降耗的数据管理策略进行全面的综述，从不同角度层次递进的综述方式，对进一步明确课题的研究方向和研究意义具有重要的作用。

(2) 提出了基于 K-means 的能耗感知的数据分类策略 K-ear：针对现有数据分类方法对数据的季节性特性与潮汐特性缺欠考虑的现状，提出了基于 K-means 的数据聚类存储算法：针对多转速磁盘架构的云存储系统，首先根据数据的季节性特性进行分类；然后根据数据的潮汐特性进行分类存储，将相应季节的数据、相应日期为潮点的数据，以及不具备明显季节性特性和潮汐特性的数据存储在以高速高能耗的模式运行的磁盘中，以保证数据的访问速度以及系统的传统性能，将其他数据存储在速低能耗的模式运行的磁盘中，以在大粒度范围内的节省能耗。利用数学分析的手段和模拟实验的方法，分析、测试和评估了 K-ear 算法相较于 SEA 算法和 Hadoop 默认的数据存储算法在能耗方面的性能表现。结果表明，提出的 K-ear 数据分类策略具有一定的能耗优势。

(3) 提出了具有能效自适应的副本管理策略 E^2ARS。该策略中包括：提高系统响应时间的数据分块机制；保证数据可用性的最小副本个数决策模型；保证自适应的能耗升降档机制可以顺利实施的副本放置策略；以及最终起到降耗效果的能耗升降档机制。E^2ARS 旨在数据分类的基础上，对不同的存储区域，精心设计副本管理策略，在保证数据可用性的同时降低系统能耗。基于数学分析和模拟实验得到结果均表明：在不同参数的影响下(系统的负载、预期的响应时间、副本的个数及数据分块的个数等)，E^2ARS 在保证数据可用性和用户服务质量要求的前提下，具有明显的降耗效果。尽管 E^2ARS 策略在存储空间以及管理上带来了额外的开销，但是其能效性提升明显。

(4) 提出的 MQDS 策略解决现有数据调度算法对用户服务质量要求的多样化缺欠的所带来的问题。MQDS 策略中根据用户多样化的 QoS 要求，在其框架内设计和实现了三种调度算法：①针对时间敏感性的实时性要求高的任务，设计和实现了 TPDS 算法；②针对费用开销敏感而对实时性要求较低的任务，设计和实现了 CPDS 算法；③针对时间敏感和代价敏感随时间动态变化的任务，设计和实现了 BFDS 算法。在扩展的 CloudSimDisk 中，构建了由多转速磁盘架构的数据中心进行模拟测试，MQDS 策略包括提出的三种算法以及 RRDS 算法等四种算法，将包含了 5000 个任务请求的 Wiki workload 作为任务驱动，评估四种磁盘调度算法在响应时间、能耗和费用开销等三个性能指标上的表现。模拟实验的结果表明：在高速磁盘和低速磁盘配比相当的情况下，提出的 MQDS 策略中的三种算法总体上优势明显。另外，在时间性能方面，TPDS 算法表现最优；在费用开销方面，CPDS 算法具有最优的表现；而在能耗指标方面，提出的三种调度算法均优于 RRDS 算法，体现了 MQDS 策略的能效性。而 BFDS 算法在三种性能指标上均介于 TPDS 和 CPDS，较好地在两者之间取得折中，并给用户多提供了一种表达 QoS 要求的方式。总体而言，MQDS 具备多样化 QoS 约束的调度能力的同时，在一定高速和低速磁盘配比的情况下具有明显的能耗优势。

6.2 展　　望

如前所述，我们利用数据管理的手段(数据分类、数据备份和数据调度)对云存储系统中不同的层面展开降耗的研究，并取得了显著的成果：在保证系统性能和用户 QoS 要求的前提下，通过数学建模、理论分析和模拟实验的方法验证了不同策略在不同的层面上均具有一定的降耗效果。在数据中心能耗形势严峻的背景下，对如何降低数据中心的云存储系统的能耗具有重要的参考价值和指导意义。然而，由于时间有限及测试环境所限，未来我们将对现有的几部分的工作进一步深入扩展和完善。同时跟踪存储技术的发展，结合未来存储技术的特点，梳理进一步的研究计划。

6.2.1　现有工作的深入和完善

(1) 目前基于数据的季节性特性和以周为单位的潮汐特性设计的数据分类策略，还处于算法验证和模型设计阶段，对抽取的样本数据进行了测试，通过数学分析的手段和模式实验的方式初步验证该算法的能效性，还未经过大规模的词语的测试。未来的工作中，进一步扩大测试的样本集的基础上，为了减少大量数据的特性的抽取计算量，对新产生的词语以及未纳入测试集的数据，我们采用机器学习中 word embedding 的方法，将大规模的数据词语通过 word embedding 的方法与抽取的样本中的词语进行数据特性的匹配，初步实现大规模数据的自动分类存储，进而真正降低实际的大型存储系统中的能耗。

(2) 在能耗自适应的副本管理策略部分，如何根据系统的负载自动调节云存储系统的档位时，需要进行负载的预测，而负载预测的准确性对能耗的升降档起到至关重要的作用。而准确度与具体的测试的数据、机器学习中算法的设计、参数的选择等具有强相关性。未来的工作中，我们应具体的问题具体分析，可提取某一具体的云存储系统中的负载，对多种机器学习方法中可用于预测的方法(人工神经元网络、支持向量机、线性回归、时间序列、随机森林等)及其对应的参数，验证其预测的准确度。以期进一步提高能耗升降档机制的能效性。

(3) 在数据的磁盘调度部分的研究工作中，在测试方面，未来的工作中，还应进一步扩大磁盘的规模，对磁盘的不同架构进行测试。另外，如何通过效益函数表达用户的 QoS 要求方面，还应考虑如何设计更加良好的接口，以方便用户对服务质量要求的表达。

6.2.2　研究计划

目前我们的研究主要聚焦于如何利用数据管理的手段降低云存储系统中的能耗，然而随着云存储系统规模的不断扩大以及非易失性存储技术的发展，异构混合的存储结构将是未来存储系统的发展方向。因此如何通过挖掘数据的访问特点，在不同的存储结构中实施数据布局策略，充分发挥不同存储器的优势，实现存储系统中的多目标优化是我们下一步的研究计划。

随着计算能力的提升，存储系统的 I/O 性能已经成为制约大数据技术发展的主要瓶颈，也因此促生了新型存储器的发展，近年来出现了大量的新型非易失性存储器(Non-Volatile Radom Access Memory，NVRAM)，如铁电存储器(Ferroelectric Random Access Memory，FeRAM)、磁性存储器、自旋转移力矩随机存取存储器(Spin-Transfer Torque Random Access Memory，STTRAM)、相变存储器(Phase Change Random Access Memory，PCM)、阻变式存储器(Resistive Random Access Memory，RRAM)、赛道存储[151]等。NVRAM 的低读写延时和读写方式打破了内存和外存的界限，存储系统迎来了新的挑战和机遇。如何利用非易失性存储器良好的写性能、SSD 良好的读性能以及 HDD 大容量和低成本等特性组成高效的异构混合云存储池，对外提供存储服务是未来云存储系统的发展方向[152]。而其中根据数据的访问特性如何在不同层次的存储器中进行数据的合理布局，结合用户不同的服务质量要求以及系统负载的动态变化实现高效的数据迁移，是影响和发挥存储系统能效最重要的因素。因此"异构混合云存储池中多目标优化的层次数据布局策略研究"将会是我们下一步的研究设想，该研究设想旨在通过不同的技术手段和理论方法进行合理的数据布局优化存储系统中的多种性能指标：在能耗、性能、用户服务质量以及系统利益中取得良好的均衡，实现多目标优化。在存储技术变革潮流中，该研究对我国在存储领域占据先机，取得领先地位具有重要作用，对推动下一代云存储系统的快速发展，加快加深大数据技术的发展和应用均具有重要的现实意义和科研价值。

在充分调研目前异构混合存储系统中的数据放置方法的国内外研究现状的过程中发现：目前异构混合存储结构中数据布局策略的研究主要针对 SSD+HDD 异构混合存储结构，基于数据热度识别进行数据布局，通过不断提高数据热度识别准确性来优化系统的传统性能(平均响应时间、I/O 吞吐量、可用性、可靠性等)。发展脉络的演变主要从基于访问频率(frequency)的热度识别到基于访问频率+数据时效性(recency)的热度识别，再到基于 frequency/recency+其他因素的热度识别。我们得出以下结论。

(1) 数据的布局策略对异构混合存储系统的性能具有决定性的作用，在 SSD+HHD 混合存储系统结构中得到了广泛的关注，至今热度不减。而随着新型 NVRAM 和大数据技术的快速发展，NVRAM+SSD+HDD 的异构性混合存储结构将成为下一代的云存储系统的主流[153,154]。云存储系统中的异构性问题更加突出，如何通过合理的数据布局充分发挥不同存储器的特点，从系统和用户的角度出发在多个性能指标上取得均衡，实现多目标优化的问题显得更加重要。"异构混合云存储池中多目标优化的层次数据布局策略"的研究设想，聚焦新存储技术革命下的前沿问题，具有重要的现实意义和科研价值。

(2) 目前混合存储系统中数据的布局策略主要的目标是优化系统的传统性能。

云存储系统作为一种 Pay as Go 的新的商业计算模式，存储服务商追求利益最大化是其本性[153,155]。在新型的计算模式下，用户的 QoS 要求将更加多样化，因此如何通过对异构混合结构中不同存储器的动态定价，在满足用户多样化的 QoS 要求的前提下，实现存储服务商的利益最大化就成为一个新的亟待解决的问题。下一步拟展开"用户和存储服务商利益双赢模式的数据放置方法"的研究，着眼于该问题的解决，通过系统层面的数据布局优化系统的利益目标。

(3) 数据热度的识别是数据布局的重要前提和技术手段，目前的研究中对数据热度的识别主要针对如何提高系统的传统性能，通过挖掘数据在空间上的帕累托特性(统计意义上的访问频率)和数据的生命周期特性，进行实时短期的热度识别，进而在不同的存储器中实施数据布局。而数据访问除了具有帕累托特性和生命周期特性外，还具有周期性特性，其中包括季节性和潮汐周期性特性。如何识别并利用数据热度中长期周期性变化的特性进行数据的分区放置，在满足系统传统性能的同时降低能耗目前未曾有相关研究工作。未来研究设想中的研究内容之一"数据热度周期性变化特性识别及聚类存储方法"，将填补该方向的空白，在云存储系统日趋严重的能耗形势下，具有重要的现实意义，通过虚拟层面的数据布局优化系统能耗的目标。

(4) 现有的研究对数据热度的识别是基于统计的后反馈机制，这种机制会产生大量的额外的计算和内存资源开销，并有可能引起大量数据的迁移，影响用户的体验和系统性能。采集现有的基于统计后反馈机制的数据布局策略中的数据，利用深度学习技术构建数据热度的预识别模型，对数据的热度进行预判，融合数据的语义，提高数据热度识别的准确性，提前布局数据，避免后反馈机制对数据热度识别的滞后性带来的数据迁移问题。在存储系统规模不断扩大、数据量剧增的形势下，该研究具有重要的意义，将会是一项开创性的工作。

综上所述，我们后续的研究设想——"异构混合云存储池中多目标优化的层次化数据布局策略研究"，针对当前异构混合存储系统中数据布局策略中存在的问题：数据访问特征提取不足造成的数据热度识别的短视问题；云计算新型商业模式下产生的新目标优化问题研究的缺失；以及基于统计的后反馈机制的热度识别滞后性和额外开销问题。具体而言，分别对以下内容展开研究。

(1) 用户和存储服务商利益双赢模式的数据放置方法。云计算是一种新型的 Pay as Go 商业计算模式，获取利益是存储服务提供商的追求目标，也是云计算技术发展的驱动力。在新的商业计算模式中，协调用户服务质量和存储服务商之间的利益关系，实现双赢是一种最佳的模式。据此，本部分研究内容拟对以下几个部分展开研究：①多样化 QoS 要求的用户效益模型构建及其优化问题研究。在市场机制的运作模式下，使用资源具有代价性，用户会根据应用的特点，通过显式的方式对云存储系统表达服务质量的要求，对于延迟敏感性(Latency-intensive)应用可以设定为基于时间优先的 QoS 要求，而对于费用敏感性(Cost-intensive)应用则可以设定为基于代价优先的 QoS 要求，而对于某些需要根据应用进程动态调整 QoS 要求的应用，则可以通过构建效益函数来表达用户的 QoS 要求，设定基于效益函数的 QoS 要求。除了设定相应的服务质量要求外，还需要设定任务完成的时间期限和费用预算。②存储服务提供商的利润模型及其优化问题研究。存储服务提供商的利润主要取决于其从每一种存储器中获取的收益扣除其购买设备的成本，考虑到 NVRAM 和 SSD 的写操作寿命有限，因此还需要将 NVRAM 和 SSD 中的写磨损计算在内，构建相应的利润模型，并对其进行优化。③实现用户和存储服务商利益双赢的市场理论模型研究。如前所述，用户的效益模型和存储服务的提供商利益模型的优化的主要影响因素有：不同时刻不同存储器的定价，不同用户的 QoS 要求以及不同时刻各种不同存储器的可用资源。因此该部分研究的主要工作有：根据用户 QoS 的要求预测其对不同存储资源的需求情况；根据历史数据结合当前的负载状态预测不同存储资源的可用情况；根据资源的需求情况和可用情况，研究利用市场机制模型中的纳什(Nash)均衡理论实现价格的动态调优，或基于游戏博弈理论的市场机制模型实现价格动态调优，以实现用户和服务提供商利益双赢为最终目的。

(2) 数据热度周期性变化特性识别及聚类存储方法。随着大型存储系统(如阿里云、Amazon 云、Yahoo 云、Google 云、腾讯云，以及提供存储服务的公有云等)存储的数据量越来越大，数据的类型也越来越多，不同类型数据的访问呈现一定的时间规律。数据的热度会呈现不同长度的周期性变化，典型的周期性热度变化有季节性周期变化和潮汐周期变化。本部分的研究拟利用基于时间序列的聚类方法，提取和挖掘大型存储系统中数据在时间上的访问规律，将具有相似访问规律的数据存储在区域内部(或集群内部)相同或者连续编号的节点上，不同区域具有相似时间访问规律的数据节点在整个大型存储系统中形成虚拟的数据分区。大型存储系统在运行部署时，可根据当前的时间以及虚拟分区访问规律的类别，通过调整整个虚拟分区的状态(开启或关闭、提速或降速)达到降耗的目的。在虚拟分区的大粒度上进行降耗，更具有达到能耗配比的可能性，这是目前为止，大型存储系统在该粒度上进行降耗的首度尝试，具有重要的科学价值和研究意义。具体而言，对以下几个部分展开详细的研究：①数据访问的季节性特性提取及聚类研究，研究数据季节性特征的提取周期，过长的提取周期的设定，一方面可能会造成数据采集的困难，另一方面会耗费过多的计算和存储资源。而过短的提取周期的设定则会影响数据季节性特性识别的准确度。因此，首先要研究如何设定合适的特征提取周期，使得其在特征识别的效率和准确性上取得均衡。其次需要研究数据季节性特性的表达，数据季节性特性的表达同样涉及是基于数据访问频率还是基于数据访问时效，还是两者兼而有之，抑或需要考量其他因素，而在基于数据访问频率时，用绝对值还是用相对值抑或是用差值，以便能够根据季节性特性提高聚类的效果均是需要深入研究的问题。最后需要研究采用或改进何种聚类方法(K-means、DBSCAN 或层次聚类等)能够提高季节性特性的数据的聚类效果。②数据访问的潮汐性特性提取及聚类研究，数据的潮汐特性周期比数据的季节性特性周期短，因此数据潮汐特性的研究是在数据季节性特性研究的基础上进行的。每一个数据季节性周期范畴内，数据的潮汐特性有以天为单位的，也有以周为单位的，过长的潮汐周期选取无法充分利用数据的潮汐特性实施面向降耗的数据放置策略，而过短的潮汐周期的选取可能会造成数据的频繁迁移引起性能损失。因此需要研究数据潮汐特性周期的选取，以及对应的数据潮汐特性的表达问题，同样需要研究采用或改进何种聚类方法(K-means、DBSCAN 或层次聚类等)能够提高数据的潮汐特性的聚类效果。③不同虚拟分区中节点的性能和能耗模型实施策略研究；在基于数据季节性特性和潮汐特性的聚类的基础上，研究不同类别的数据在异构混合云存储池中不同存储器的放置方案；并研究不同的时段，不同周期内在分区节点中如何实施不同的能耗模式，能够实现在满足系统性能要求的前提下，从分区的层面最大限度地降低系统的能耗。

(3) 基于代价开销模型的自适应数据迁移策略。用户和存储服务商利益双赢模式的层次化数据放置策略，从系统全局的角度出发，对写请求的负载实施数据的布局策略，达到优化用户效益和系统利益的双重目的。而当具有读请求的数据被分配到某一个节点时，如何确保在用户的时间期限和预算费用内完成任务请求，达到提高节点的 I/O 吞吐率、降低系统的平均响应时间的目的成为一个必须解决的关键问题。本部分的内容研究如何通过负载的特征识别、负载 I/O 分析，实施数据迁移策略。具体涉及：①负载特征提取及相应 I/O 分析，提取负载的服务质量要求和负载的数据请求的访问模式等。②构建迁移代价开销模型，当现有的数据布局的方案中无法满足用户的时间期限，构建 HDD→SSD、SSD→NVRAM、HDD→NVRAM 的费用代价和迁移代价模型；或者现有的数据布局方案中无法满足用户预算费用时，构建 SSD→HDD、NVRAM→SSD、NVRAM→HDD 的时间代价模型和迁移代价模型。③基于代价模型实施数据的自适应迁移，通过负载的特征识别和 I/O 分析结合费用代价模型+迁移代价模型，或时间代价模型+迁移代价模型，自适应地在节点中异构的存储器之间实施数据的迁移，达到满足用户 QoS 要求的前提下，最小化系统的响应时间，提高 I/O 吞吐率的目的。

(4) 融合数据语义基于深度学习理论的数据热度预测模型。目前，异构混合存储系统中对数据热度的识别主要基于统计的方法对数据的访问频率(frequency)或数据时效性(recency)进行计算，然而在大型的存储系统中和大数据的背景下，数据量是 PB 级别的，且新的数据源源不断地产生，对每一个数据特别是细粒度(页粒度或词粒度)进行统计，会消耗大量的额外的计算和内存资源，同时又可能造成热度识别的滞后性引起的系统性能下降的问题。虽然现有的研究中有采用多个Boom filter 机制或多层 Hash 函数映射的方法减少在统计数据的 frequency 和 recency 时的额外开销,但是这些机制主要针对节点级别的混合存储结构中相对少量的数据热度识别机制而设计的,在大型的云存储池中,根据数据的热度进行数据布局不具适应性。据此,本部分内容研究通过采集一定量的历史数据,提取历史数据中多方位的信息,利用深度学习的方法对数据进行分类预测,通过预测的分类实施不同的数据放置策略。具体而言,对以下几部分展开深入的研究:①不同粒度数据语义的表示与抽取研究。影响数据热度的除了直观的可统计的数据的频率和时效性外,数据本身包含的语义也会影响数据的热度性质,如在我们前期的调研中,同为编程语言的词语或相关书籍 Python、Java、C、MATLAB 等具有相似的潮汐特性,而电影、电视剧、娱乐等词语具有相似的潮汐特性。因此本部分内容研究如何利用自然语言处理(Natural Language Processing,NLP)对数据的语义进行表示,以及如何对不同粒度的数据(文件粒度、页面粒度、词粒度)进行抽取,除为后续数据热度预测模型提供统计意义上的热度信息外,还提供数据的语义热度信息,在减少热度识别过程中的额外开销的同时提高数据热度性质预测的准确性。②粗粒度数据的季节性特性和潮汐特性的分类模型。从整个云存储系统角度出发,研究以文件为单位,利用 NLP 技术进行数据的语义抽取和表示,将数据的语义融合数据的季节性特性、潮汐特性作为深度神经元网络模型的输入,对数据的潮汐特性和季节性特性进行分类预测,在系统的分区层面实施相应的能耗感知的数据布局策略。研究采用目前主流的最先进的双向 LSTM + Attention 机制的深度学习模型,并同时实时跟进深度学习的进展,采用新的模型对数据的季节性特性和潮汐特性分类预测,研究在如何不断提高数据热度性质预测的基础上,减少额外的计算和存储开销。③基于数据的帕累托特性和生命周期特性的分类模型。从节点层面的角度出发,研究以页为单位的数据,识别数据的热度性质,即写热页、读热页、冷页,以便在节点中异构的 NVRAM、SSD、HDD 中优化数据的布局,达到提升性能的目的。融合数据语义、数据的帕累托特性(一定期限内的数据访问频率)和数据生命周期特性(一定期限内的数据的时效性),利用机器学习或深度学习的理论模型,构建数据的热度性质分类模型。

　　同时为了达成预定的研究目标,我们拟采用理论分析构建数学模型,模拟实验验证以及实际的存储系统环境测试相结合的研究方法,对后续的研究设计了整体的研究方案,同时对每一部分的研究内容设计了详细的研究步骤和技术路线。

　　首先,采用数学的手段,根据不同存储器的特点,分别对 NVRAM 中的容量、读写延迟、能耗、耐用性、使用价格等,SSD 存储器中的容量、读写延迟、能耗、耐用性和使用价格等,HDD 存储器中的容量、能耗、磁盘转速、读写延迟、使用价格等进行抽象建模,再对不同的 NVRAM+SSD+HDD 构建的异构混合云存储池中的能耗模型、性能模型和利益模型进行抽象建模，形成可分析、可优化、可证明的数学分析模型，为优化不同层次的数据布局策略提供坚实的理论基础。

　　然后，通过分析针对磁盘系统进行模拟测试的开源模拟器 DiskSim、针对云存储系统中磁盘性能和能耗测试的开源模拟器 CloudSimDisk 和针对多层异构存储器设计的模拟器 OGSSim 的特点，通过修改、扩展或组合的方式构建下一代的新型存储系统的模拟器，使其能够详细、准确地模拟 NVRAM+SSD+HDD 异构混合云存储系统。同时使其具有大型存储系统的特点(数据量大、数据种类繁多、存储节点总体容量巨大)，并增加其对节点及各个组件在不同速率中的能耗和性能属性，增加节点具有单价(计算单价、存储单价、能耗单价)的属性，扩展其能耗指标，提供更多 QoS 描述的接口，将提出的各个部分的研究内容集成在现有的模拟器中。利用模拟器生成负载或者根据一些公开的文件访问路径(HP 存储实验室公开的文件访问路径，Massachusetts 大学公开的文件访问路径 umass-1、umass-2)合成负载，针对 MapReduce 框架存储系统的负载生成器 iGen，以及在 MapReduce 框架的存储系统中表现优越的 Benchmark(SPC)、Benchmark 1C (SPC-1)、SPC Benchmark 1C/Energy Extension(SPC-1C/E)等，在各个策略或方法未付诸实践之前，得到充分的论证，并对其能耗的有效性进行相关的测试和论证。

　　最后，通过前期对各个模块理论分析和模拟验证，搭建或租用 NVRAM+SSD+HDD 的异构混合节点，以及由节点组成的存储池，利用基于路径访问的合成负载、Benchmark 和一些实际负载的代表(性能并发处理的磁流体计算、有限元并行计算和大型电磁极)，以及在对图书馆提供各类电子资料存储和邮件系统提供网盘服务的过程中，通过在修改的开源 Hadoop 系统上合理的数据布局，达到异构混合存储系统中多目标优化的目的，并验证其实际可行性和可落地性。同时为了达成每个研究内容的目标，特针对每个研究内容设计了相应的研究步骤和制定了相应的技术路线。

　　(1) 用户和存储服务商利益双赢模式的数据放置方法的研究步骤及其技术路线。用户和存储服务商利益双赢模式的数据放置方法属于第一层次的数据布局策略，遵循的还是数学建模、模拟实验和实际环境测试的研究步骤。首先通过构建用户的效益数学模型、系统的利益数学模型，结合系统可用容量的实时监控程序的反馈，利用市场机制中的 Nash 均衡理论或游戏博弈理论对云存储池中异构存储资源的使用价格进行动态的调整，达到 Nash 均衡状态，实现用户和系统的利益最大化的双赢目的，或者在满足用户多样化的 QoS 要求的前提下实现系统利润的最大化。在理论上证明该模式的可行性后，搭建异构混合云存储池的模拟系统，在算法未付诸实现之前，利用模拟器的状态可重现性等特点，对利益双赢模式的数据放置策略进行充分的模拟和论证，为其在实际的系统中顺利实施奠定基础。最后利用搭建或租用的实际异构混合存储系统验证用数据放置方法来实现用户和系统利益双赢的可行性与有效性。

(2) 数据热度周期性变化特性识别和聚类存储方法研究步骤及其技术路线。首先从存储系统中对一定数据集合、一定设定时间段中的数据提取,设计基于季节性特性的 SCEA 算法,进行季节性周期热特征的提取,利用机器学习中的聚类算法(DBSCAN 聚类方法、层次聚类方法、K 均值聚类方法、K 中心聚类方法等)将数据聚成春季周期热数据、夏季周期热数据、秋季周期热数据、冬季周期热数据和其他数据等五个类别。然后在不同的分区中进行存储,为在不同时段对不同的分区实施不同的性能和能耗模型提供依据。而后针对每一个分区,设计基于数据潮汐特性的 TCEA 算法,提取每一个分区中以周为单位的潮汐特性。基于数据的潮汐特性,利用基于机器学习的聚类算法,将数据聚类成娱乐数据(以工作日为汐点,以休息日为潮点的数据)、工作数据(以工作日为潮点,以休息日为汐点的数据)和其他没有潮汐特性的数据等类别,在以季节性特性聚类的分区进一步以潮汐特性进行分类。在更细粒度的时间段中对小分区实施不同的性能和能耗模式,获取更佳的降耗效果。

(3) 基于代价模型的自适应数据迁移策略的研究步骤及其技术路线。本部分内容的研究方案依然遵循数学理论分析、模拟实验测试和实际环境验证的步骤。当目前的数据布局策略无法满足用户服务质量要求时,通过构建时间代价模型和费用代价模型的方式,形成迁移代价模型,通过迁移代价模型,利用预测和反馈的方法实施自适应的数据迁移策略,在满足用户服务质量要求的前提下,最小化系统的平均响应时间,达到优化系统性能的目标。

(4) 融合数据语义的基于深度学习理论的数据热度预测模型的研究步骤及其技术路线。利用收集的一段时间的历史数据,基于季节性特性提取算法提取具有春季、夏季、秋季、冬季周期热数据以及其他无明显季节性特性的数据等类别。基于潮汐特性提取算法提取与工作相关的数据、与娱乐相关的数据和无明显潮汐特性的数据等类别,基于访问频率(frequency)+数据时效性(recency)+数据访问模式提取写热(write hot)、读热(read hot)和冷数据等数据类别。首先以文件为单位的粒度,利用自然语言处理技术抽取文件的语义信息,结合季节性特性的统计信息、潮汐特性的统计信息,为了有利于 Attention 机制关注到关键的信息,将分类的特征标签信息作为 Seq2Seq 解码中的输入。构建周期性数据热度的分类预测模型,作为虚拟层面数据布局的依据。然后以页面为单位粒度,利用自然语言处理技术抽取页面的语义信息,结合数据的访问频率和时效性信息,构建数据实时热度性质的分类预测模型,作为节点层面数据布局的依据。

6.3　本　章　小　结

本章对全书的研究进行了总结,同时阐述现有研究模块中的下一步工作计划。

另外，随着非易失性存储技术的发展，未来云存储系统将发生架构性的变化，异构混合存储(NVRAM+SSD+HDD)将成为主流趋势。因此本章还对未来的研究工作进行了较为详尽的设想，在综述现有异构混合存储系统中的数据布局的处理的基础上，提出了面向异构混合存储系统中多目标优化的数据布局策略，设计了相关的研究模块以及对每个模块设计了相应的研究内容，同时对每一块的研究内容进行了详细的研究步骤的设计和技术方案的选型，对后续工作的开展具有重要的指导意义。

参 考 文 献

[1] 中国信息产业网. 2016 年中国大数据行业发展趋势及市场规模 [EB/OL]. http://www.cnii. com.cn/Bigdata/2016-04/29/content_1723221.htm [2016-04-29].

[2] Boston T, Mullender S, Berbers Y. Power-reduction techniques for data-center storage systems [J]. ACM Computing Surveys, 2013, 45(3):1-38.

[3] Gillen A, Broussard F R, Peery R, et al. Optimizing infra-structure: The relationship between it labor costs and best practices for managing the windows desktop[EB/OL].   http://www.microsoftio. com/content/coreio/prospect_and_demand/idc_desktop_wp.pdf [2007-05-27].

[4] Mell P, Grance T. The NIST definition of cloud computing. http://faculty.winthrop.edu/domanm/ csci411/Handouts/NIST.pdf [2011-07-19].

[5] 罗军舟, 金嘉晖, 宋爱波, 等. 云计算：体系架构与关键技术[J]. 通信学报, 2011, 32(7):3-21.

[6] Mills M P. The cloud begins with coal: Big data, big networks, big infrastructure, and big power [EB/OL]. http://www.tech-pundit.com/wp-content/uploads/2013/07/Cloud_Begins_With_Coal.pdf [2013-04-25].

[7] Envantage. New report reveals warehouses overspend on energy by £190m [EB/OL]. http://www. thecanary.co/2013/08/14/new-report-reveals-eye-watering-nhs-overspend-by-3-billion-more-than- the-government-said-but-the-tories-deny-it/ [2013-08-14].

[8] U. S. Environmental Protection Agency. EPA report server and data center energy efficiency [EB/OL]. http://www.oalib.com/references/14471001 [2014-01-18].

[9] Battles B, Belleville C, Grabau S, et al. Reducing data center power consumption through efficient storage [EB/OL]. https://www.docin.com/p-1360931838.html [2014-01-05].

[10] Reddy R, Kathpal A, Basak J, et al. Data layout for power efficient archival storage systems [C]. Proceedings of the Workshop on Power-Aware Computing and, Systems, Monterey, 2015: 16-20.

[11] Sotoshi I, Kensuke S. A simulation result of replicating data with another layout for reducing media exchange of cold storage [C]. Proceedings of the 8th USENIX Workshop on Hot Topics in Storage and File System, Denver, 2016:1-5.

[12] Shafiee A, Anirban N, Muralimanohar N, et al. ISAAC: A convolutional neural network accelerator with in-situ analog arithmetic in crossbars [C]. Proceedings of the 43rd International Symposium on Computer Architecture, Seoul, 2016:14-26.

[13] Muhammet M O, Serif Y, Taemin K, et al. Energy efficient architecture for graph analytics accelerators [C]. Proceedings of the 43rd ACM/IEEE Annual International Symposium on Computer Architecture, Tornto, 2016:166-177.

[14] Kaushik R T, Cherkasova L, Campbell R, et al. Lightning: Self-adaptive, energy-conserving, multi- zoned, commodity green cloud storage system[C]. Proceedings of the 19th ACM International Symposium on High Performance Distributed Computing, New York, 2010:332-335.

[15] Xie T. SEA: A striping-based energy-aware strategy for data placement in RAID-structured storage systems [J]. IEEE Transactions on Computers, 2008,57(6):748-761.

[16] 贾刚勇, 万健, 李曦, 等. 一种结合页分配和组调度的内存功耗优化方法[J]. 软件学报, 2014, 25(7): 1403-1415.

[17] Gurumurthi S, Sivasubrarmaniam A, Kandemir M, et a1. DRPM: Dynamic speed control for power management in server class disks [C]. Proceedings of the 30th Annual International Symposium on Computer Architecture, New York, 2003: 169-181.

[18] Srikantaiah S, Kansal A, Zhao F. Energy aware consolidation for cloud computing [C]. Proceedings of the Workshop on Power Aware Computing and Systems, San Diego, 2008:1-15.

[19] Tang Q, Gupta S K S, Varsamopoulos G. Energy-efficient thermal-aware task scheduling for homogeneous high-performance computing data centers: A cyber-physical approach [J]. IEEE Transactions on Parallel and Distributed Systems, 2008, 19(11):1458-1472.

[20] Lee D K, Koh K. PDC-NH: Popular data concentration on NAND flash and hard disk drive [C]. Proceedings of the 10th IEEE/ACM International Conference on Grid Computing, Banff, 2009: 196-200.

[21] Farahnakian F, Ashraf A, Liljeberg P, et al. Energy-aware dynamic VM consolidation in cloud data centers using ant colony system [C]. Proceedings of the 7th IEEE International Conference on Cloud Computing, Washington DC , 2014: 104-111.

[22] AlShayeji M H, Samrajesh M D. An energy-aware virtual machine migration algorithm [C]. Proceedings of the International Conference on Advances in Computing and Communications, Cochin, 2012: 242-246.

[23] Ghribi C, Hadji N, Zeghlache D. Energy efficient VM scheduling for cloud data centers: Exact allocation and migration algorithms [C]. Proceedings of the 13th IEEE/ACM International Symposium on Cluster, Cloud and Grid Computing, Delft, 2013: 671-678.

[24] Wang W, Sohraby K. A study of application layer paradigm for lower layer energy saving potentials in cloud-edge social user wireless image sharing [C]. Proceedings of the 8th International Conference on Mobile Multimedia Communications, Chengdu, 2015:54-59.

[25] Zhou L, Dong C, You X D, et al. High availability green gear-shifting mechanism in cloud storage system [J]. International Journal of Grid Distribution Computing, 2015,8(5): 303-314.

[26] Leverich J, Kozyrakis C. On the energy (in)efficiency of Hadoop clusters [J]. ACM SIGOPS Operating Systems Review, 2010,44(1): 61-65.

[27] Weddle C, Oldham M, Qian J, et al. PARAID: A gear-shifting power-aware RAID[C]. Proceedings of the 5th USENIX Conference on File and Storage Technologies, Berkeley, 2007: 245-260.

[28] Kim J, Rotem D. Energy proportionality for disk storage using replication[C]. Proceedings of the 14th International Conference on Extending Database Technology, New York, 2011:81-92.

[29] Stoess J, Lang C, Bellosa F. Energy management for hypervisor-based virtual machines[C]. Proceedings of the USENIX Annual Technical Conference, Santa Clara, 2007: 1-14.

[30] Jia G Y, Wan J, Li X, et al. Memory power optimization policy of coordinating page allocation and group scheduling [J]. Journal of Software, 2014, 25(7):1403-1415.

[31] Hsu C H, Kremer U. The design, implementation, and evaluation of a compiler algorithm for CPU

energy reduction [C]. Proceedings of the ACM SIGPLAN 2003 Conference on Programming Language Design and Implementation, San Diego, 2003: 38-48.

[32] Papathanasiou E A, Scott L M. Energy efficient prefetching and caching[C]. Proceedings of the USENIX 2004 Annual Technical Conference, Berkeley, 2004:255-268.

[33] Tolentino M E, Turner J, Cameron K W. Memory MISER: Improving main memory energy efficiency in servers [J]. IEEE Transactions on Computers, 2009, 58(3): 336-350.

[34] Cengiz K, Dag T. A review on the recent energy-efficient approaches for the internet protocol stack [J]. EURASIP Journal on Wireless Communications and Networking, 2015, (12): 1-22.

[35] Amur H, Cipar J, Gupta V, et al. Robust and flexible power-proportional storage [J]. Proceedings of the 1st ACM Symposium on Cloud Computing, Indianapolis, 2010: 217-228.

[36] 肖艳文, 王金宝, 李亚平, 等. 云计算系统中能量有效的数据放置算法和节点调度策略[J]. 计算机研究与发展, 2013, 50(Sl):342-351.

[37] 荀亚玲, 张继福, 秦啸. MapReduce 集群环境下的数据放置策略[J]. 软件学报, 2015, 26(8): 2056-2073.

[38] Pinheiro E, Bianchini R, Dubnicki C. Exploiting redundancy to conserve energy in storage systems [C]. Proceedings of the Joint International Conference on Measurement and Modeling of Computer Systems, New York, 2006:15-26.

[39] Huang H,Huang W, Shin K G. FS2:Dynamic data replication in free disk space for improving disk performance and energy consumption [C]. Proceedings of the 20th ACM Symposium on Operating Systems Principles, New York, 2005: 263-276.

[40] Harnik D, Naor D, Segall I. Low power mode in cloud storage systems[C]. Proceedings of the IEEE International Symposium on Parallel and Distributed Processing, Rome, 2009: 1-9.

[41] 刘英英. 云环境下能量高效的副本管理及任务调度技术研究[D]. 南京: 南京航空航天大学, 2011.

[42] 罗香玉. 高效集群存储系统副本放置算法研究[D]. 南京: 东南大学, 2013.

[43] 陶晨畅. 分布式块存储系统多档节能技术的研究[D]. 武汉: 华中科技大学, 2014.

[44] 王政英. 云环境下基于存储的副本存放节能策略[D]. 乌鲁木齐: 新疆大学, 2015.

[45] Zhu Q B, Chen Z F, Tan L, et al. Hibernator: Helping disk arrays sleep through the winter[C]. Proceedings of the 20th ACM Symposium on Operating Systems Principle, New York, 2005: 177-190.

[46] Colarelli D, Grunwald D. Massive arrays of idle disks for storage archives [C]. Proceedings of the 2002 ACM/IEEE Conference on Supercomputing, Los Angeles, 2002:1-11.

[47] Verma A, Koller R, Useche L, et al. SRCMap: Energy proportional storage using dynamic consolidation [C]. Proceedings of the 8th USENIX Conference on File and Storage Technologies , San Jose, 2010: 267-280.

[48] Pinheiro E, Bianchini R. Energy conservation techniques for disk array-based servers [C]. Proceedings of the 18th International Conference on Supercomputing, New York, 2004:68-78.

[49] Li D, Wang J. EERAID: Energy-efficient redundant and inexpensive disk array[C]. Proceedings of the 11th ACM SIGOPS European Workshop, New York, 2004: 1-6.

[50] Beloglazov A, Buyya R, Lee Y C, et al. A taxonomy and survey of energy-efficient data centers

and cloud computing systems [J]. Advances in Computer, 2011, 82: 47-111.

[51] Valentini G L, Lassonde W, Khan S U, et al. An overview of energy efficiency techniques in cluster computing systems [J]. Cluster Computing, 2013, 16(1): 3-15.

[52] Orgerie A C, Asuncao M D D, Lefevre L. A survey on techniques for improving the energy efficiency of large scale distributed system [J]. ACM Computing Surveys, 2014, 46(4): 1-31.

[53] Kaur T, Chana I. Energy efficiency techniques in cloud computing: A survey and taxonomy [J]. ACM Computing Surveys, 2015, 48(2): 1-46.

[54] Sohrabi S, Moser I. A survey on energy-aware cloud [J]. European Journal of Advances in Engineering and Technology, 2015, 2 (2): 80-91.

[55] Kliazovich D, Bouvry P, Khan S U. GreenCloud: A packet-level simulator of energy-aware cloud computing data centers [J]. The Journal of Supercomputing, 2012, 62(3): 1263-1283.

[56] Lim S H, Sharma B, Nam G, et al. MDCSim: A multi-tier data center simulation, platform [C]. Proceedings of the IEEE International Conference on Cluster Computing and Workshops, New Orleans, 2009: 1-9.

[57] Calheiros R N, Ranjan R, Beloglazov A, et al. CloudSim: A toolkit for modeling and simulation of cloud computing environments and evaluation of resource provisioning algorithms [J]. Software:Practice and Experience, 2011, 41(1):23-50.

[58] Bak S, Krystek M, Kurowski K, et al. GSSIM: A tool for distributedcomputing experiments [J]. Scientific Programming, 2011, 19(4): 231-251.

[59] Jin X, Zhang F, Vasilakos A V, et al. Green data centers: A survey, perspectives, and future directions [EB/OL]. http://arxiv.org/abs/1608.00687 [2016-08-02].

[60] Shuja J, Bilal K, Madani S A, et al. Survey of techniques and architectures for designing energy-efficient data centers [J]. IEEE System Journal, 2016, 10(2): 507-519.

[61] Bilal K, Khan S U, Madani S A, et al. A survey on green communications using adaptive link rate [J]. Cluster Computing, 2013, 16(3): 575-589.

[62] Bilal K, Malik S U R, Khalid O, et al. A taxonomy and survey on green data center networks [J]. Future Generation Computer Systems, 2014, 36: 189-208.

[63] Hammadi A, Mhamdi L. A survey on architectures and energy efficiency in Data Center Networks[J]. Computer Communications, 2014, 40: 1-21.

[64] Moghaddam F A, Lago P, Grosso P. Energy-efficient networking solutions in cloud-based environments: A systematic literature review [J]. ACM Computer Surveys, 2015, 47(4): 1-64.

[65] Idzikowski F, Chiaraviglio L, Cianfrani A, et al. A survey on energy-aware design and operation of core networks [J]. IEEE Communications Surveys and Tutorials, 2016, 18(2): 1453-1499.

[66] Dabaghi F, Movahedi Z, Langar R. A survey on green routing protocols using sleep-scheduling in wired network [J]. Journal of Network and Computer Applications, 2017, 17: 106-122.

[67] Bianzino A P, Chaudet C, Rossi D, et al. A survey of green networking research [J]. IEEE Communications Surveys and Tutorials, 2012, 14 (1): 3-20.

[68] Jing S Y, Ali S, She K, et al. State-of-the-art research study for green cloud computing [J]. The Journal of Supercomputing, 2013, 65(1): 445-468.

[69] Mastelic T, Oleksiak A, Claussen H, et al. Cloud computing: Survey on energy efficiency [J]. ACM

Computing Surveys, 2014, 47(2): 1-36.

[70] Tejaswini K, Guruprasad H S. Energy efficiency in cloud computing: A review [J]. International Journal of Scientific Research and Management Studies, 2015, 2, (5): 253-259.

[71] Kong F X, Liu X. A survey on green-energy-aware power management for datacenters [J]. ACM Computing Surveys, 2014,47(2):1-38.

[72] Ahuja S P, Muthiah K. Survey of state-of-art in green cloud computing [J]. International Journal of Green Computing, 2016, 7(1):25-36.

[73] Majeed A, Shah M A. Energy efficiency in big data complex systems: A comprehensive survey of modern energy saving techniques [J]. Complex Adaptive Systems Modeling, 2015, 3:6.

[74] Sekhar J, Jeba G, Durga S. A survey on energy efficient server consolidation through VM live migration [J]. International Journal of Advances in Engineering and Technology, 2012, 5(1): 3-18.

[75] Mkoba E S, Saif M A A. A survey on energy efficient with task consolidation in the virtualized cloud computing environment [J]. International Journal of Research in Engineering and Technology, 2014, 3(1):1-4.

[76] Inacio E C, Dantas M A R. A survey into performance and energy efficiency in HPC, cloud and big data environments [J]. International Journal Networking and Virtual Organizations, 2014, 14(4): 299-318.

[77] Pavithra B, Ranjana R. A survey on energy aware resource allocation techniques in cloud [J]. International Journal of Science, Engineering and Technology Research, 2015, 4(1):4-29.

[78] Poonacha G, Priya K, Sheelvanthmath P, et al. A survey on energy aware scheduling of VMs in cloud data centers [J]. International Journal of Computer Science and Mobile Computing, 2015, 4(3): 226-229.

[79] Bose S, Kumar J. A survey on energy aware load balancing techniques in cloud computing [J]. International Journal of Advanced Research in Computer and Communication Engineering, 2015,5(4):11-24.

[80] Matre P, Silakari S, Chourasia A U. A survey on energy aware resource allocation for cloud computing [J]. International Journal of Engineering Research and Technology, 2016, 5(2): 45-68.

[81] Khoshkholgh M A, Abdullah A, Subramaniam S, et al. A taxonomy and survey of power management strategies in cloud data centers [J]. International Journal on Communications Antenna and Propagation, 2016, 6(5): 23-45.

[82] Shaik N, Jyotheeswai P. A survey on energy aware job scheduling algorithms in cloud environment [J]. Journal on Cloud Computing, 2016, 2015: 30-36.

[83] Jin C, de Supiski B R, Abramson D, et al. A survey on software methods to improve the energy efficiency of parallel computing [J]. The International Journal of High Performance Computing Applications, 2017, 31(6): 517-549.

[84] Piraghaj S F, Calheiros R N, Dastjerdi A V, et al. A survey and taxonomy of energy efficient resource management techniques in platform as a service cloud[M]// Handbook of Research on End-to-End Cloud Computing Architecture Design. Hershey: IGI Global Publish, 2017: 410-454.

[85] Splieth M, Kramer F, Turowski K. Classification of techniques for energy efficient load distribution algorithms in clouds: A systematic literature review [C]. Proceedings of the 28th

International Conference on Informatics for Environmental Protection, Oldenburg, 2014:1-8.

[86] Ma X, Cui Y, Stojmeovic I. Energy efficiency on location based applications in mobile cloud computing: A survey [J]. Procedia Computer Science, 2012, 10: 577-584.

[87] Sharma Y, Javadi B, Si W S, et al. Reliability and energy efficiency in cloud computing systems: Survey and taxonomy [J]. Journal of Network and Computer Applications, 2016, 74: 66-85.

[88] Karpowicz M, Niewiadomska-Szynkiewicz E, Arabas P. Energy and power efficiency in cloud[M]// Resource Management for Big Data Platforms. Berlin: Springer, 2016: 97-127.

[89] Zakarya M, Gillam L. Energy efficient computing, clusters, grids and clouds: A taxonomy and survey [J]. Sustainable Computing: Informatics and Systems, 2017, 14: 13-33.

[90] Zhao N N, Wan J G, Wang J, et al. GreenCHT: A power-proportional replication scheme for consistent Hashing based key value storage system [C]. Proceedings of the 31st International Conference on Massive Storage Systems and Technology, San Francisco, 2015:1-6.

[91] Graham R L. Bounds on multiprocessing timing anomalies [J]. SIAM Journal on Applied Mathematics , 1969, 7(2): 416-429.

[92] Lee L W, Scheuermann P, Vingralek R. File assignment in parallel I/O systems with minimal variance of service time [J]. IEEE Transactions on Computers, 2000, 49(2): 121-140.

[93] Kaushik R T, Bhandarkar M. GreenHDFS: Towards an energy-conserving, storage-efficient, hybrid Hadoop compute cluster [C]. Proceedings of the 2010 International Conference on Power Aware Computing and Systems, Berkeley, 2010: 1-9.

[94] You X D, Dong C, Zhou L, et al. Anticipation-based green data classification strategy in cloud storage system [J]. Applied Mathematics and Information Sciences, 2015, 4: 2151-2160.

[95] Liao B, Yu J, Zhang T, et al. Energy-efficient algorithms for distributed storage system based on block storage structure reconfiguration [J]. Journal of Network and Computer Applications, 2015, 48: 71-86.

[96] 张陶, 廖彬, 孙华, 等. 基于数据分类存储的云存储系统节能算法[J]. 计算机应用, 2014, 34(8): 2267-2273.

[97] Xu X L, Yang G, Li L J, et al. Dynamic data aggregation algorithm for data centers of green cloud computing [J]. Systems Engineering and Electronics, 2012,34(9):1923-1929.

[98] 龙赛琴. 云存储系统中的数据布局策略研究[D]. 南京: 东南大学, 2014.

[99] Li H H, Hikida S, Yokota H. An evaluation of power-proportional data placement for Hadoop distributed file systems [C]. Proceedings of the 9th IEEE International Conference on Dependable, Autonomic and Secure Computing, Sydney, 2011:752-759.

[100] Li H H, Hikida S, Yokota H. Efficient gear-shifting for a power-proportional distributed data-placement method [C]. Proceedings of the IEEE International Conference on Big Data, San Francisco, 2013:76-84.

[101] Macheshwari N, Nanduri R, Varma V. Dynamic energy efficient data placement and cluster reconfiguration algorithm for MapReduce framework [J]. Future Generation and Computer Systems, 2012, 28(1):119-127.

[102] Wildani A, Miller E L. Semantic data placement for power management in archival storage [C]. Proceedings of the 5th Petascale Data Storage Workshop, New Orleans, 2010:1-5.

[103] Li X, Tan Y A, Sun Z. Semi-RAID: A reliable energy-aware RAID data layout for sequential data

access [C]. Proceeding of the 27th Symposium on Massive Storage and Technologies, Denver, 2011: 1-15.

[104] Xiong R Q, Luo J Z, Dong Z F. SLDP: A novel data placement strategy for large-scale heterogeneous Hadoop cluster [C]. Proceedings of the 2nd International Conference on Advanced Cloud and Big Data, Huangshan, 2014:9-17.

[105] Xiong R Q, Luo J, Dong F. Optimizing data placement in heterogeneous Hadoop clusters [J]. Cluster Computing, 2015,18(4):1465-1480.

[106] Song Z, Wang T, Li T, et al. Energy consumption optimization data placement algorithm for MapReduce system [J]. Journal of Software, 2015, 26(8): 2091-2110.

[107] Lemma F, Fetzer C. Dyn-PowerCass: Energy efficient distributed store based on dynamic data placement strategy [C]. IEEE AFRICON, Addis Ababa, 2015:1-5.

[108] Lang W, Patel J M, Naughton J F. On energy management, load balancing and replication [J].ACM SIGMOD Record, 2010, 38(4): 35-42.

[109] Kim J, Rotem D. Using replication for energy conservation in RAID systems [C]. International Conference on Parallel and Distributed Processing Techniques and Application, Las Vegas, 2010: 703-709.

[110] Thereska E, Donnelly A, Narayanan D. Sierra: Practical power-proportionality for data center storage [C]. Proceedings of the 6th Conference on Computer System, Salzburg, 2011: 169-182.

[111] Zhang L G, Deng Y H. Designing a power-aware replication strategy for storage clusters [C]. Proceedings of the IEEE International Conference on Green Computing and Communication and IEEE Internet of Things and IEEE Cyber, Physical and Social Computing, Beijing , 2013:224-231.

[112] Long S Q, Zhao Y L, Chen W. A three-phase energy-saving strategy for cloud storage systems [J]. The Journal of Systems and Software, 2014, 87(1): 38-47.

[113] Long S Q, Zhao Y L, Chen W. MORM: A multi-objective optimized replication management strategy for cloud storage cluster [J]. Journal of Systems Architecture, 2014, 60(2): 234-244.

[114] Cui X L, Mills B, Znati T, et al. Shadow replication: An energy-aware, fault-tolerant computational model for green cloud computing [J]. Energies, 2014, 7: 5151-5176.

[115] 王政英, 于炯, 英昌甜, 等. 基于用户访问特征的云存储副本动态管理节能策略[J]. 计算机应用, 2014, 34(8): 2256-2259.

[116] Boru D, Kliazovich D, Granelli F, et al. Energy-efficient data replication in cloud computing datacenters [J]. Cluster Computing, 2015, 18 (1): 385-402.

[117] Lin Y H, Shen H Y. EAFR: An energy-efficient adaptive file replication system in data-intensive clusters [J]. IEEE Transactions on Parallel and Distributed Systems, 2017, 28(4): 1017-1030.

[118] 施振磊. 云环境下的高效多副本管理研究[D]. 成都: 电子科技大学, 2015.

[119] Kliazovich D, Bouvry P, Granelli F, et al. Energy Consumption Optimization in Cloud Data Centers [M]. New York: IEEE Publisher, 2015.

[120] Milani B A, Nacimipour N J. A Comprehensive review of the data replication techniques in the cloud environments: Major trends and future directions [J]. Journal of Network and Computer Applications, 2016, 64: 229-238.

[121] Tang W, Fu W Y, Cherkasova L, et al. MediSyn: A synthetic streaming media service workload

generator [C]. Proceedings of the 13th International Workshop on Network and Operating Systems Support for Digital Audio and Video, Monterey, 2003: 12-21.

[122] 宋英. 数据挖掘技术中聚类算法的研究科学咨询[J]. 科学咨询, 2010, (8):69-70.

[123] Jain A K, Murty M N, Flynn P J. Data clustering: A review [J]. ACM Computing Surveys, 1999, 31(3):264-323.

[124] 贺玲, 吴玲达, 蔡益朝. 数据挖掘中的聚类算法综述[J]. 计算机应用研究, 2007, 24(1):10-13.

[125] 孙吉贵, 刘杰, 赵连宇. 聚类算法研究[J]. 软件学报, 2008, 19(1): 48-61.

[126] 孔英会, 苑津莎, 张铁峰, 等. 基于数据流管理技术的配变负荷分类方法研究[C]. 中国国际供电会议, 北京, 2006.

[127] Treibergs A E. Entire spacelike hypersufaces of constant mean curvature in Minkowski space [J]. Inventiones Mathematicae, 1982, 66(1):39-56.

[128] Danielsson P E. Euclidean distance mapping [J]. Computer Graphics and Image Processing , 1980, 14(3):227-248.

[129] Faith D P, Minchin P R, Belbin L. Compositional dissimilarity as a robust measure of ecological distance [J]. Vegetatio, 1987,69(1/2/3):57-68.

[130] Lachance M A. Chebyshev economization for parametric surfaces [J]. Computer Aided Geometric Design, 1988, 5(3): 195-208.

[131] Lance G N, Williams W T. A general theory of classificatory sorting strategies hierarchical systems [J]. The Computer Journal, 1967, 9(4): 373-380.

[132] Maesschalck R D, Jouan-Rimbaud D, Massart D L. The Mahalanobis distance [J]. Chemometrics and Intelligent Laboratory Systems, 2000, 50(1):1-18.

[133] Sumner T, Marlino M. Digital libraries and educational practice: A case for new models [C].Proceedings of the ACM/IEEE Conference on Digital Libraries, Tuscon, 2004: 170-178.

[134] Scheuermann P, Weikum G, Zabback P. Data partitioning and load balancing in parallel disk systems [J]. The VLDB Journal, 1998, 7(1): 48-66.

[135] Wei Q S, Veeravalli B, Gong B, et al. CDRM: A cost-effective dynamic replication management scheme for cloud storage cluster [C]. Proceedings of the 2010 IEEE International Conference on Cluster Computing, Heraklion, 2010: 188-196.

[136] Hsiao H, Dewitt D J. Chained declustering: A new availability strategy for multiprocessor database machines [C]. Proceedings of the 6th International Conference on Data Engineering , Los Angeles, 1990: 456-465.

[137] Rajkumar R, Lee C, Lehoczky J P, et al. A resource allocation model for QoS management [C]. Proceedings of the 18th Real-Time Systems Symposium, San Francisco, 1997: 330-339.

[138] Rajkumar R, Lee C, Lehoczky J P, et al. Practical solutions for QoS-based resource allocation problems [C]. Proceedings of the 19th IEEE Real-Time Systems Symposium, Madrid, 1998:296-306.

[139] Wu L, Garg S , Buyya R . SLA-based resource allocation for software as a service provider (SaaS) in cloud computing environments [C]. Proceedings of the 11th IEEE/ACM International Symposium on Cluster, Cloud and Grid Computing, Washington DC, 2011: 195-204.

[140] Buyya R. Economic-based distributed resource management and scheduling for grid computing [D]. Melbourne : Monash University, 2002.

[141] Venugopal S . Scheduling distributed data-intensive applications on global grids [D]. Melborune: Melbourne University, 2006.

[142] Poola D, Garg S K, Buyya R, et al. Robust scheduling of scientific workflows with deadline and budget constraints in clouds[C]. Proceedings of the IEEE 28th International Conference on Advanced Information Networking and Applications, Victoria, 2014:858-865.

[143] 王巍, 罗军舟, 宋爱波. 基于动态定价策略的数据中心能耗成本优化[J]. 计算机学报, 2013, 36(3): 599-612.

[144] Liao B, Yu J, Sun H, et al. A QoS-aware dynamic data replica deletion strategy for distributed storage systems under cloud computing environments[C]. Proceedings of the International Conference on Cloud and Green Computing, Xiangtan, 2012: 219-225.

[145] Calheiros R N, Masoumi E, Ranjan R, et al. Workload prediction using ARIMA model and its impact on cloud application' QoS[J]. IEEE Transactions on Cloud Computing, 2015, 3(4):449-458.

[146] Rodriguez M A, Buyya R. Deadline based resource provisioning and scheduling algorithm for scientific workflows on clouds[J]. IEEE Transactions on Cloud Computing, 2014, 2(2):222-235.

[147] Louis B. CloudSimDisk: Energy-aware storage simulation in CloudSim [D]. Luleå: Luleå University of Technology, 2015.

[148] HGST Storage Model [EB/OL] . http://www.storagereview.com/hgst_ultrastar_c10k900_review [2018-05-20].

[149] Seagate Storage Model[EB/OL]. http://www.storagereview.com/seagate_enterprise_nas_ hdd_ review [2018-05-20].

[150] Toshiba Storage Model[EB/OL]. http://www.storagereview.com/toshiba_mg04sca_enterprise_ hdd_review [2018-05-20].

[151] 沈志荣, 薛巍, 舒继武. 新型非易失性存储研究[J]. 计算机研究与发展, 2014,51(2): 445-453.

[152] 沙行勉, 吴挺, 诸葛晴凤, 等. 面向同住虚拟机的高效共享内存文件系统[J]. 计算机学报, 2018, 41(40):1-20.

[153] Iqba M S. The multi-tiered future of storage: Understanding cost and performance trade-offs in modern storage systems [D].Virginia: Virginia Polytechnic Institute and State University, 2017.

[154] Micheloni R, Crippa L, Picca M. Hybrid Storage Systems[M]. Berlin: Springer, 2018.

[155] Deal G, Peng Y, Qin H. Budget-transfer: A low cost inter-service data storage and transfer scheme [C]. Proceedings of the IEEE International Congress on Big Data (BigData Congress), San Francisco, 2018: 112-119.

附　　录

为了更好地共享和验证我们的分类结果，以下的数据是依据我们事先设定的规则，手工从百度搜索指数中提取的各个目标词语的潮汐特征值和季节搜索指数占比值。

下面为 70 个目标词语的潮汐特性抽取值。

CX 大数据1={1：3，−2，2：1，−2，3：1，−2，4：2，−1，5：2，−1，6：1，−2，7：1，−2，8：1，−2，9：1，−2，10：1，−2，11：1，−2，12：1，−2，13：1，−2，14：1，−1，15：1，−2，16：1，−2，17：1，−2，18：1，−2，19：1，−2，20：1，−2，21：1，−2，22：1，−1，23：1，−2，24：1，−2，25：1，−2，26：1，−2，27：1，−2，28：1，−2，29：1，−2，30：1，−2，31：1，−2，32：1，−2，33：1，−2，34：1，−2，35：1，−2，36：1，−2，37：1，−2，38：1，−2，39：1，−2，40：2，−1，41：1，−2，42：1，−2，43：1，−2，44：1，−2，45：1，−2，46：1，−2，47：1，−2，48：1，−2，49：2，−3，50：1，−2，51：1，−2，52：1，−2 }

CX 云计算2={1：1，−2，2：3，−1，3：2，−1，4：2，−1，5：3，−1，6：1，−2，7：2，−1，8：1，−2，9：2，−3，10：1，−2，11：1，−2，12：1，−2，13：1，−2，14：1，−2，15：1，−2，16：1，−2，17：1，−2，18：1，−2，19：1，−2，20：1，−2，21：1，−2，22：3，−2，23：1，−2，24：1，−2，25：1，−2，26：1，−2，27：1，−2，28：1，−2，29：3，−2，30：1，−2，31：1，−2，32：1，−2，33：1，−2，34：1，−2，35：1，−2，36：1，−2，37：1，−2，38：1，−2，39：1，−2，40：2，−1，41：1，−2，42：1，−2，43：1，−2，44：1，−2，45：1，−2，46：1，−2，47：1，−3，48：1，−2，49：2，−3，50：1，−2，51：1，−3，52：1，−3 }

CX 云存储3={1：1，−2，2：1，−2，3：1，−2，4：1，−3，5：2，−1，6：3，−2，7：1，−2，8：1，−2，9：1，−2，10：1，−2，11：1，−2，12：1，−2，13：1，−2，14：1，−2，15：1，−2，16：1，−2，17：1，−2，18：1，−2，19：1，−2，20：1，−2，21：1，−2，22：1，−2，23：1，−2，24：1，−2，25：1，−2，26：1，−2，27：1，−2，28：1，−2，29：1，−2，30：1，−2，31：1，−2，32：1，−2，33：3，−2，34：1，−2，35：1，−2，36：1，−2，37：1，−2，38：1，−2，39：1，−2，40：2，−1，41：1，−2，42：1，−2，43：1，−2，44：1，−2，45：1，−2，46：1，−2，47：1，−2，48：1，−2，49：1，−2，50：1，−2，51：1，−2，52：1，−2 }

CX $_{区块链4}$={1: 1, −2, 2: 1, −2, 3: 3, −2, 4: 1, −2, 5: 2, −1, 6: 1, −2, 7: 1, −2, 8: 1, −2, 9: 1, −2, 10: 1, −2, 11: 1, −2, 12: 1, −2, 13: 1, −2, 14: 1, −2, 15: 1, −2, 16: 1, −2, 17: 1, −2, 18: 1, −2, 19: 1, −2, 20: 1, −2, 21: 1, −2, 22: 1, −2, 23: 1, −2, 24: 1, −2, 25: 1, −2, 26: 1, −2, 27: 1, −2, 28: 1, −2, 29: 1, −2, 30: 1, −2, 31: 1, −2, 32: 1, −2, 33: 1, −2, 34: 1, −2, 35: 1, −2, 36: 1, −2, 37: 1, −2, 38: 1, −2, 39: 1, −2, 40: 2, −1, 41: 1, −2, 42: 3, −2, 43: 1, −2, 44: 1, −2, 45: 1, −2, 46: 1, −2, 47: 1, −2, 48: 1, −2, 49: 1, −2, 50: 1, −2, 51: 1, −2, 52: 1, −2 }

CX $_{无人驾驶5}$={1: 1, −2, 2: 1, −2, 3: 3, −2, 4: 1, −3, 5: 2, −1, 6: 1, −2, 7: 1, −2, 8: 1, −2, 9: 1, −2, 10: 1, −2, 11: 1, −2, 12: 2, −2, 13: 1, −2, 14: 1, −2, 15: 1, −2, 16: 1, −2, 17: 1, −2, 18: 1, −2, 19: 1, −2, 20: 1, −2, 21: 1, −2, 22: 1, −1, 23: 1, −2, 24: 1, −2, 25: 1, −2, 26: 1, −2, 27: 1, −1, 28: 1, −2, 29: 1, −2, 30: 1, −2, 31: 1, −2, 32: 1, −2, 33: 1, −2, 34: 1, −2, 35: 1, −2, 36: 1, −2, 37: 1, −2, 38: 1, −2, 39: 1, −2, 40: 2, −1, 41: 1, −2, 42: 1, −2, 43: 1, −2, 44: 1, −2, 45: 1, −2, 46: 3, −2, 47: 1, −2, 48: 1, −2, 49: 1, −2, 50: 1, −2, 51: 1, −2, 52: 1, −2 }

CX $_{人工智能6}$={1: 1, −1, 2: 1, −2, 3: 1, −2, 4: 1, −3, 5: 2, −1, 6: 1, −2, 7: 1, −2, 8: 1, −2, 9: 1, −2, 10: 1, −2, 11: 1, −2, 12: 2, −2, 13: 1, −2, 14: 1, −2, 15: 1, −2, 16: 1, −2, 17: 1, −2, 18: 1, −1, 19: 1, −2, 20: 1, −2, 21: 1, −1, 22: 1, −2, 23: 1, −2, 24: 1, −2, 25: 1, −2, 26: 1, −2, 27: 1, −1, 28: 1, −2, 29: 3, −1, 30: 1, −2, 31: 1, −2, 32: 1, −2, 33: 1, −2, 34: 1, −2, 35: 1, −2, 36: 1, −2, 37: 1, −2, 38: 1, −2, 39: 1, −2, 40: 2, −1, 41: 1, −2, 42: 1, −2, 43: 1, −2, 44: 1, −2, 45: 1, −2, 46: 3, −2, 47: 1, −2, 48: 1, −2, 49: 1, −2, 50: 1, −2, 51: 1, −2, 52: 1, −2 }

CX $_{深度学习7}$={1: 1, −1, 2: 1, −2, 3: 1, −2, 4: 1, −3, 5: 1, −1, 6: 1, −2, 7: 1, −2, 8: 1, −2, 9: 1, −2, 10: 1, −2, 11: 1, −2, 12: 1, −2, 13: 1, −2, 14: 1, −2, 15: 1, −2, 16: 1, −2, 17: 1, −2, 18: 1, −2, 19: 1, −2, 20: 1, −2, 21: 1, −2, 22: 1, −2, 23: 1, −2, 24: 1, −2, 25: 1, −2, 26: 1, −2, 27: 1, −1, 28: 1, −2, 29: 1, −2, 30: 1, −2, 31: 1, −2, 32: 1, −2,

33: 1, −2, 34: 1, −2, 35: 1, −2, 36: 1, −2, 37: 1, −2, 38: 1, −2, 39: 1, −2, 40: 2, −1, 41: 1, −2, 42: 1, −2, 43: 1, −2, 44: 1, −2, 45: 1, −2, 46: 3, −2, 47: 1, −2, 48: 1, −2, 49: 1, −2, 50: 1, −2, 51: 1, −2, 52: 1, −2}

$CX_{机器学习8}$={1: 1, −1, 2: 1, −2, 3: 1, −2, 4: 1, −2, 5: 1, −1, 6: 1, −2, 7: 1, −2, 8: 1, −2, 9: 1, −2, 10: 1, −2, 11: 1, −2, 12: 1, −2, 13: 1, −2, 14: 1, −2, 15: 1, −2, 16: 1, −2, 17: 1, −2, 18: 1, −2, 19: 1, −2, 20: 1, −2, 21: 1, −2, 22: 1, −2, 23: 1, −2, 24: 1, −2, 25: 1, −2, 26: 1, −2, 27: 1, −2, 28: 1, −2, 29: 1, −2, 30: 1, −2, 31: 1, −2, 32: 1, −2, 33: 1, −2, 34: 1, −2, 35: 1, −2, 36: 1, −2, 37: 1, −2, 38: 1, −2, 39: 1, −2, 40: 2, −1, 41: 1, −2, 42: 1, −2, 43: 1, −2, 44: 1, −2, 45: 1, −2, 46: 1, −2, 47: 1, −2, 48: 1, −2, 49: 1, −2, 50: 1, −2, 51: 1, −2, 52: 1, −2}

$CX_{模式识别9}$={1: 1, −2, 2: 1, −2, 3: 1, −2, 4: 1, −3, 5: 2, −1, 6: 1, −2, 7: 3, −2, 8: 1, −2, 9: 1, −2, 10: 1, −2, 11: 1, −2, 12: 1, −2, 13: 1, −2, 14: 1, −2, 15: 1, −2, 16: 1, −2, 17: 1, −2, 18: 1, −2, 19: 1, −2, 20: 1, −2, 21: 1, −2, 22: 1, −2, 23: 1, −2, 24: 1, −2, 25: 1, −2, 26: 1, −2, 27: 1, −2, 28: 1, −2, 29: 1, −2, 30: 1, −2, 31: 1, −2, 32: 1, −2, 33: 1, −2, 34: 1, −2, 35: 1, −2, 36: 1, −2, 37: 1, −2, 38: 1, −2, 39: 1, −2, 40: 2, −1, 41: 1, −2, 42: 1, −2, 43: 1, −2, 44: 1, −2, 45: 1, −2, 46: 1, −2, 47: 1, −2, 48: 1, −2, 49: 1, −2, 50: 1, −2, 51: 1, −2, 52: 1, −2}

$CX_{算法设计与分析10}$={1: 1, −2, 2: 1, −2, 3: 1, −2, 4: 1, −2, 5: 1, −1, 6: 1, −2, 7: 1, −2, 8: 1, −2, 9: 1, −2, 10: 1, −2, 11: 1, −2, 12: 1, −2, 13: 1, −2, 14: 1, −1, 15: 1, −2, 16: 1, −2, 17: 1, −2, 18: 1, −2, 19: 1, −2, 20: 1, −2, 21: 1, −2, 22: 1, −2, 23: 1, −2, 24: 1, −2, 25: 1, −2, 26: 1, −2, 27: 1, −2, 28: 1, −2, 29: 1, −2, 30: 1, −2, 31: 1, −2, 32: 1, −1, 33: 1, −1, 34: 1, −2, 35: 1, −2, 36: 1, −2, 37: 1, −2, 38: 1, −2, 39: 1, −2, 40: 2, −1, 41: 1, −2, 42: 1, −2, 43: 1, −2, 44: 1, −2, 45: 1, −2, 46: 1, −2, 47: 1, −2, 48: 1, −2, 49: 1, −2, 50: 1, −2, 51: 1, −2, 52: 1, −2}

$CX_{程序设计11}$={1: 1, −2, 2: 1, −2, 3: 1, −2, 4: 1, −3, 5: 3, −1, 6: 1,

−2，7：1，−2，8：1，−2，9：1，−2，10：1，−2，11：1，−2，12：1，−2，13：1，−2，14：1，−1，15：1，−2，16：1，−2，17：1，−2，18：1，−1，19：1，−2，20：1，−2，21：1，−2，22：1，−2，23：1，−2，24：1，−2，25：1，−2，26：1，−2，27：1，−2，28：1，−2，29：1，−2，30：1，−2，31：1，−2，32：1，−2，33：3，−2，34：1，−2，35：1，−2，36：1，−2，37：1，−2，38：1，−2，39：1，−2，40：2，−1，41：1，−2，42：1，−2，43：1，−2，44：1，−2，45：1，−2，46：1，−2，47：1，−2，48：1，−2，49：1，−2，50：1，−2，51：1，−2，52：1，−2 }

CX_{C12}={1：1，−1，2：1，−2，3：1，−2，4：1，−2，5：2，−1，6：1，−2，7：1，−1，8：1，−2，9：1，−2，10：1，−2，11：1，−2，12：1，−2，13：1，−2，14：1，−1，15：1，−2，16：1，−2，17：1，−2，18：3，−1，19：1，−2，20：1，−2，21：1，−1，22：2，−1，23：1，−2，24：1，−2，25：1，−2，26：1，−2，27：1，−2，28：1，−2，29：1，−2，30：1，−2，31：1，−2，32：1，−2，33：1，−2，34：1，−2，35：1，−2，36：1，−2，37：1，−2，38：1，−2，39：1，−2，40：2，−1，41：1，−2，42：3，−2，43：1，−2，44：1，−2，45：1，−2，46：1，−2，47：1，−2，48：1，−2，49：1，−2，50：1，−2，51：1，−2，52：1，−2 }

CX_{Java13}={1：1，−1，2：1，−2，3：1，−2，4：1，−3，5：2，−1，6：1，−2，7：1，−2，8：1，−2，9：1，−2，10：1，−2，11：1，−2，12：1，−2，13：1，−2，14：1，−1，15：1，−2，16：1，−2，17：1，−2，18：1，−1，19：1，−2，20：1，−2，21：1，−2，22：2，−1，23：1，−2，24：1，−2，25：1，−2，26：1，−2，27：1，−2，28：1，−2，29：1，−2，30：1，−2，31：1，−2，32：1，−2，33：1，−2，34：1，−2，35：1，−2，36：1，−2，37：1，−2，38：1，−2，39：1，−2，40：2，−1，41：1，−2，42：1，−2，43：1，−2，44：1，−2，45：1，−2，46：1，−2，47：1，−2，48：1，−2，49：1，−2，50：1，−2，51：1，−2，52：1，−2 }

$CX_{Python14}$={1：1，−1，2：1，−2，3：1，−2，4：1，−3，5：2，−1，6：1，−2，7：1，−2，8：1，−2，9：1，−2，10：1，−2，11：1，−2，12：1，−2，13：1，−2，14：1，−1，15：1，−2，16：1，−2，17：1，−2，18：1，−1，19：1，−2，20：1，−2，21：1，−2，22：2，−1，23：1，−2，24：1，−2，25：1，−2，26：1，−2，27：1，−2，28：1，−2，29：1，−2，30：1，−2，31：1，−2，32：1，−2，33：1，−2，34：1，−2，35：1，−2，36：1，−2，37：1，−2，38：1，−2，39：1，−2，40：2，−1，41：1，−2，42：1，−2，43：1，−2，44：1，−2，45：1，−2，

46: 1, −2, 47: 1, −2, 48: 1, −2, 49: 1, −2, 50: 1, −2, 51: 1, −2, 52: 1, −2}

$CX_{MATLAB15}$={1: 1, −1, 2: 1, −2, 3: 1, −2, 4: 1, −3, 5: 2, −1, 6: 1, −2, 7: 3, −2, 8: 1, −2, 9: 1, −2, 10: 1, −2, 11: 1, −2, 12: 1, −2, 13: 1, −2, 14: 1, −1, 15: 1, −2, 16: 1, −2, 17: 1, −2, 18: 1, −1, 19: 1, −2, 20: 1, −2, 21: 1, −2, 22: 2, −1, 23: 1, −2, 24: 1, −2, 25: 1, −2, 26: 1, −2, 27: 1, −2, 28: 1, −2, 29: 1, −2, 30: 1, −2, 31: 1, −2, 32: 1, −2, 33: 1, −2, 34: 1, −2, 35: 1, −2, 36: 1, −2, 37: 1, −2, 38: 1, −2, 39: 1, −2, 40: 2, −1, 41: 1, −2, 42: 1, −2, 43: 1, −2, 44: 1, −2, 45: 1, −2, 46: 1, −2, 47: 1, −2, 48: 1, −2, 49: 1, −2, 50: 1, −2, 51: 1, −2, 52: 1, −2}

$CX_{TensorFlow16}$={1: 1, −1, 2: 1, −2, 3: 1, −2, 4: 1, −3, 5: 1, −1, 6: 1, −2, 7: 1, −2, 8: 1, −2, 9: 1, −2, 10: 1, −2, 11: 1, −2, 12: 1, −2, 13: 1, −2, 14: 1, −1, 15: 1, −2, 16: 1, −2, 17: 1, −2, 18: 1, −1, 19: 1, −2, 20: 1, −2, 21: 1, −2, 22: 2, −1, 23: 1, −2, 24: 1, −2, 25: 1, −2, 26: 1, −2, 27: 1, −2, 28: 1, −2, 29: 1, −2, 30: 1, −2, 31: 1, −2, 32: 1, −2, 33: 1, −2, 34: 1, −2, 35: 1, −2, 36: 1, −2, 37: 1, −2, 38: 1, −2, 39: 1, −2, 40: 2, −1, 41: 1, −2, 42: 1, −2, 43: 1, −2, 44: 1, −2, 45: 1, −2, 46: 1, −2, 47: 1, −2, 48: 1, −2, 49: 1, −2, 50: 1, −2, 51: 1, −2, 52: 1, −2}

$CX_{Keras17}$={1: 1, −1, 2: 1, −2, 3: 1, −2, 4: 1, −3, 5: 1, −1, 6: 1, −2, 7: 1, −2, 8: 1, −2, 9: 1, −2, 10: 1, −2, 11: 1, −2, 12: 1, −2, 13: 1, −2, 14: 1, −1, 15: 1, −2, 16: 1, −2, 17: 1, −2, 18: 1, −1, 19: 1, −2, 20: 1, −2, 21: 1, −2, 22: 2, −1, 23: 1, −2, 24: 1, −2, 25: 1, −2, 26: 1, −2, 27: 1, −2, 28: 1, −2, 29: 1, −2, 30: 1, −2, 31: 1, −2, 32: 1, −2, 33: 1, −2, 34: 1, −2, 35: 1, −2, 36: 1, −2, 37: 1, −2, 38: 1, −2, 39: 1, −2, 40: 2, −1, 41: 1, −2, 42: 1, −2, 43: 1, −2, 44: 1, −2, 45: 1, −2, 46: 1, −2, 47: 1, −2, 48: 1, −2, 49: 1, −2, 50: 1, −2, 51: 1, −2, 52: 1, −2}

$CX_{图像处理18}$={1: 1, −1, 2: 1, −2, 3: 1, −2, 4: 1, −3, 5: 1, −1, 6: 1, −2, 7: 1, −2, 8: 1, −2, 9: 1, −2, 10: 1, −2, 11: 1, −2, 12: 1, −2, 13:

1, −2, 14: 1, −1, 15: 1, −2, 16: 1, −2, 17: 1, −2, 18: 1, −1, 19: 1, −2, 20: 1, −2, 21: 1, −2, 22: 2, −1, 23: 1, −2, 24: 1, −2, 25: 1, −2, 26: 1, −2, 27: 1, −2, 28: 1, −2, 29: 1, −2, 30: 1, −2, 31: 1, −2, 32: 1, −2, 33: 1, −1, 34: 1, −2, 35: 1, −2, 36: 1, −2, 37: 1, −2, 38: 1, −2, 39: 1, −2, 40: 2, −1, 41: 1, −2, 42: 1, −2, 43: 1, −2, 44: 1, −2, 45: 1, −2, 46: 1, −2, 47: 1, −2, 48: 1, −2, 49: 1, −2, 50: 1, −2, 51: 1, −2, 52: 1, −2}

$CX_{矩阵相乘 19}$={1: 1, −3, 2: 1, −2, 3: 1, −2, 4: 1, −3, 5: 2, −1, 6: 1, −2, 7: 1, −2, 8: 1, −2, 9: 1, −2, 10: 1, −2, 11: 1, −2, 12: 1, −2, 13: 1, −2, 14: 1, −1, 15: 1, −2, 16: 1, −2, 17: 1, −2, 18: 1, −1, 19: 1, −2, 20: 1, −2, 21: 1, −2, 22: 2, −1, 23: 1, −2, 24: 1, −2, 25: 1, −3, 26: 1, −2, 27: 1, −2, 28: 1, −2, 29: 1, −2, 30: 1, −2, 31: 1, −2, 32: 1, −2, 33: 1, −1, 34: 1, −2, 35: 1, −2, 36: 1, −2, 37: 1, −2, 38: 1, −2, 39: 1, −2, 40: 2, −1, 41: 1, −2, 42: 1, −2, 43: 1, −2, 44: 1, −2, 45: 1, −2, 46: 1, −2, 47: 1, −2, 48: 1, −2, 49: 1, −2, 50: 1, −2, 51: 1, −2, 52: 1, −2}

$CX_{数值分析 20}$={1: 1, −2, 2: 1, −2, 3: 1, −2, 4: 1, −2, 5: 1, −1, 6: 1, −3, 7: 1, −2, 8: 1, −2, 9: 1, −2, 10: 1, −2, 11: 1, −2, 12: 1, −2, 13: 1, −2, 14: 1, −1, 15: 1, −2, 16: 1, −2, 17: 1, −2, 18: 1, −1, 19: 1, −2, 20: 1, −2, 21: 1, −2, 22: 2, −1, 23: 1, −2, 24: 1, −2, 25: 1, −2, 26: 1, −2, 27: 1, −2, 28: 1, −2, 29: 1, −2, 30: 2, −2, 31: 1, −2, 32: 1, −2, 33: 1, −1, 34: 1, −2, 35: 2, −1, 36: 1, −2, 37: 1, −2, 38: 1, −2, 39: 1, −2, 40: 2, −1, 41: 1, −2, 42: 1, −2, 43: 1, −2, 44: 1, −2, 45: 1, −2, 46: 1, −2, 47: 1, −2, 48: 1, −2, 49: 1, −2, 50: 1, −2, 51: 1, −2, 52: 1, −2}

$CX_{电影 21}$={1: 2, −1, 2: 2, −1, 3: 2, −1, 4: 2, −3, 5: 1, −2, 6: 3, −2, 7: 2, −1, 8: 2, −1, 9: 2, −1, 10: 2, −1, 11: 2, −1, 12: 2, −1, 13: 2, −1, 14: 1, −1, 15: 2, −1, 16: 2, −1, 17: 2, −1, 18: 2, −1, 19: 2, −1, 20: 2, −1, 21: 2, −1, 22: 1, −1, 23: 2, −1, 24: 2, −1, 25: 2, −1, 26: 2, −1, 27: 2, −1, 28: 2, −1, 29: 2, −1, 30: 2, −2, 31: 2, −1, 32: 2, −1, 33: 1, −2, 34: 2, −1, 35: 2, −1, 36: 2, −1, 37: 2, −1, 38: 2, −1, 39: 2, −1, 40: 1, −2, 41: 2, −1, 42: 2, −1, 43: 2, −1, 44: 2, −1, 45: 2, −1,

46: 2, −1, 47: 2, −1, 48: 2, −1, 49: 2, −1, 50: 2, −1, 51: 2, −1, 52: 2, −1 }

CX 电视剧 22={1: 2, −1, 2: 2, −1, 3: 1, −3, 4: 3, −2, 5: 2, −1, 6: 1, −2, 7: 2, −1, 8: 2, −1, 9: 2, −1, 10: 2, −1, 11: 2, −1, 12: 2, −1, 13: 2, −1, 14: 2, −1, 15: 2, −1, 16: 2, −1, 17: 2, −1, 18: 2, −1, 19: 2, −1, 20: 2, −1, 21: 2, −1, 22: 2, −1, 23: 2, −1, 24: 2, −1, 25: 2, −1, 26: 2, −1, 27: 2, −1, 28: 2, −1, 29: 1, −1, 30: 1, −1, 31: 2, −1, 32: 2, −1, 33: 1, −2, 34: 2, −1, 35: 2, −1, 36: 2, −1, 37: 2, −1, 38: 2, −1, 39: 2, −1, 40: 1, −2, 41: 1, −2, 42: 1, −1, 43: 2, −1, 44: 2, −1, 45: 2, −1, 46: 2, −1, 47: 2, −1, 48: 2, −1, 49: 2, −1, 50: 2, −1, 51: 2, −1, 52: 2, −1 }

CX 游戏 23={1: 1, −1, 2: 2, −1, 3: 2, −1, 4: 1, −2, 5: 1, −2, 6: 2, −1, 7: 2, −1, 8: 2, −1, 9: 2, −1, 10: 2, −1, 11: 2, −1, 12: 2, −1, 13: 2, −1, 14: 1, −1, 15: 2, −1, 16: 2, −1, 17: 2, −1, 18: 2, −1, 19: 2, −1, 20: 2, −1, 21: 2, −1, 22: 2, −1, 23: 2, −1, 24: 2, −1, 25: 2, −1, 26: 2, −1, 27: 2, −1, 28: 2, −1, 29: 2, −1, 30: 2, −1, 31: 2, −1, 32: 2, −1, 33: 2, −1, 34: 1, −2, 35: 1, −2, 36: 2, −1, 37: 2, −1, 38: 2, −1, 39: 2, −1, 40: 1, −2, 41: 2, −1, 42: 2, −1, 43: 2, −1, 44: 2, −1, 45: 2, −1, 46: 2, −1, 47: 2, −1, 48: 2, −1, 49: 2, −1, 50: 2, −1, 51: 2, −1, 52: 2, −1 }

CX 音乐 24={1: 2, −1, 2: 1, −2, 3: 1, −2, 4: 1, −2, 5: 2, −1, 6: 1, −2, 7: 2, −1, 8: 2, −1, 9: 2, −1, 10: 2, −1, 11: 2, −1, 12: 2, −1, 13: 2, −1, 14: 2, −1, 15: 2, −1, 16: 2, −1, 17: 2, −1, 18: 2, −1, 19: 2, −1, 20: 2, −1, 21: 2, −1, 22: 2, −1, 23: 2, −1, 24: 2, −1, 25: 2, −1, 26: 2, −1, 27: 1, −1, 28: 1, −2, 29: 1, −2, 30: 1, −2, 31: 1, −2, 32: 2, −1, 33: 3, −1, 34: 1, −2, 35: 2, −1, 36: 2, −1, 37: 2, −1, 38: 2, −1, 39: 2, −1, 40: 1, −1, 41: 2, −1, 42: 2, −1, 43: 2, −1, 44: 2, −1, 45: 2, −1, 46: 3, −1, 47: 2, −1, 48: 2, −1, 49: 2, −1, 50: 2, −1, 51: 2, −1, 52: 2, −1 }

CX 戏剧 25={1: 1, −1, 2: 1, −1, 3: 1, −2, 4: 2, −1, 5: 3, −1, 6: 2, −1, 7: 2, −1, 8: 1, −3, 9: 1, −1, 10: 2, −1, 11: 2, −3, 12: 1, −2, 13: 1,

−2，14：2，−3，15：1，−3，16：1，−2，17：1，−3，18：1，−3，19：1，−2，20：1，−2，21：1，−2，22：1，−2，23：1，−2，24：1，−2，25：1，−3，26：1，−1，27：1，−2，28：2，−1，29：1，−2，30：1，−2，31：1，−2，32：3，−1，33：3，−1，34：1，−3，35：1，−3，36：1，−3，37：2，−3，38：1，−2，39：1，−2，40：2，−1，41：1，−2，42：2，−3，43：1，−2，44：1，−3，45：1，−3，46：2，−3，47：1，−3，48：1，−3，49：2，−3，50：2，−3，51：1，−3，52：1，−3 }

CX $_{话剧26}$={1：1，−2，2：1，−2，3：1，−3，4：1，−3，5：2，−1，6：3，−1，7：3，−1，8：1，−2，9：1，−2，10：1，−1，11：1，−2，12：1，−2，13：1，−2，14：1，−2，15：1，−2，16：1，−2，17：3，−2，18：1，−1，19：1，−2，20：1，−2，21：1，−2，22：1，−1，23：1，−2，24：1，−2，25：1，−2，26：3，−2，27：3，−1，28：3，−2，29：1，−2，30：1，−2，31：3，−1，32：3，−1，33：3，−2，34：3，−2，35：1，−2，36：3，−1，37：1，−2，38：3，−2，39：1，−2，40：1，−2，41：1，−2，42：1，−2，43：1，−2，44：1，−2，45：1，−2，46：1，−2，47：1，−2，48：1，−2，49：1，−2，50：1，−2，51：1，−2，52：1，−2 }

CX $_{王者荣耀27}$={1：2，−1，2：1，−1，3：1，−1，4：3，−1，5：1，−2，6：2，−1，7：2，−1，8：2，−1，9：2，−1，10：2，−1，11：2，−1，12：2，−1，13：2，−1，14：1，−1，15：2，−1，16：2，−1，17：2，−1，18：2，−1，19：2，−1，20：2，−1，21：2，−1，22：1，−1，23：2，−1，24：2，−1，25：1，−1，26：2，−1，27：2，−1，28：1，−3，29：1，−2，30：3，−1，31：2，−1，32：1，−2，33：2，−1，34：1，−2，35：1，−1，36：2，−1，37：2，−1，38：2，−1，39：2，−1，40：1，−2，41：2，−1，42：2，−1，43：2，−1，44：2，−1，45：2，−1，46：2，−1，47：2，−1，48：2，−1，49：2，−1，50：2，−1，51：2，−1，52：2，−1 }

CX $_{英雄联盟28}$={1：2，−1，2：1，−2，3：2，−1，4：1，−2，5：3，−2，6：1，−1，7：1，−1，8：1，−1，9：2，−1，10：2，−1，11：2，−1，12：2，−1，13：2，−1，14：2，−1，15：2，−1，16：2，−1，17：2，−1，18：1，−1，19：2，−1，20：2，−1，21：3，−1，22：1，−1，23：3，−1，24：2，−1，25：2，−1，26：2，−1，27：2，−1，28：2，−1，29：1，−1，30：2，−1，31：2，−1，32：2，−1，33：2，−1，34：1，−2，35：1，−2，36：2，−1，37：2，−1，38：2，−1，39：3，−1，40：2，−1，41：2，−1，42：2，−1，43：2，−1，44：2，−1，45：2，−1，

46：1，−2，47：2，−1，48：2，−1，49：2，−1，50：3，−1，51：2，−1，52：2，−1}

CX$_{KTV29}$={1：2，−1，2：2，−1，3：2，−1，4：2，−1，5：1，−2，6：1，−1，7：2，−1，8：2，−1，9：2，−1，10：2，−1，11：2，−1，12：2，−1，13：2，−1，14：2，−1，15：2，−1，16：2，−1，17：2，−1，18：2，−1，19：2，−1，20：2，−1，21：2，−1，22：1，−1，23：2，−1，24：2，−1，25：2，−1，26：2，−1，27：2，−1，28：2，−1，29：2，−1，30：2，−1，31：2，−1，32：2，−1，33：2，−1，34：2，−1，35：2，−1，36：2，−1，37：2，−1，38：2，−1，39：2，−1，40：1，−2，41：2，−1，42：2，−1，43：2，−1，44：2，−1，45：2，−1，46：2，−1，47：2，−1，48：2，−1，49：1，−1，50：2，−1，51：2，−1，52：2，−1}

CX$_{QQ30}$={1：2，−1，2：3，−1，3：3，−1，4：3，−1，5：2，−1，6：1，−2，7：2，−1，8：2，−1，9：2，−1，10：2，−1，11：2，−1，12：2，−1，13：2，−1，14：1，−1，15：2，−1，16：2，−1，17：2，−1，18：2，−1，19：2，−1，20：2，−1，21：2，−1，22：1，−1，23：2，−1，24：2，−1，25：2，−1，26：2，−1，27：1，−2，28：1，−2，29：1，−2，30：2，−1，31：2，−1，32：3，−1，33：1，−2，34：1，−2，35：2，−1，36：2，−1，37：2，−1，38：2，−1，39：2，−1，40：1，−2，41：2，−1，42：2，−1，43：2，−1，44：2，−1，45：2，−1，46：2，−1，47：2，−1，48：2，−1，49：2，−1，50：2，−1，51：2，−1，52：2，−1}

CX$_{淘宝31}$={1：1，−1，2：1，−2，3：1，−2，4：1，−2，5：2，−1，6：1，−2，7：1，−2，8：1，−2，9：1，−2，10：1，−2，11：1，−2，12：1，−2，13：1，−2，14：1，−1，15：1，−2，16：1，−2，17：1，−2，18：1，−1，19：1，−2，20：1，−2，21：1，−2，22：2，−1，23：1，−2，24：1，−2，25：1，−2，26：1，−2，27：1，−2，28：1，−2，29：1，−2，30：1，−2，31：1，−2，32：1，−2，33：1，−1，34：1，−2，35：1，−2，36：1，−2，37：3，−2，38：1，−2，39：1，−2，40：2，−1，41：1，−2，42：1，−2，43：1，−2，44：1，−2，45：2，−2，46：1，−2，47：1，−2，48：1，−2，49：1，−2，50：1，−2，51：1，−2，52：1，−2}

CX$_{购物32}$={1：1，−1，2：1，−2，3：1，−2，4：1，−3，5：2，−1，6：1，−2，7：1，−2，8：1，−2，9：1，−2，10：1，−1，11：2，−1，12：2，−1，13：1，

−1, 14: 1, −2, 15: 1, −1, 16: 1, −2, 17: 1, −2, 18: 3, −1, 19: 1, −1, 20: 1, −2, 21: 1, −2, 22: 1, −1, 23: 1, −2, 24: 1, −2, 25: 1, −2, 26: 1, −2, 27: 1, −2, 28: 1, −2, 29: 1, −2, 30: 1, −2, 31: 1, −2, 32: 1, −2, 33: 1, −2, 34: 1, −2, 35: 1, −2, 36: 1, −2, 37: 1, −2, 38: 1, −2, 39: 1, −2, 40: 2, −1, 41: 1, −2, 42: 1, −1, 43: 1, −2, 44: 1, −1, 45: 2, −1, 46: 1, −2, 47: 1, −2, 48: 1, −2, 49: 1, −2, 50: 1, −2, 51: 1, −2, 52: 3, −2 }

CX $_{娱乐八卦33}$={1: 1, −3, 2: 1, −2, 3: 1, −2, 4: 2, −3, 5: 3, −2, 6: 1, −2, 7: 1, −2, 8: 1, −2, 9: 2, −1, 10: 3, −1, 11: 2, −1, 12: 1, −1, 13: 1, −2, 14: 2, −1, 15: 2, −1, 16: 1, −2, 17: 1, −2, 18: 1, −1, 19: 1, −2, 20: 3, −1, 21: 1, −2, 22: 1, −1, 23: 1, −2, 24: 1, −2, 25: 3, −2, 26: 1, −2, 27: 1, −2, 28: 1, −3, 29: 2, −1, 30: 1, −2, 31: 1, −2, 32: 1, −2, 33: 1, −2, 34: 1, −2, 35: 1, −2, 36: 1, −2, 37: 1, −2, 38: 1, −2, 39: 2, −1, 40: 1, −2, 41: 1, −2, 42: 1, −2, 43: 1, −2, 44: 1, −2, 45: 1, −2, 46: 1, −2, 47: 1, −2, 48: 1, −2, 49: 1, −2, 50: 1, −2, 51: 1, −2, 52: 1, −2 }

CX $_{明星34}$={1: 2, −1, 2: 2, −1, 3: 1, −3, 4: 3, −2, 5: 2, −1, 6: 1, −2, 7: 2, −1, 8: 2, −1, 9: 2, −1, 10: 2, −1, 11: 2, −1, 12: 2, −1, 13: 2, −1, 14: 2, −1, 15: 2, −1, 16: 2, −1, 17: 2, −1, 18: 2, −1, 19: 2, −1, 20: 2, −1, 21: 2, −1, 22: 2, −1, 23: 2, −1, 24: 2, −1, 25: 2, −1, 26: 2, −1, 27: 2, −1, 28: 2, −1, 29: 1, −1, 30: 1, −1, 31: 2, −1, 32: 2, −1, 33: 1, −2, 34: 2, −1, 35: 2, −1, 36: 2, −1, 37: 2, −1, 38: 2, −1, 39: 2, −1, 40: 1, −2, 41: 1, −2, 42: 1, −1, 43: 2, −1, 44: 2, −1, 45: 2, −1, 46: 2, −1, 47: 2, −1, 48: 2, −1, 49: 2, −1, 50: 2, −1, 51: 2, −1, 52: 2, −1 }

CX $_{范冰冰35}$={1: 2, −1, 2: 2, −1, 3: 1, −1, 4: 2, −1, 5: 1, −2, 6: 1, −2, 7: 2, −1, 8: 2, −1, 9: 2, −1, 10: 2, −1, 11: 2, −1, 12: 2, −1, 13: 2, −1, 14: 2, −1, 15: 2, −1, 16: 2, −1, 17: 2, −1, 18: 2, −1, 19: 2, −1, 20: 2, −1, 21: 2, −1, 22: 2, −1, 23: 2, −3, 24: 2, −1, 25: 2, −1, 26: 2, −1, 27: 3, −1, 28: 1, −1, 29: 1, −1, 30: 1, −1, 31: 2, −1, 32: 3, −1, 33: 2, −1, 34: 1, −3, 35: 1, −3, 36: 2, −1, 37: 2, −1, 38: 1, −1, 39: 2, −1, 40: 1, −2, 41: 2, −1, 42: 2, −1, 43: 2, −1, 44: 2, −1, 45: 2, −1,

46：2，−1，47：2，−1，48：2，−1，49：2，−1，50：2，−1，51：1，−1，52：2，−1 }

CX 唐嫣 36={1：1，−1，2：2，−1，3：1，−1，4：2，−3，5：1，−1，6：3，−1，7：2，−1，8：2，−1，9：2，−1，10：2，−1，11：2，−1，12：2，−1，13：2，−1，14：2，−1，15：2，−1，16：2，−1，17：2，−1，18：2，−1，19：2，−1，20：2，−1，21：2，−1，22：2，−1，23：2，−1，24：2，−1，25：2，−1，26：2，−1，27：2，−1，28：1，−1，29：1，−2，30：2，−1，31：1，−2，32：1，−1，33：2，−1，34：1，−2，35：1，−3，36：2，−1，37：1，−3，38：2，−1，39：2，−3，40：2，−1，41：1，−1，42：2，−1，43：2，−1，44：2，−1，45：2，−1，46：2，−1，47：2，−1，48：2，−1，49：1，−1，50：2，−1，51：2，−1，52：2，−1 }

CX 真人秀 37={1：2，−1，2：2，−1，3：1，−2，4：1，−3，5：2，−1，6：1，−2，7：2，−1，8：1，−1，9：2，−1，10：2，−1，11：2，−1，12：2，−1，13：1，−2，14：2，−3，15：2，−1，16：2，−1，17：2，−1，18：2，−1，19：2，−3，20：1，−1，21：2，−3，22：1，−1，23：1，−1，24：2，−1，25：2，−1，26：3，−1，27：1，−1，28：2，−1，29：2，−1，30：2，−1，31：2，−1，32：1，−2，33：1，−1，34：1，−2，35：2，−3，36：1，−1，37：2，−1，38：2，−3，39：1，−2，40：2，−1，41：2，−1，42：2，−1，43：2，−1，44：2，−1，45：2，−1，46：1，−1，47：1，−1，48：2，−1，49：3，−1，50：3，−1，51：2，−1，52：2，−1 }

CX 综艺 38={1：2，−1，2：2，−1，3：2，−1，4：1，−3，5：2，−1，6：2，−1，7：2，−1，8：2，−1，9：2，−1，10：2，−1，11：2，−1，12：2，−1，13：2，−1，14：1，−1，15：2，−1，16：2，−1，17：2，−1，18：2，−1，19：2，−1，20：2，−1，21：2，−1，22：1，−1，23：2，−1，24：2，−1，25：2，−1，26：2，−1，27：2，−1，28：2，−1，29：1，−1，30：2，−1，31：2，−1，32：2，−1，33：2，−1，34：2，−1，35：2，−1，36：2，−1，37：2，−1，38：2，−1，39：2，−1，40：1，−1，41：2，−1，42：2，−1，43：2，−1，44：2，−1，45：2，−1，46：2，−1，47：2，−1，48：2，−1，49：2，−1，50：2，−1，51：2，−1，52：2，−1 }

CX 访谈 39={1：1，−1，2：1，−2，3：1，−2，4：1，−3，5：3，−1，6：1，−2，7：1，−2，8：1，−2，9：1，−2，10：1，−2，11：1，−2，12：1，−2，13：1，

−2, 14: 1, −1, 15: 1, −2, 16: 1, −2, 17: 1, −2, 18: 1, −2, 19: 1, −2, 20: 1, −2, 21: 1, −2, 22: 1, −1, 23: 1, −2, 24: 1, −2, 25: 1, −2, 26: 1, −2, 27: 1, −2, 28: 1, −2, 29: 1, −2, 30: 1, −2, 31: 1, −2, 32: 1, −2, 33: 1, −2, 34: 1, −2, 35: 1, −2, 36: 1, −2, 37: 1, −2, 38: 1, −2, 39: 1, −2, 40: 2, −1, 41: 1, −2, 42: 1, −2, 43: 1, −2, 44: 1, −2, 45: 1, −2, 46: 1, −2, 47: 1, −2, 48: 1, −2, 49: 1, −2, 50: 1, −2, 51: 1, −2, 52: 1, −2 }

$CX_{动漫40}$={1: 2, −1, 2: 2, −1, 3: 2, −1, 4: 2, −3, 5: 3, −1, 6: 1, −2, 7: 2, −1, 8: 2, −1, 9: 2, −1, 10: 2, −1, 11: 2, −1, 12: 2, −1, 13: 2, −1, 14: 1, −1, 15: 2, −1, 16: 2, −1, 17: 2, −1, 18: 2, −1, 19: 2, −1, 20: 2, −1, 21: 2, −1, 22: 1, −1, 23: 2, −1, 24: 2, −1, 25: 2, −1, 26: 2, −1, 27: 2, −1, 28: 2, −1, 29: 2, −1, 30: 2, −1, 31: 2, −1, 32: 2, −1, 33: 2, −1, 34: 2, −1, 35: 1, −1, 36: 2, −1, 37: 2, −1, 38: 2, −1, 39: 2, −1, 40: 1, −1, 41: 2, −1, 42: 2, −1, 43: 2, −1, 44: 2, −1, 45: 2, −1, 46: 2, −1, 47: 2, −1, 48: 2, −1, 49: 2, −1, 50: 2, −1, 51: 2, −1, 52: 2, −1 }

$CX_{春装41}$={1: 1, −1, 2: 2, −1, 3: 2, −1, 4: 2, −1, 5: 2, −1, 6: 1, −2, 7: 1, −1, 8: 2, −1, 9: 1, −1, 10: 2, −1, 11: 2, −1, 12: 1, −2, 13: 1, −1, 14: 1, −1, 15: 3, −1, 16: 1, −2, 17: 1, −2, 18: 1, −1, 19: 1, −2, 20: 2, −2, 21: 3, −1, 22: 2, −1, 23: 2, −3, 24: 2, −1, 25: 1, −1, 26: 1, −1, 27: 1, −3, 28: 1, −2, 29: 2, −1, 30: 1, −2, 31: 1, −2, 32: 1, −2, 33: 3, −1, 34: 1, −2, 35: 3, −1, 36: 3, −1, 37: 2, −1, 38: 1, −1, 39: 1, −1, 40: 2, −2, 41: 3, −2, 42: 1, −1, 43: 2, −1, 44: 2, −3, 45: 2, −1, 46: 3, −2, 47: 1, −1, 48: 1, −1, 49: 1, −2, 50: 1, −1, 51: 1, −1, 52: 2, −1 }

$CX_{夏装42}$={1: 2, −1, 2: 1, −1, 3: 3, −1, 4: 1, −2, 5: 2, −1, 6: 1, −2, 7: 2, −1, 8: 1, −1, 9: 1, −1, 10: 2, −1, 11: 1, −1, 12: 2, −1, 13: 2, −1, 14: 2, −1, 15: 2, −1, 16: 1, −2, 17: 2, −1, 18: 1, −1, 19: 1, −1, 20: 2, −1, 21: 2, −1, 22: 2, −1, 23: 2, −1, 24: 2, −1, 25: 1, −2, 26: 2, −1, 27: 1, −1, 28: 1, −2, 29: 1, −3, 30: 2, −3, 31: 1, −1, 32: 1, −2, 33: 1, −2, 34: 1, −3, 35: 1, −1, 36: 1, −3, 37: 1, −1, 38: 3, −1, 39: 1, −2, 40: 2, −1, 41: 2, −1, 42: 1, −2, 43: 1, −1, 44: 3, −1, 45: 2, −1, 46: 1, −1, 47: 2, −1, 48: 3, −1, 49: 1, −1, 50: 1, −1, 51: 1, −2, 52:

1, −2}

CX 秋装 43={1: 2, −1, 2: 2, −1, 3: 1, −1, 4: 1, −3, 5: 3, −1, 6: 1, −2, 7: 2, −1, 8: 3, −1, 9: 3, −1, 10: 2, −2, 11: 2, −1, 12: 1, −2, 13: 1, −2, 14: 2, −1, 15: 1, −1, 16: 1, −3, 17: 1, −2, 18: 2, −3, 19: 1, −2, 20: 2, −1, 21: 2, −1, 22: 2, −1, 23: 2, −1, 24: 2, −1, 25: 3, −1, 26: 1, −1, 27: 3, −1, 28: 1, −1, 29: 1, −2, 30: 2, −1, 31: 1, −1, 32: 2, −1, 33: 1, −1, 34: 2, −1, 35: 2, −1, 36: 2, −3, 37: 3, −1, 38: 1, −2, 39: 3, −1, 40: 1, −3, 41: 2, −3, 42: 1, −3, 43: 2, −3, 44: 2, −1, 45: 2, −1, 46: 1, −1, 47: 2, −1, 48: 2, −1, 49: 2, −1, 50: 1, −1, 51: 2, −3, 52: 2, −1}

CX 冬装 44={1: 2, −1, 2: 2, −1, 3: 1, −2, 4: 1, −2, 5: 2, −1, 6: 1, −2, 7: 2, −1, 8: 2, −1, 9: 1, −1, 10: 2, −1, 11: 2, −1, 12: 1, −2, 13: 3, −1, 14: 1, −1, 15: 1, −1, 16: 1, −2, 17: 1, −2, 18: 2, −3, 19: 3, −1, 20: 3, −2, 21: 3, −1, 22: 3, −1, 23: 1, −2, 24: 2, −1, 25: 1, −1, 26: 2, −1, 27: 2, −1, 28: 1, −1, 29: 1, −1, 30: 3, −1, 31: 1, −1, 32: 1, −2, 33: 1, −2, 34: 2, −1, 35: 1, −1, 36: 2, −1, 37: 2, −1, 38: 2, −1, 39: 1, −2, 40: 1, −1, 41: 2, −1, 42: 1, −1, 43: 1, −1, 44: 2, −1, 45: 2, −1, 46: 2, −1, 47: 1, −2, 48: 2, −1, 49: 1, −1, 50: 1, −3, 51: 1, −1, 52: 2, −1}

CX 连衣裙 45={1: 1, −1, 2: 2, −1, 3: 2, −2, 4: 1, −1, 5: 2, −3, 6: 1, −2, 7: 1, −1, 8: 1, −2, 9: 1, −1, 10: 2, −1, 11: 1, −2, 12: 2, −1, 13: 1, −1, 14: 1, −1, 15: 2, −1, 16: 2, −3, 17: 2, −1, 18: 1, −1, 19: 3, −2, 20: 2, −1, 21: 1, −1, 22: 2, −1, 23: 2, −3, 24: 2, −2, 25: 3, −1, 26: 2, −3, 27: 2, −1, 28: 1, −2, 29: 1, −2, 30: 1, −2, 31: 1, −2, 32: 1, −2, 33: 3, −1, 34: 1, −2, 35: 1, −1, 36: 2, −3, 37: 3, −1, 38: 2, −1, 39: 1, −1, 40: 2, −1, 41: 2, −1, 42: 1, −1, 43: 2, −1, 44: 2, −1, 45: 2, −1, 46: 2, −1, 47: 2, −1, 43: 2, −2, 49: 1, −3, 50: 1, −2, 51: 1, −3, 52: 1, −1}

CX 棉服 46={1: 1, −1, 2: 2, −3, 3: 1, −2, 4: 1, −3, 5: 2, −3, 6: 1, −2, 7: 1, −3, 8: 1, −2, 9: 2, −3, 10: 1, −2, 11: 1, −2, 12: 1, −1, 13: 1, −2, 14: 2, −3, 15: 2, −1, 16: 1, −2, 17: 1, −3, 18: 1, −1, 19: 1, −1,

20: 2, −3, 21: 1, −1, 22: 2, −1, 23: 2, −2, 24: 2, −1, 25: 1, −2, 26: 3, −2, 27: 3, −2, 28: 3, −2, 29: 1, −1, 30: 2, −1, 31: 1, −3, 32: 1, −1, 33: 1, −1, 34: 1, −2, 35: 1, −3, 36: 3, −1, 37: 1, −1, 38: 1, −1, 39: 2, −1, 40: 2, −3, 41: 2, −3, 42: 1, −1, 43: 2, −2, 44: 2, −1, 45: 2, −1, 46: 2, −1, 47: 1, −2, 48: 2, −3, 49: 1, −3, 50: 2, −3, 51: 1, −2, 52: 3, −1 }

$CX_{皮草47}$={1: 1, −1, 2: 1, −1, 3: 1, −2, 4: 1, −3, 5: 2, −1, 6: 1, −2, 7: 1, −2, 8: 1, −3, 9: 2, −3, 10: 1, −1, 11: 1, −1, 12: 1, −2, 13: 1, −2, 14: 3, −1, 15: 1, −1, 16: 1, −2, 17: 1, −2, 18: 3, −1, 19: 1, −1, 20: 1, −1, 21: 1, −1, 22: 1, −1, 23: 1, −2, 24: 2, −3, 25: 1, −1, 26: 1, −1, 27: 1, −2, 28: 1, −2, 29: 1, −2, 30: 1, −2, 31: 1, −2, 32: 1, −2, 33: 2, −1, 34: 1, −3, 35: 1, −2, 36: 1, −1, 37: 1, −3, 38: 1, −2, 39: 1, −2, 40: 2, −1, 41: 3, −1, 42: 1, −2, 43: 1, −2, 44: 3, −1, 45: 2, −1, 46: 2, −1, 47: 1, −1, 48: 2, −3, 49: 1, −3, 50: 1, −1, 51: 1, −3, 52: 1, −3 }

$CX_{秋衣48}$={1: 1, −1, 2: 3, −1, 3: 1, −1, 4: 2, −3, 5: 2, −1, 6: 1, −1, 7: 2, −1, 8: 2, −1, 9: 2, −3, 10: 2, −1, 11: 2, −1, 12: 2, −1, 13: 1, −2, 14: 1, −1, 15: 1, −1, 16: 1, −2, 17: 1, −2, 18: 2, −3, 19: 1, −2, 20: 2, −1, 21: 1, −1, 22: 3, −1, 23: 2, −1, 24: 1, −1, 25: 1, −3, 26: 1, −1, 27: 1, −2, 28: 1, −2, 29: 1, −2, 30: 1, −1, 31: 1, −1, 32: 2, −1, 33: 1, −1, 34: 2, −1, 35: 1, −1, 36: 1, −3, 37: 3, −1, 38: 2, −1, 39: 1, −1, 40: 1, −1, 41: 2, −1, 42: 1, −3, 43: 1, −3, 44: 1, −3, 45: 2, −1, 46: 2, −1, 47: 1, −3, 48: 2, −1, 49: 1, −2, 50: 1, −1, 51: 1, −2, 52: 1, −3 }

$CX_{短裙49}$={1: 2, −1, 2: 2, −1, 3: 3, −2, 4: 1, −3, 5: 2, −1, 6: 1, −2, 7: 2, −1, 8: 2, −1, 9: 2, −1, 10: 2, −1, 11: 2, −1, 12: 2, −1, 13: 2, −3, 14: 2, −1, 15: 2, −1, 16: 1, −1, 17: 2, −1, 18: 1, −1, 19: 2, −1, 20: 3, −1, 21: 2, −1, 22: 2, −3, 23: 2, −1, 24: 1, −1, 25: 1, −1, 26: 2, −1, 27: 3, −2, 28: 3, −2, 29: 1, −1, 30: 1, −3, 31: 1, −3, 32: 1, −3, 33: 2, −2, 34: 1, −1, 35: 1, −3, 36: 2, −3, 37: 2, −1, 38: 2, −1, 39: 2, −1, 40: 1, −1, 41: 2, −1, 42: 2, −1, 43: 2, −1, 44: 2, −1, 45: 2, −1, 46: 2, −1, 47: 2, −1, 48: 2, −1, 49: 2, −1, 50: 2, −1, 51: 2, −1, 52:

2，–1 }

CX _{凉鞋} 50={1：2，–1，2：1，–1，3：3，–1，4：1，–3，5：3，–1，6：1，–2，7：2，–1，8：2，–1，9：2，–1，10：2，–1，11：2，–1，12：2，–1，13：2，–1，14：2，–1，15：2，–1，16：1，–1，17：2，–1，18：2，–1，19：2，–1，20：1，–1，21：2，–1，22：2，–1，23：2，–1，24：2，–1，25：2，–1，26：3，–1，27：1，–2，28：1，–3，29：1，–2，30：1，–2，31：1，–2，32：1，–2，33：1，–2，34：2，–1，35：1，–3，36：2，–1，37：2，–1，38：2，–1，39：2，–3，40：2，–1，41：2，–1，42：2，–1，43：2，–1，44：2，–1，45：2，–1，46：2，–1，47：2，–1，48：2，–1，49：2，–1，50：2，–1，51：1，–1，52：2，–1 }

CX _{西瓜} 51={1：2，–1，2：1，–3，3：1，–2，4：1，–3，5：2，–1，6：1，–2，7：3，–1，8：2，–3，9：2，–1，10：2，–1，11：2，–1，12：2，–1，13：2，–1，14：2，–3，15：2，–1，16：2，–1，17：2，–1，18：2，–1，19：2，–1，20：2，–1，21：2，–1，22：1，–1，23：2，–1，24：2，–1，25：2，–1，26：2，–1，27：2，–1，28：1，–1，29：2，–1，30：1，–3，31：2，–3，32：1，–1，33：1，–2，34：1，–3，35：1，–3，36：2，–3，37：2，–3，38：2，–3，39：2，–1，40：2，–2，41：2，–3，42：2，–1，43：2，–3，44：2，–1，45：2，–1，46：2，–1，47：2，–1，48：2，–1，49：2，–1，50：2，–1，51：2，–3，52：2，–1 }

CX _{枇杷} 52={1：1，–2，2：1，–2，3：1，–2，4：1，–3，5：1，–2，6：3，–2，7：1，–1，8：2，–1，9：2，–1，10：2，–1，11：2，–1，12：1，–1，13：1，–3，14：1，–3，15：2，–1，16：2，–3，17：2，–3，18：2，–1，19：2，–1，20：2，–1，21：1，–2，22：1，–2，23：1，–2，24：1，–2，25：1，–2，26：1，–1，27：1，–2，28：1，–2，29：1，–2，30：1，–2，31：1，–2，32：1，–2，33：1，–2，34：1，–2，35：1，–2，36：2，–1，37：2，–3，38：2，–1，39：1，–2，40：2，–1，41：2，–1，42：2，–1，43：2，–3，44：2，–3，45：2，–2，46：1，–3，47：2，–3，48：2，–3，49：1，–3，50：1，–1，51：1，–3，52：1，–2 }

CX _{杨梅} 53={1：1，–1，2：1，–2，3：1，–2，4：1，–3，5：2，–1，6：1，–2，7：1，–1，8：1，–2，9：2，–2，10：2，–1，11：2，–2，12：1，–2，13：1，–2，14：2，–1，15：1，–1，16：1，–3，17：2，–1，18：2，–1，19：2，–1，

20: 2，−1，21: 2，−1，22: 2，−1，23: 2，−3，24: 2，−1，25: 1，−2，26:
1，−2，27: 1，−2，28: 1，−2，29: 1，−2，30: 1，−2，31: 1，−2，32: 1，−2，
33: 1，−2，34: 1，−2，35: 2，−1，36: 2，−2，37: 1，−2，38: 1，−2，39:
1，−2，40: 2，−3，41: 1，−2，42: 1，−2，43: 1，−2，44: 1，−2，45: 1，−2，
46: 3，−2，47: 1，−2，48: 1，−2，49: 1，−2，50: 1，−2，51: 1，−2，52:
1，−2 }

CX $_{银杏54}$={1: 1，−2，2: 1，−2，3: 1，−2，4: 1，−3，5: 2，−1，6: 1，−2，
7: 1，−2，8: 1，−2，9: 1，−3，10: 2，−2，11: 1，−2，12: 1，−2，13: 1，
−2，14: 2，−1，15: 1，−2，16: 2，−3，17: 1，−3，18: 1，−3，19: 1，−2，
20: 1，−2，21: 1，−2，22: 2，−1，23: 1，−2，24: 1，−3，25: 1，−2，26:
1，−2，27: 1，−2，28: 1，−2，29: 1，−2，30: 3，−2，31: 1，−2，32: 1，−2，
33: 1，−2，34: 1，−1，35: 1，−2，36: 2，−1，37: 1，−1，38: 2，−3，39:
1，−2，40: 2，−1，41: 2，−3，42: 2，−1，43: 2，−1，44: 2，−1，45: 2，−3，
46: 2，−3，47: 2，−3，48: 2，−1，49: 2，−3，50: 1，−3，51: 1，−3，52:
1，−2 }

CX $_{梅花55}$={1: 2，−3，2: 1，−2，3: 1，−2，4: 1，−3，5: 2，−1，6: 2，−3，
7: 2，−1，8: 2，−3，9: 2，−3，10: 2，−3，11: 2，−3，12: 2，−3，13: 1，
−2，14: 1，−3，15: 2，−3，16: 2，−3，17: 1，−3，18: 2，−3，19: 2，−3，
20: 2，−3，21: 1，−2，22: 1，−3，23: 1，−3，24: 1，−3，25: 2，−3，26:
1，−3，27: 1，−2，28: 1，−2，29: 1，−2，30: 1，−2，31: 1，−2，32: 1，−2，
33: 2，−1，34: 1，−2，35: 1，−3，36: 2，−1，37: 1，−3，38: 1，−3，39:
1，−2，40: 2，−1，41: 2，−3，42: 2，−3，43: 2，−3，44: 2，−3，45: 2，−3，
46: 2，−3，47: 2，−3，48: 2，−3，49: 2，−3，50: 2，−3，51: 2，−3，52:
2，−3 }

CX $_{樱花56}$={1: 2，−1，2: 2，−1，3: 1，−2，4: 2，−3，5: 2，−1，6: 2，−1，
7: 2，−1，8: 2，−1，9: 2，−1，10: 2，−1，11: 2，−1，12: 2，−3，13: 2，
−1，14: 1，−3，15: 2，−3，16: 1，−3，17: 1，−3，18: 1，−3，19: 2，−3，
20: 2，−3，21: 1，−2，22: 2，−1，23: 2，−3，24: 2，−3，25: 2，−3，26:
3，−1，27: 2，−1，28: 1，−1，29: 2，−3，30: 2，−3，31: 2，−1，32: 2，−3，
33: 2，−1，34: 2，−2，35: 2，−3，36: 2，−3，37: 2，−3，38: 2，−3，39:
2，−3，40: 2，−1，41: 2，−3，42: 2，−3，43: 2，−3，44: 2，−1，45: 2，−1，
46: 2，−1，47: 2，−3，48: 2，−1，49: 2，−3，50: 2，−3，51: 2，−1，52:

2，−1 }

CX 红叶 57={1：1，−2，2：3，−1，3：1，−2，4：1，−3，5：1，−1，6：1，−2，
7：3，−2，8：2，−1，9：2，−1，10：2，−1，11：2，−1，12：1，−2，13：2，
−1，14：1，−1，15：2，−1，16：1，−3，17：2，−1，18：2，−1，19：2，−1，
20：2，−3，21：1，−1，22：2，−1，23：1，−1，24：2，−1，25：1，−2，26：
1，−1，27：1，−2，28：1，−3，29：1，−2，30：2，−1，31：2，−3，32：1，−2，
33：1，−1，34：2，−1，35：2，−1，36：2，−3，37：2，−3，38：2，−1，39：
1，−3，40：2，−1，41：1，−2，42：2，−1，43：2，−1，44：2，−1，45：1，−2，
46：1，−1，47：2，−1，48：2，−2，49：1，−3，50：2，−1，51：2，−3，52：
1，−3 }

CX 冰棍 58={1：2，−1，2：1，−1，3：2，−3，4：3，−2，5：2，−1，6：1，−1，
7：3，−2，8：2，−1，9：2，−3，10：2，−1，11：2，−1，12：2，−1，13：2，
−2，14：2，−1，15：2，−1，16：1，−2，17：2，−1，18：2，−3，19：1，−1，
20：1，−1，21：2，−1，22：1，−1，23：3，−1，24：2，−1，25：2，−1，26：
2，−1，27：1，−1，28：1，−2，29：1，−1，30：1，−2，31：3，−2，32：1，−2，
33：1，−3，34：1，−2，35：1，−3，36：2，−3，37：2，−3，38：2，−1，39：
1，−2，40：2，−1，41：1，−3，42：2，−1，43：2，−1，44：1，−3，45：2，−1，
46：2，−1，47：1，−1，48：1，−1，49：2，−3，50：2，−1，51：2，−3，52：
2，−1 }

CX 火锅 59={1：2，−1，2：1，−1，3：1，−2，4：1，−2，5：1，−2，6：2，−1，
7：3，−1，8：1，−2，9：2，−1，10：2，−1，11：2，−3，12：1，−1，13：3，
−2，14：2，−1，15：1，−3，16：2，−1，17：2，−1，18：2，−1，19：2，−1，
20：2，−1，21：1，−3，22：2，−1，23：2，−1，24：1，−1，25：1，−2，26：
1，−1，27：1，−1，28：1，−1，29：3，−1，30：1，−1，31：1，−2，32：3，−1，
33：2，−1，34：2，−1，35：1，−1，36：2，−1，37：2，−1，38：2，−1，39：
2，−1，40：1，−1，41：2，−3，42：1，−3，43：2，−1，44：2，−1，45：2，−3，
46：2，−1，47：2，−1，48：2，−1，49：2，−1，50：2，−1，51：3，−2，52：
2，−1 }

CX 小龙虾 60={1：2，−3，2：2，−3，3：1，−2，4：2，−2，5：3，−1，6：1，
−1，7：1，−1，8：2，−1，9：3，−2，10：2，−1，11：2，−1，12：2，−1，13：
2，−1，14：2，−1，15：1，−3，16：2，−1，17：2，−3，18：2，−1，19：2，−1，

20: 2, −1, 21: 2, −1, 22: 1, −3, 23: 2, −1, 24: 2, −1, 25: 1, −1, 26: 2, −1, 27: 2, −1, 28: 1, −1, 29: 1, −1, 30: 1, −2, 31: 2, −1, 32: 1, −2, 33: 2, −1, 34: 3, −1, 35: 1, −3, 36: 2, −1, 37: 2, −1, 38: 1, −3, 39: 2, −1, 40: 1, −2, 41: 3, −1, 42: 2, −1, 43: 1, −3, 44: 1, −2, 45: 1, −3, 46: 1, −2, 47: 1, −3, 48: 1, −3, 49: 2, −3, 50: 1, −2, 51: 1, −2, 52: 3, −1 }

$CX_{三亚61}$={1: 1, −1, 2: 1, −2, 3: 2, −2, 4: 2, −3, 5: 3, −2, 6: 1, −2, 7: 1, −2, 8: 1, −2, 9: 1, −2, 10: 2, −1, 11: 1, −2, 12: 1, −2, 13: 1, −2, 14: 1, −2, 15: 1, −2, 16: 1, −2, 17: 1, −2, 18: 1, −2, 19: 1, −2, 20: 1, −2, 21: 1, −2, 22: 1, −1, 23: 1, −2, 24: 1, −2, 25: 1, −2, 26: 1, −2, 27: 1, −2, 28: 1, −2, 29: 2, −1, 30: 1, −2, 31: 1, −2, 32: 1, −2, 33: 1, −2, 34: 1, −2, 35: 1, −2, 36: 1, −3, 37: 1, −2, 38: 1, −2, 39: 2, −1, 40: 1, −2, 41: 1, −1, 42: 1, −2, 43: 1, −2, 44: 1, −2, 45: 1, −2, 46: 1, −2, 47: 1, −3, 48: 1, −2, 49: 1, −2, 50: 2, −1, 51: 1, −2, 52: 1, −2}

$CX_{战狼62}$={1: 2, −1, 2: 2, −1, 3: 2, −1, 4: 1, −3, 5: 1, −2, 6: 2, −2, 7: 2, −1, 8: 2, −1, 9: 2, −1, 10: 2, −1, 11: 3, −1, 12: 2, −1, 13: 2, −1, 14: 2, −1, 15: 2, −1, 16: 1, −1, 17: 1, −2, 18: 1, −1, 19: 3, −1, 20: 3, −1, 21: 2, −1, 22: 2, −1, 23: 2, −1, 24: 2, −3, 25: 1, −1, 26: 2, −1, 27: 2, −1, 28: 2, −1, 29: 2, −1, 30: 2, −1, 31: 2, −3, 32: 1, −3, 33: 1, −1, 34: 1, −1, 35: 1, −1, 36: 2, −1, 37: 2, −1, 38: 2, −1, 39: 2, −1, 40: 1, −2, 41: 1, −1, 42: 2, −1, 43: 2, −1, 44: 2, −1, 45: 2, −1, 46: 2, −1, 47: 2, −1, 48: 2, −1, 49: 2, −1, 50: 2, −1, 51: 2, −1, 52: 2, −1 }

$CX_{旅游63}$={1: 1, −2, 2: 1, −2, 3: 1, −2, 4: 2, −3, 5: 2, −2, 6: 1, −2, 7: 1, −2, 8: 1, −2, 9: 3, −1, 10: 1, −2, 11: 1, −2, 12: 1, −2, 13: 2, −2, 14: 1, −2, 15: 1, −2, 16: 1, −2, 17: 3, −1, 18: 1, −2, 19: 1, −2, 20: 1, −2, 21: 2, −2, 22: 3, −1, 23: 1, −2, 24: 1, −1, 25: 1, −3, 26: 1, −2, 27: 1, −2, 28: 1, −2, 29: 1, −2, 30: 1, −2, 31: 1, −2, 32: 1, −2, 33: 1, −1, 34: 3, −2, 35: 1, −2, 36: 1, −2, 37: 1, −2, 38: 1, −2, 39: 2, −1, 40: 1, −1, 41: 1, −2, 42: 1, −2, 43: 1, −2, 44: 1, −2, 45: 1, −2, 46: 1, −2, 47: 1, −2, 48: 1, −2, 49: 1, −2, 50: 1, −2, 51: 1, −2, 52: 1, −2}

CX_{港澳游 64}={1: 1, −2, 2: 1, −2, 3: 2, −1, 4: 1, −2, 5: 3, −1, 6: 1, −2, 7: 1, −1, 8: 1, −2, 9: 3, −1, 10: 1, −2, 11: 1, −2, 12: 3, −2, 13: 1, −2, 14: 3, −1, 15: 1, −2, 16: 1, −2, 17: 1, −2, 18: 1, −2, 19: 1, −2, 20: 1, −2, 21: 1, −2, 22: 3, −1, 23: 3, −2, 24: 1, −2, 25: 1, −2, 26: 1, −2, 27: 1, −2, 28: 1, −2, 29: 2, −3, 30: 1, −2, 31: 3, −2, 32: 1, −2, 33: 3, −2, 34: 1, −2, 35: 1, −2, 36: 1, −2, 37: 1, −2, 38: 1, −2, 39: 1, −2, 40: 1, −1, 41: 1, −2, 42: 1, −2, 43: 1, −2, 44: 1, −2, 45: 1, −2, 46: 1, −2, 47: 1, −2, 48: 1, −2, 49: 1, −2, 50: 1, −2, 51: 1, −2, 52: 1, −2}

CX_{泰国游 65}={1: 1, −2, 2: 1, −2, 3: 1, −2, 4: 1, −3, 5: 2, −1, 6: 1, −2, 7: 1, −2, 8: 1, −2, 9: 1, −2, 10: 1, −2, 11: 1, −2, 12: 1, −2, 13: 1, −2, 14: 1, −2, 15: 1, −2, 16: 1, −2, 17: 1, −2, 18: 1, −2, 19: 3, −2, 20: 1, −2, 21: 2, −2, 22: 3, −1, 23: 1, −2, 24: 1, −2, 25: 1, −2, 26: 1, −2, 27: 1, −2, 28: 1, −2, 29: 1, −2, 30: 1, −2, 31: 1, −2, 32: 1, −2, 33: 1, −2, 34: 1, −2, 35: 1, −2, 36: 1, −2, 37: 1, −2, 38: 1, −2, 39: 1, −1, 40: 2, −1, 41: 1, −2, 42: 1, −2, 43: 1, −2, 44: 1, −2, 45: 1, −2, 46: 1, −2, 47: 1, −2, 48: 1, −2, 49: 1, −2, 50: 1, −2, 51: 1, −2, 52: 1, −2}

CX_{新疆 66}={1: 3, −1, 2: 1, −2, 3: 1, −2, 4: 2, −1, 5: 2, −1, 6: 3, −2, 7: 1, −1, 8: 1, −2, 9: 1, −2, 10: 1, −1, 11: 1, −2, 12: 1, −2, 13: 3, −2, 14: 1, −2, 15: 1, −2, 16: 1, −2, 17: 2, −3, 18: 1, −2, 19: 1, −2, 20: 1, −2, 21: 1, −2, 22: 1, −2, 23: 1, −2, 24: 1, −2, 25: 2, −1, 26: 1, −2, 27: 2, −1, 28: 1, −2, 29: 1, −2, 30: 1, −2, 31: 3, −1, 32: 1, −2, 33: 1, −2, 34: 1, −2, 35: 1, −2, 36: 1, −2, 37: 2, −3, 38: 1, −2, 39: 1, −2, 40: 1, −1, 41: 1, −2, 42: 1, −2, 43: 1, −2, 44: 1, −2, 45: 1, −2, 46: 2, −3, 47: 1, −2, 48: 1, −2, 49: 1, −1, 50: 1, −2, 51: 1, −2, 52: 1, −2}

CX_{夏威夷 67}={1: 2, −1, 2: 3, −2, 3: 2, −1, 4: 1, −3, 5: 2, −1, 6: 1, −2, 7: 2, −3, 8: 1, −2, 9: 2, −3, 10: 2, −1, 11: 1, −1, 12: 2, −1, 13: 2, −1, 14: 1, −3, 15: 1, −1, 16: 1, −3, 17: 2, −3, 18: 1, −1, 19: 2, −3, 20: 1, −2, 21: 1, −2, 22: 2, −1, 23: 1, −3, 24: 1, −3, 25: 1, −3, 26: 2, −1, 27: 2, −1, 28: 2, −3, 29: 2, −1, 30: 1, −2, 31: 1, −2, 32: 2, −1,

33：1，−1，34：1，−2，35：2，−3，36：1，−2，37：1，−2，38：2，−1，39：2，−1，40：1，−1，41：1，−2，42：1，−2，43：1，−2，44：2，−3，45：1，−2，46：1，−2，47：1，−2，48：1，−2，49：1，−2，50：1，−2，51：1，−2，52：1，−2}

CX 美食68={1：2，−1，2：1，−1，3：1，−2，4：1，−3，5：2，−1，6：1，−2，7：2，−1，8：1，−2，9：2，−1，10：2，−1，11：2，−1，12：1，−2，13：1，−2，14：2，−1，15：1，−3，16：1，−3，17：1，−3，18：2，−1，19：2，−1，20：1，−1，21：1，−2，22：2，−1，23：1，−3，24：1，−2，25：1，−3，26：2，−1，27：1，−3，28：1，−2，29：1，−2，30：1，−3，31：1，−1，32：1，−1，33：3，−1，34：1，−2，35：1，−3，36：2，−1，37：2，−3，38：2，−3，39：2，−3，40：1，−1，41：2，−3，42：1，−3，43：2，−3，44：2，−1，45：1，−2，46：1，−1，47：2，−1，48：2，−1，49：2，−3，50：3，−1，51：1，−2，52：1，−2}

CX 美篇69={1：1，−2，2：1，−2，3：1，−2，4：1，−2，5：3，−1，6：1，−2，7：1，−2，8：1，−2，9：3，−2，10：3，−2，11：1，−2，12：1，−2，13：1，−2，14：1，−2，15：1，−2，16：1，−2，17：1，−2，18：1，−2，19：3，−2，20：3，−2，21：2，−2，22：1，−1，23：1，−2，24：1，−2，25：1，−2，26：3，−2，27：1，−2，28：1，−2，29：1，−2，30：3，−2，31：3，−2，32：3，−2，33：1，−2，34：3，−2，35：1，−2，36：3，−2，37：3，−2，38：3，−2，39：2，−2，40：3，−1，41：1，−2，42：1，−2，43：3，−2，44：1，−2，45：1，−2，46：1，−2，47：1，−2，48：1，−2，49：1，−2，50：3，−2，51：3，−2，52：3，−2}

CX 绝地求生70={1：3，−1，2：1，−2，3：1，−1，4：1，−2，5：3，−1，6：3，−1，7：3，−1，8：2，−1，9：2，−1，10：1，−1，11：2，−1，12：3，−1，13：1，−2，14：2，−1，15：1，−3，16：1，−1，17：1，−2，18：1，−2，19：2，−1，20：1，−3，21：1，−2，22：1，−2，23：1，−1，24：2，−3，25：3，−1，26：1，−2，27：1，−2，28：2，−1，29：1，−2，30：1，−2，31：1，−2，32：1，−1，33：2，−3，34：1，−2，35：1，−1，36：2，−1，37：1，−1，38：2，−1，39：3，−1，40：1，−2，41：2，−1，42：1，−1，43：1，−1，44：2，−1，45：2，−1，46：2，−1，47：1，−1，48：3，−1，49：2，−1，50：2，−1，51：1，−1，52：1，−1}

70个关键词语的不同年份不同季节的搜索指数占比如表A所示。

表 A　70 个关键词语的不同年份不同季节的搜索指数占比

词语	2015年2月~2016年1月四个季节搜索指数占比				2016年2月~2017年1月四个季节搜索指数占比				2017年2月~2018年1月四个季节搜索指数占比			
	春季	夏季	秋季	冬季	春季	夏季	秋季	冬季	春季	夏季	秋季	冬季
大数据	0.227015	0.270377	0.256339	0.246269	0.224325	0.249221	0.211871	0.314583	0.328910	0.269860	0.192465	0.208764
云计算	0.250017	0.250808	0.258720	0.240454	0.181134	0.194872	0.221970	0.402025	0.373257	0.198730	0.237011	0.191002
云存储	0.255316	0.263428	0.247115	0.234142	0.261732	0.243314	0.260250	0.234705	0.268086	0.255687	0.236000	0.240227
区块链	0.144237	0.133934	0.133934	0.587894	0.141287	0.300048	0.286242	0.272424	0.098821	0.137208	0.175609	0.588362
无人驾驶	0.324656	0.205843	0.152751	0.316750	0.307307	0.332206	0.221806	0.138680	0.272264	0.206933	0.260964	0.259839
人工智能	0.239976	0.257560	0.232263	0.270201	0.302602	0.235961	0.191777	0.269660	0.202195	0.231073	0.263073	0.303659
深度学习	0.233458	0.232046	0.240011	0.294485	0.245598	0.213134	0.249873	0.291395	0.230478	0.237721	0.258756	0.273045
机器学习	0.226676	0.227677	0.261272	0.284375	0.236627	0.235222	0.256195	0.271955	0.234067	0.241004	0.261270	0.263659
模式识别	0.253814	0.245440	0.261663	0.239083	0.262384	0.245125	0.257901	0.234590	0.264603	0.240503	0.252961	0.241933
算法设计与分析	0.250204	0.262064	0.243743	0.243988	0.257872	0.239891	0.246645	0.255592	0.251758	0.267471	0.233215	0.247556
程序设计	0.266830	0.258306	0.249186	0.225679	0.247573	0.253656	0.256633	0.242138	0.260008	0.263248	0.234655	0.242089
C	0.257949	0.261771	0.239716	0.240564	0.253200	0.296539	0.242775	0.207487	0.270803	0.277527	0.239999	0.211671
Java	0.248936	0.267308	0.250622	0.233134	0.264125	0.270591	0.249740	0.215544	0.276330	0.266815	0.232643	0.224212
Python	0.222357	0.247979	0.256809	0.272855	0.237298	0.245352	0.259603	0.257746	0.210168	0.229002	0.241428	0.319401
MATLAB	0.261306	0.253040	0.257965	0.227689	0.284152	0.240265	0.249705	0.225878	0.276689	0.242431	0.243373	0.237507
Tensor-Flow	0.000000	0.000000	0.006183	0.993817	0.138466	0.223547	0.274205	0.363782	0.218265	0.228493	0.247798	0.305444
Keras	0.010713	0.177877	0.337818	0.473592	0.181327	0.214798	0.252969	0.350905	0.203364	0.235668	0.257869	0.303099

续表

词语	2015年2月~2016年1月四个季节搜索指数占比				2016年2月~2017年1月四个季节搜索指数占比				2017年2月~2018年1月四个季节搜索指数占比			
	春季	夏季	秋季	冬季	春季	夏季	秋季	冬季	春季	夏季	秋季	冬季
图像处理	0.237978	0.252548	0.269936	0.239539	0.258153	0.264554	0.262783	0.214510	0.261651	0.246988	0.255391	0.235970
矩阵相乘	0.231651	0.254421	0.242309	0.271619	0.220222	0.244059	0.252223	0.283496	0.222456	0.236168	0.241761	0.299615
数值分析	0.219204	0.210081	0.295917	0.274798	0.218320	0.211664	0.297527	0.272490	0.222895	0.209131	0.295546	0.272428
电影	0.303043	0.252071	0.225547	0.219339	0.276252	0.250583	0.229582	0.243583	0.269355	0.273403	0.245066	0.212176
电视剧	0.256798	0.257122	0.242057	0.244022	0.281930	0.267086	0.232141	0.218843	0.280176	0.291806	0.245288	0.182730
游戏	0.332782	0.268003	0.215213	0.184002	0.290615	0.252833	0.215053	0.241499	0.284424	0.280188	0.245234	0.190154
音乐	0.261618	0.247429	0.245802	0.245151	0.305042	0.270229	0.226478	0.198251	0.282822	0.270129	0.244741	0.202309
戏剧	0.274174	0.248274	0.234768	0.242783	0.292127	0.259940	0.218777	0.229156	0.280043	0.249380	0.235510	0.235067
话剧	0.224318	0.242221	0.279707	0.253753	0.251318	0.243211	0.248836	0.256635	0.250684	0.249143	0.241526	0.258647
王者荣耀	0.000000	0.000000	0.076922	0.923078	0.142779	0.232839	0.271280	0.353103	0.276181	0.320671	0.227242	0.175907
英雄联盟	0.260586	0.254711	0.268542	0.216161	0.268951	0.234030	0.272357	0.224662	0.302995	0.274171	0.275372	0.147462
KTV	0.280009	0.268757	0.234317	0.216917	0.253671	0.264161	0.232274	0.249894	0.240678	0.267803	0.249509	0.242011
QQ	0.295391	0.278912	0.222936	0.202761	0.283442	0.267272	0.229935	0.219351	0.284877	0.284047	0.234637	0.196439
淘宝	0.254176	0.277645	0.243476	0.224702	0.266094	0.259251	0.253675	0.220980	0.268401	0.284565	0.245598	0.201436
购物	0.224681	0.325530	0.248043	0.201746	0.266204	0.256705	0.241999	0.235092	0.282965	0.248734	0.234658	0.233643
娱乐八卦	0.249851	0.316710	0.225282	0.208156	0.253318	0.254013	0.260990	0.231679	0.278028	0.261645	0.243716	0.216611
明星	0.278251	0.260308	0.249551	0.211890	0.266666	0.268427	0.240265	0.224642	0.229451	0.286734	0.257234	0.226580

续表

词语	2015年2月～2016年1月 四个季节搜索指数占比				2016年2月～2017年1月 四个季节搜索指数占比				2017年2月～2018年1月 四个季节搜索指数占比			
	春季	夏季	秋季	冬季	春季	夏季	秋季	冬季	春季	夏季	秋季	冬季
范冰冰	0.265023	0.361624	0.198780	0.174574	0.251461	0.304999	0.245619	0.197921	0.255044	0.284534	0.245732	0.214690
唐嫣	0.288187	0.303262	0.195921	0.212630	0.194880	0.194880	0.191095	0.419144	0.388829	0.258430	0.181991	0.170750
真人秀	0.217455	0.275646	0.248690	0.258208	0.336571	0.275865	0.206328	0.181236	0.282983	0.269430	0.243020	0.204567
综艺	0.134785	0.269028	0.309779	0.286408	0.314333	0.286047	0.208022	0.191599	0.332153	0.313415	0.203878	0.150554
访谈	0.315264	0.240090	0.221736	0.222910	0.247590	0.242272	0.258400	0.251738	0.260317	0.242476	0.246181	0.251026
动漫	0.241512	0.281507	0.249757	0.227225	0.280235	0.283740	0.230458	0.205568	0.276561	0.299066	0.235738	0.188635
春装	0.565594	0.195338	0.106168	0.132900	0.581490	0.185947	0.093945	0.138618	0.518373	0.150874	0.182606	0.148148
夏装	0.425694	0.390345	0.111730	0.072230	0.324597	0.396240	0.145041	0.134121	0.297893	0.377767	0.180183	0.144157
秋装	0.134887	0.185257	0.496578	0.183278	0.193861	0.175401	0.408479	0.222259	0.248030	0.141000	0.454926	0.156043
冬装	0.169851	0.177403	0.253207	0.399539	0.150687	0.129090	0.192177	0.528045	0.282392	0.126618	0.203617	0.387373
连衣裙	0.218806	0.414827	0.217973	0.148394	0.167029	0.372135	0.208335	0.252500	0.302637	0.491731	0.117859	0.087773
棉服	0.190575	0.135985	0.244031	0.429409	0.120464	0.095852	0.245574	0.538111	0.198390	0.104226	0.187741	0.509643
皮草	0.229314	0.127205	0.210905	0.432576	0.215981	0.175219	0.233962	0.374838	0.235165	0.137457	0.224498	0.402880
秋衣	0.213805	0.129899	0.427464	0.228832	0.232464	0.169084	0.376179	0.222274	0.265989	0.138252	0.338275	0.257484
短裙	0.262418	0.293686	0.230793	0.213104	0.264071	0.293397	0.229414	0.213118	0.262013	0.308421	0.228540	0.201025
凉鞋	0.250989	0.428657	0.183687	0.136667	0.282932	0.388562	0.176382	0.152125	0.268414	0.470168	0.161526	0.099893
西瓜	0.182207	0.335404	0.225842	0.256547	0.256186	0.333562	0.204733	0.205519	0.214753	0.397721	0.225050	0.162476
枇杷	0.317427	0.363297	0.126623	0.192653	0.319553	0.332702	0.152252	0.195493	0.343858	0.443497	0.083850	0.128794

续表

词语	2015 年 2 月~2016 年 1 月 四个季节搜索指数占比				2016 年 2 月~2017 年 1 月 四个季节搜索指数占比				2017 年 2 月~2018 年 1 月 四个季节搜索指数占比			
	春季	夏季	秋季	冬季	春季	夏季	秋季	冬季	春季	夏季	秋季	冬季
杨梅	0.177201	0.591783	0.116644	0.114371	0.162161	0.631353	0.103243	0.103243	0.125043	0.709496	0.075545	0.089915
银杏	0.201816	0.216192	0.284928	0.297064	0.217213	0.215823	0.275550	0.291415	0.177481	0.176700	0.297243	0.348576
梅花	0.307752	0.177994	0.201001	0.313253	0.282047	0.166919	0.214691	0.336343	0.327775	0.184912	0.206371	0.280942
樱花	0.533937	0.162054	0.140957	0.163053	0.538599	0.161315	0.142863	0.157223	0.503934	0.172282	0.167564	0.156220
红叶	0.221120	0.207567	0.331886	0.239428	0.178577	0.176407	0.326425	0.318591	0.243931	0.201346	0.311754	0.242970
冰棍	0.228500	0.393099	0.198947	0.179454	0.212888	0.415513	0.205060	0.166539	0.208170	0.426185	0.199394	0.166251
火锅	0.191595	0.187047	0.282357	0.339001	0.217967	0.198861	0.258885	0.324287	0.199061	0.199563	0.274639	0.326737
小龙虾	0.149136	0.568441	0.195655	0.086768	0.215717	0.480461	0.201057	0.102765	0.201407	0.560284	0.161839	0.076470
三亚	0.281881	0.235428	0.188088	0.294603	0.270127	0.240154	0.207605	0.282114	0.306457	0.251894	0.205665	0.235984
战狼	0.510433	0.370459	0.080366	0.038743	0.269444	0.240278	0.230556	0.259722	0.090276	0.353555	0.451851	0.104318
旅游	0.283235	0.319669	0.241990	0.155106	0.261488	0.281179	0.253461	0.203872	0.256026	0.298254	0.248978	0.196742
港澳游	0.189920	0.289023	0.305314	0.215742	0.273916	0.282389	0.247661	0.196034	0.240431	0.320465	0.238201	0.200903
泰国游	0.287336	0.265441	0.210134	0.237090	0.288160	0.269324	0.225947	0.216569	0.251140	0.291083	0.238473	0.219304
新疆	0.211091	0.277417	0.285261	0.226231	0.220280	0.269923	0.269085	0.240713	0.237723	0.270005	0.272024	0.220247
夏威夷	0.250034	0.273436	0.233335	0.243194	0.241501	0.268340	0.227177	0.262982	0.235796	0.273769	0.248001	0.242434
美食	0.246477	0.280747	0.248690	0.224086	0.249855	0.265767	0.251156	0.233222	0.246234	0.262067	0.245156	0.246543
美篇	0.000000	0.000000	0.374109	0.625891	0.125812	0.236877	0.303275	0.334036	0.223934	0.258615	0.264866	0.252585
绝地求生	-1.#IND00	-1.#IND00	-1.#IND00	-1.#IND00	-1.#IND00	-1.#IND00	-1.#IND00	-1.#IND00	0.011043	0.073154	0.420289	0.495514

编 后 记

　　《博士后文库》是汇集自然科学领域博士后研究人员优秀学术成果的系列丛书。《博士后文库》致力于打造专属于博士后学术创新的旗舰品牌,营造博士后百花齐放的学术氛围,提升博士后优秀成果的学术和社会影响力。

　　《博士后文库》出版资助工作开展以来,得到了全国博士后管委会办公室、中国博士后科学基金会、中国科学院、科学出版社等有关单位领导的大力支持,众多热心博士后事业的专家学者给予积极的建议,工作人员做了大量艰苦细致的工作。在此,我们一并表示感谢!

《博士后文库》编委会

彩　　图

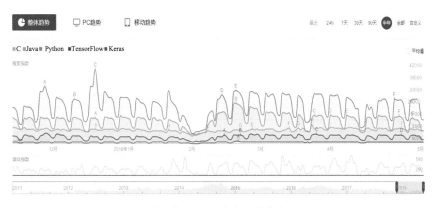

图 3.12　几种工作词语的搜索指数曲线变化对比图

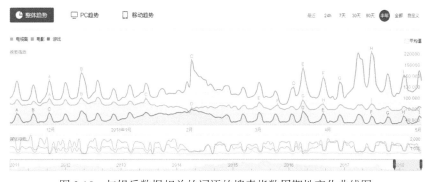

图 3.15　与娱乐数据相关的词语的搜索指数周期性变化曲线图

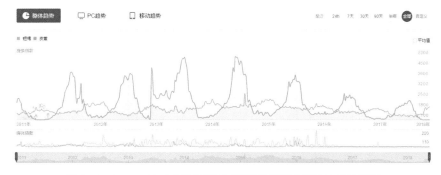

图 3.18　2011~2018 年短裙和皮草的百度搜索指数的变化情况

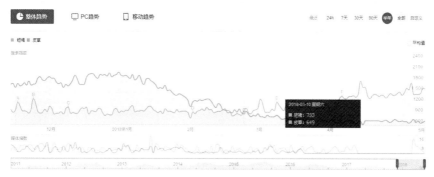

图 3.19　2017 年 12 月～2018 年 5 月短裙和皮草的搜索指数变化曲线图

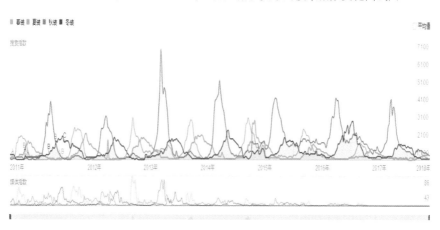

图 3.20　2011～2018 年不同季节服装的搜索指数变化曲线图

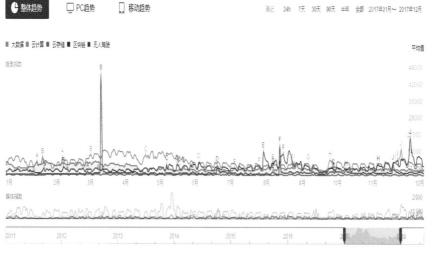

图 3.21　与工作相关词语的 2017 年的搜索指数曲线图

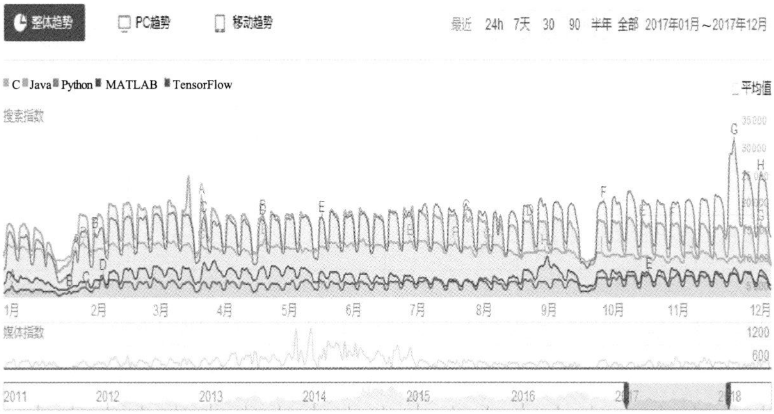

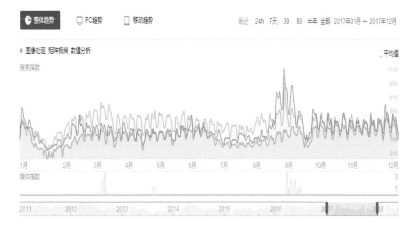

图 3.27 几大主流的程序设计语言 2017 年的搜索指数曲线变化图

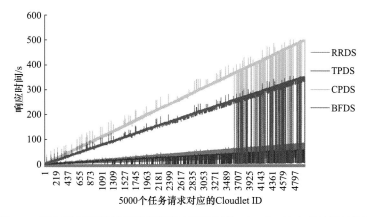

图 3.28 2017 年三个专业词语搜索指数的曲线变化图

图 5.8 同构磁盘配置下不同调度算法下不同的 Cloudlet 的响应时间对比图

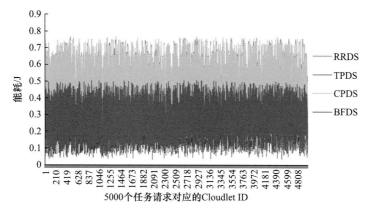

图 5.9　同构磁盘配置下不同调度算法下不同的 Cloudlet 的能耗对比图

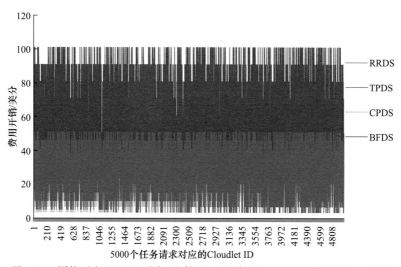

图 5.10　同构磁盘配置下不同调度算法下不同的 Cloudlet 的费用开销对比图

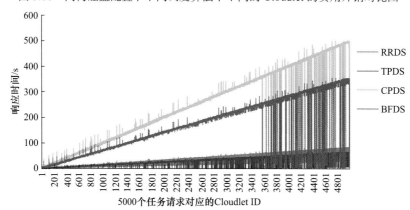

图 5.11　异构磁盘配置下不同调度算法下不同的 Cloudlet 的响应时间对比图

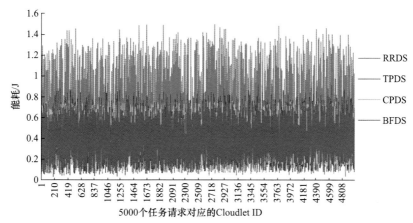

图 5.12   异构磁盘配置下不同调度算法下不同的 Cloudlet 的能耗对比图

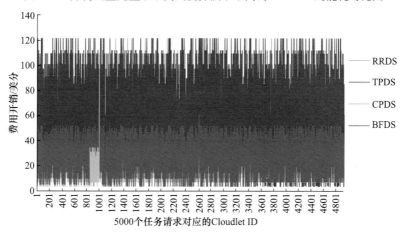

图 5.13   异构磁盘配置下不同调度算法下不同的 Cloudlet 的费用开销对比图